ALLE·ZEIT·WACH
SJ
1842

Albert Ziegler

Lehrbuch der Reaktortechnik

Band 2
Reaktortechnik

Unter Mitarbeit von Johannes Heithoff

Mit 101 Abbildungen

Springer-Verlag
Berlin Heidelberg GmbH
1984

Prof. Dr. rer. nat. ALBERT ZIEGLER
Institut für Energietechnik
Ruhr-Universität Bochum
Universitätsstraße 150
4630 Bochum 1

Dr.-Ing. JOHANNES HEITHOFF
Institut für Energietechnik
Ruhr-Universität Bochum
Universitätsstraße 150
4630 Bochum 1

CIP-Kurztitelaufnahme der Deutschen Bibliothek

Ziegler, Albert:
Lehrbuch der Reaktortechnik/Albert Ziegler.
Berlin; Heidelberg; New York; Tokyo: Springer
Teilw. mit d. Erscheinungsorten: Berlin, Heidelberg, New York
Bd. 2. – Ziegler, Albert: Reaktortechnik

Ziegler, Albert:
Reaktortechnik/Albert Ziegler.
Unter Mitarb. von Johannes Heithoff.
Berlin; Heidelberg; New York; Tokyo: Springer, 1984.
(Lehrbuch der Reaktortechnik/Albert Ziegler; Bd. 2)

ISBN 978-3-540-13180-9   ISBN 978-3-642-50315-3 (eBook)
DOI 10.1007/978-3-642-50315-3

Vorwort

Wie schon im Vorwort des ersten Bandes betont, soll dieses Buch klare
Vorstellungen über den technischen Aufbau und den Betrieb von Kernkraftwerken vermitteln und damit auch dazu beitragen, Mißverständnis-
se in der oft kontroversen Auseinandersetzung über die Kernernergie
zu vermeiden. In erster Linie ist es allerdings als ein Lehrbuch für
das Studium der Reaktortechnik gedacht. Deshalb ist die vordringliche
Zielsetzung dieses Buches, nicht nur die technischen Einrichtungen
möglichst allgemeinverständlich zu beschreiben, sondern vor allem, ihre Funktion zu erklären und die physikalischen und technischen Geset-
ze zu erläutern, die ihrer Konstruktion zugrunde liegen.

Als notwendige Vorbildung wird kaum mehr als die mathematisch-natur-
wissenschaftlichen Kenntnisse der höheren Schule vorausgesetzt. Das
gilt besonders für den zweiten Band "Reaktortechnik", der im wesentlichen den technischen Aufbau des Reaktors und der Hauptkreisläufe unter besonderer Berücksichtigung der thermohydraulischen Auslegung beschreibt. Während sich die "Reaktortheorie" mit dem neutronenerzeugen-
den System befaßt und als erste Grundaufgabe der Reaktortechnik die
Bedingungen zur Erreichung einer kontrollierten Kettenreaktion untersucht, behandelt der Band "Reaktortechnik" die zweite Grundaufgabe,
wobei der Reaktor als energieerzeugendes System betrachtet wird. Die
gestellte Aufgabe erfordert die Abführung der Wärme auf einem kontrollierten und für die Umwandlung in Arbeit günstigen Temperaturniveau.
Sie umfaßt alle wärmetechnischen Probleme unter den Randbedingungen
einer wirtschaftlichen Energieumwandlung in Arbeit. Der Brennstoff
muß in kühlfähiger Geometrie angeordnet werden. Durch die Kühlung muß
ein möglichst hohes Temperaturniveau gehalten und die Wärme so abgeführt werden, daß eine möglichst große Leistungsdichte unter Einhal-
tung aller werkstofftechnischen Grenzen erreicht wird. Schließlich
muß für eine unbedingt zuverlässige Not- und Nachkühlung gesorgt werden.

Die Behandlung dieser Probleme stellt den Schwerpunkt der Reaktortechnik dar. Die ebenfalls wichtige Beschreibung der Hilfs- und Nebenanlagen sowie der Betriebstechnik findet erst im dritten Band ihren Platz. Mit der Absicht, fachliches Wissen zu vermitteln, verbindet sich die Hoffnung, auch zur Förderung des allgemeinen Verständnisses kerntechnischer Anlagen beizutragen.

Bochum, im April 1984   A. Ziegler

Inhalt des Bandes 1: Reaktortheorie

Inhalt des Bandes 3: Kernkraftwerkstechnik

Inhaltsverzeichnis

Inhaltsverzeichnis   IX

15 Reaktortypen

In der Reaktortheorie wurden die Voraussetzungen geklärt, die erfüllt
sein müssen, damit in einem Reaktor die Kernspaltung als Kettenreaktion abläuft. Dabei war es nicht erforderlich, zwischen verschiedenen
Reaktortypen zu unterscheiden, denn in der neutronentheoretischen Behandlung traten nur die Wirkungsquerschnitte auf, gleichgültig, aus
welcher Zusammensetzung sie zu errechnen sind; lediglich zwischen qua-
sihomogenen und heterogenen Anordnungen wurde unterschieden.

Sobald wir aber zur technischen Realisierung schreiten, kommt es auf
die werkstofftechnischen Eigenschaften der Materialien ganz entscheidend an. Für die Lösung der wärmetechnischen Aufgabe müssen wir die
Wahl des Kühlmittels nicht zuletzt nach thermodynamischen Gesichtspunkten treffen. Und schließlich, da es bei Kernkraftwerken um eine
wirtschaftliche Energieerzeugung geht, kommen nicht alle technisch
realisierbaren Alternativen in Frage, sondern nur solche, die niedrige Stromerzeugungskosten ermöglichen.

Als Ergebnis der Reaktorphysik können wir folgende Erkenntnisse zusammenfassen. Wir wissen, daß die Anordnung spaltbaren Brennstoff,
eventuell Moderator, Kühlmittel und aus konstruktiven Gründen Strukturmaterial in geeigneter Zusammensetzung enthalten muß. Für jedes
dieser Grundelemente gibt es verschiedene Alternativen, deren Anzahl
allerdings sehr eingeschränkt ist. Als Ergebnis können wir folgende
Möglichkeiten zusammenstellen:

15.1 Brennstoffvarianten

Mit Natururan, das nur 0,72% U-235 als Spaltstoff enthält, kann ein
Reaktor nur funktionieren, wenn er als thermischer heterogener Reak-

tor gebaut wird. Auch kann ein Multiplikationsfaktor größer als eins
nur mit den besten Moderatoren erreicht werden, nämlich mit D_2O, Graphit und Be bzw. BeO. Be ist nur für Experimente interessant, für große Reaktoren scheidet es wegen seiner hohen Kosten, ungünstigen Werkstoffeigenschaften und gefährlichen Giftigkeit aus.

Mit schwach angereichertem Uran (bis maximal 5%) kann man auch thermische Reaktoren bauen unter Verwendung weniger guter Moderatoren, z.B.
normalem Wasser, organischen Flüssigkeiten oder Zirkonhydrid. Diese
könnten bezüglich der neutronenphysikalischen Eigenschaften homogen
sein. Aus technischen Gründen wird aber der Brennstoff in Stäben oder
Kugeln zusammengefaßt, und man spricht deshalb von quasi-homogenen
Reaktoren. Echt-homogene Leistungsreaktoren, bei denen der Brennstoff
als Nitrat- oder Sulfatlösung vorlag, sind nur kurze Zeit erprobt,
dann aber wegen zu großer technischer Schwierigkeiten fallengelassen
worden.

Mit hoch angereichertem Uran kann man auch unmoderierte, sogenannte
Schnelle Reaktoren bauen, deren Neutronenüberschuß sogar ausreicht,
um mehr Spaltstoff zu erbrüten als verbraucht wird.

Schließlich gibt es außer dem in der Natur vorkommenden U-235 noch
drei weitere ausreichend stabile und mit thermischen Neutronen spalt-
bare Atomkerne, die künstlich erzeugt werden können. U-233 entsteht
aus Th-232 und Pu-239 aus U-238 durch einfachen Neutroneneinfang,
Pu-241 durch dreimaligen Neutroneneinfang aus U-238. Letzteres entsteht natürlich nur in verhältnismäßig geringer Menge zusammen mit
Pu-239. Plutonium ist besonders geeignet für Schnelle Brüter. U-233
ist der einzige Spaltstoff, mit dem man auch im thermischen Bereich
eben noch Brüten erreichen kann. Unter den Bedingungen eines Lei-
stungsreaktors bleibt der Konversionsfaktor aber unter eins, so daß
man eigentlich nicht von einem thermischen Brüter sprechen kann.

Der Brennstoff kann im Reaktor in Form von Metall, Oxid oder Carbid
zum Einsatz kommen. Metallischer Brennstoff wird heute wegen seiner
mangelhaften Strahlungsstabilität nur noch in gasgekühlten graphitmoderierten Reaktoren vom Magnoxtyp verwendet. In den meisten Reaktoren
wird Uran als UO_2-Keramik eingesetzt. Nur in Hochtemperaturreaktoren
verwendet man Urancarbid zur Herstellung von sogenannten "coated particles". An der Entwicklung von Urancarbid- und Urannitrid-Elementen

für Schnelle Brüter wird seit langer Zeit gearbeitet, allerdings bisher ohne durchschlagenden Erfolg.

15.2 Moderatoren

Von den in Frage kommenden Moderatoren wurden schon schweres Wasser und Graphit genannt, die hauptsächlich in Natururanreaktoren zum Einsatz kommen. Der weitaus am häufigsten benutzte Moderator ist jedoch leichtes Wasser, das gleichzeitig die Funktion des Kühlmittels übernimmt. Der organisch moderierte Reaktor ist nicht über das Versuchsstadium hinausgekommen, hauptsächlich wegen der Verharzung der organischen Flüssigkeiten unter Bestrahlung.

15.3 Kühlmittel

Soweit der Moderator nicht gleichzeitig als Kühlmittel dienen kann, kommen geeignete Flüssigkeiten oder Gase dafür zur Anwendung. Die Auswahl ist nicht sehr groß. Als Flüssigkeit kommt neben dem schon erwähnten leichten und schweren Wasser nur noch flüssiges Natrium zum Einsatz, und zwar nur in Schnellen Brutreaktoren, weil dort kein moderierendes Kühlmittel wie Wasser zulässig ist. Von den Gasen wird CO_2 angewandt bis etwa 680 °C, für Temperaturen darüber, z.B. im Hochtemperaturreaktor, nur noch Helium.

15.4 Brennstoffhülle

Die Wahl des Hüllmaterials für den Brennstoff ist sowohl von der Art des Brennstoffs als auch vom Kühlmittel abhängig. Der einzusetzende Werkstoff muß mit beiden verträglich sein. Bei gasgekühlten Graphitreaktoren hat sich die Magnesiumlegierung Magnox für Temperaturen bis 300 °C bewährt. Für höhere Temperaturen wird austenitischer Stahl bzw. Graphit verwendet. Austenitischer Stahl kommt auch in Schnellen Brutreaktoren durchweg zum Einsatz. Bei Wasserreaktoren ist man davon abgekommen zugunsten der Zirkoniumlegierung Zircaloy, die ursprünglich zunächst nur in Schwerwasserreaktoren verwendet wurde. Für organisch moderierte Reaktoren, die sich aber als Leistungsreaktoren nicht durchgesetzt haben, wurde noch das sogenannte SAP (Sintered Aluminium Powder) entwickelt, das jedoch nur für Temperaturen bis etwa 260 °C anwendbar ist und in Zukunft vielleicht wieder für Heizungskernkraftwerke interessant werden könnte.

15.5 Leistungsreaktortypen

Damit sind die wesentlichen Alternativen für die vier wichtigsten Bestandteile des Reaktorkerns Brennstoff, Moderator, Kühlmittel und Brennstoffhülle, die den Reaktortyp charakterisieren, genannt. Sie sind in Tabelle 15.1 aufgeführt, in der auch die möglichen Kombinationen für die einzelnen Typen zu erkennen sind.

Tabelle 15.1. Reaktortypen

		Leichtwasser-Reaktor	Schwerwassermod. Reaktor	Gasgekühlter Graphitmod. Reaktor	Hoch-Temperatur-Reaktor	Schneller Brut-Reaktor
Brennstoff	Natururan		●	●		
	schwach.ang. Uran	●	○	■	○	
	hoch ang. Uran				●	○
	Plutonium	○				●
Moderator	Graphit	○		●	●	
	schweres Wasser		●			
	leichtes Wasser	●				
Kühlmittel	leichtes Wasser	●	□			
	schweres Wasser		●			
	Natrium					●
	Kohlendioxid		○	●		
	Helium				●	○
Brennstoffhülle	Magnox			●		
	Zircaloy	●	●			
	aust. Stahl	○		■		●
	Graphit				●	

● vorherrschende Kombination   ■ Advanced Gascooled Reaktor (AGR)
○ mögliche Varianten   □ Leichtwasserdampf

Obwohl die Auswahl durch physikalische und werkstofftechnische Forderungen so stark eingeschränkt ist, gibt es doch noch eine große Zahl von Kombinationsmöglichkeiten, von denen sich allerdings nur wenige technisch bewährt haben, die schon hervorgehoben wurden. Nur diese sollen im folgenden eingehend behandelt werden:

Leichtwasserreaktoren als Druck- oder Siedewasserreaktoren.

Schwerwasser-moderierte Reaktoren mit D_2O oder CO_2 als Kühlmittel.

Gasgekühlte graphitmoderierte Reaktoren als Magnoxreaktoren und als AGR (Advanced Gascooled Reaktor) mit CO_2-Kühlung sowie als Hochtemperaturreaktor mit He-Kühlung.

Natriumgekühlte Schnelle Brüter mit Pu-Brennelementen und Brutelementen aus abgereichertem Uran.

Der heliumgekühlte Schnelle Brüter wird studiert, ist aber nicht ernsthaft in der Entwicklung.

Allen Reaktortypen gemeinsam ist, daß der Kern aus Brennelementen aufgebaut wird, die vom Kühlmittel durchströmt werden. Mit Ausnahme weniger Typen bestehen die Brennelemente durchweg aus bündelförmig zusammengefaßten Brennstäben. Das wärmetechnische Problem stellt sich deshalb in seinen Grundzügen für alle Typen in gleicher Art.

16 Reaktorwärmetechnik

16.1 Leistungsdichteverteilung

Die Neutronenflußdichteverteilung in einem Reaktorkern ist im wesentlichen durch die Anordnung vorgegeben und kann mit Hilfe der Reaktortheorie berechnet werden, wobei allerdings schon eine Festlegung über
die Brennstoffanordnung getroffen werden muß. Ist für diese Anordnung,
durch die ja auch $\Sigma_f(\vec{r},E)$ vorgegeben ist, die Flußdichteverteilung
$\phi(\vec{r},E,t)$ bekannt, so können wir die Leistungsdichteverteilung $L(\vec{r},t)$
berechnen.

$$L(\vec{r},t) = \varepsilon \int_0^{E_0} \Sigma_f(\vec{r},E)\ \Phi(\vec{r},E,t)\ dE. \tag{16.1}$$

Vielfach ist die Flußdichteverteilung auch als Ergebnis einer Mehr-
gruppenrechnung bekannt. Dann wird das Integral natürlich durch die
entsprechende Summe über alle Gruppen ersetzt.

$$L(\vec{r},t) = \varepsilon \sum_i \bar{\Sigma}_{f,i}(\vec{r})\ \bar{\Phi}_i(\vec{r},t). \tag{16.2}$$

Die räumliche Verteilung der Leistungsdichte wird durch das Produkt
$\Sigma_f\ \phi$ bestimmt, während ihre zeitliche Abhängigkeit proportional zum
Neutronenfluß ist. Die Energie pro Spaltung ε ist praktisch für den
ganzen Energiebereich konstant, variiert jedoch etwas für die verschiedenen Spaltstoffe. Wie in Band 1, Abschnitt 3.3, ausgeführt wurde, wird allerdings nur ein Teil der Energie dort frei, wo die Spaltungen stattfinden. Es ist nur der von den Spaltprodukten übernommene
Anteil und ein wesentlicher Teil der Energie der prompten β-Strahlung.
Ein Teil der prompten γ-Strahlung und die von den Neutronen übernommene Energie wird in der nächsten Umgebung des Spaltortes in Wärme ver-
wandelt. Der größte Teil davon wird aber im Strukturmaterial und im

Moderator frei, also noch innerhalb des Kernvolumens. Dieser Anteil hat für das Wärmetransportproblem vom Brennstoff zum Kühlmittel jedoch keine Bedeutung, wiewohl er für die Wärmebilanz des Kühlmittels zu beachten ist. Für die unmittelbar im Brennstoff freiwerdende Energie pro Spaltung gilt etwa

$$\varepsilon \approx 180 \text{ MeV} = 288 \cdot 10^{-13} \text{ Ws}.$$

16.2 Temperaturfeld im Brennstoff

Durch die freigesetzte Wärme stellt sich im Reaktor ein Temperaturfeld ein, das so lange ansteigt bzw. abfällt, bis die Wärmeableitung mit der Wärmeerzeugung ins Gleichgewicht kommt. Die Wärmeabfuhr geschieht teils durch Wärmeleitung, teils durch Wärmetransport mit Hilfe eines strömenden Kühlmittels. Wärmeübertragung durch Wärmeleitung erfordert Temperaturgradienten, und die dadurch bedingten Temperaturdifferenzen sind um so größer, je größer die Wärmestromdichte, je schlechter die Wärmeleitfähigkeit des Materials und je länger der Weg bis zur Wärmesenke ist. Wärmesenken für den Brennstoff sind die kühlmittelbenetzten Flächen. Da hohe Temperaturen im Brennstoff aus werkstofftechnischen Gründen immer unerwünscht sind, sollte die Wärmeleitung auf möglichst kurze Wege beschränkt bleiben. Der Brennstoff sollte deshalb, soweit konstruktive und wirtschaftliche Gesichtspunkte dies zulassen, möglichst fein aufgeteilt sein und an Kühlflächen anliegen.

Eine Möglichkeit ist die Einbettung von Kühlrohren in den Brennstoff. Dieses Konzept wurde bei den ersten russischen Druckröhrenreaktoren vom Belojarsk-Typ [1,2] realisiert. Eine andere Variante dieses Konzepts findet sich beim amerikanischen Hochtemperaturreaktor mit Blockelementen [3]. Dort wird der Graphitblock von Kühlkanälen durchzogen, zwischen denen sich der Brennstoff in zylindrischen Bohrungen befindet. Naheliegender ist es aber, dem Brennstoff selbst Platten-, Stab- oder Kugelform zu geben und ihn vom Kühlmittel umströmen zu lassen. Alle genannten drei Brennelementvarianten gibt es, allerdings haben weitaus die meisten Reaktoren Gitter aus zylindrischen Stäben. Lediglich beim deutschen Hochtemperaturreaktor haben die Brennelemente Kugelform [4]. Plattenförmige Brennelemente kommen nur in Forschungsreaktoren sowie bei U-Boot-Antrieben zur Anwendung.

Für die Berechnung des Temperaturfeldes im Brennstoff lassen wir es
zunächst offen, welche geometrische Form der Brennstoff hat. Bei Wärmeleitung gilt für die Wärmestromdichte $q(\vec{r},t)$ die Fouriersche Gleichung

$$q = -\lambda \; \mathrm{grad}\; T, \tag{16.3}$$

die dem Fickschen Gesetz völlig analog ist.

$T(\vec{r},t)$ ist das Temperaturfeld im Brennstoff, $\lambda(T)$ ist die Wärmeleitfähigkeit des Brennstoffs, die im allgemeinen nicht konstant ist, da
sie in der Regel von der Temperatur und damit indirekt auch vom Ort
abhängt.

Für die Wärmebilanz eines Volumenelements erhalten wir daraus

$$\nabla(\lambda\,\nabla\,T(\vec{r},t)) + L(\vec{r},t) = c_p\,\rho\,\frac{\partial T(r,t)}{\partial t} \tag{16.4}$$

c_p = spezifische Wärme des Brennstoffs,

ρ = Dichte des Brennstoffs.

Der Laplace-Operator läßt sich für die drei zur Diskussion stehenden
geometrischen Formen Kugel, Rundstab und Platte in einer für alle
drei Formen gültigen Formulierung schreiben. Gleichung (16.4) erhält
damit für den stationären Fall, den wir weiterhin nur noch betrachten
wollen, die Form

$$\frac{1}{r^m}\,\frac{d}{dr}\left(\lambda r^m\,\frac{dT(r)}{dr}\right) + L(r) = 0; \qquad \begin{array}{l} m = 0 \;\; \text{Platte} \\[4pt] m = 1 \;\; \text{Zylinder} \\[4pt] m = 2 \;\; \text{Kugel} \end{array} \tag{16.5}$$

r ist dabei der Radius bei Kugel- oder Zylinderkoordinaten, bzw. die
halbe Dicke bei Plattenform. Die Temperaturgradienten senkrecht zu
dieser Koordinate sind so klein, daß wir sie Null setzen können. Die
Integration der Gleichung führt zu

$$\lambda r^m\,\frac{dT}{dr} = -\int_0^r L(r)\,r^m\,dr. \tag{16.6}$$

Obwohl die Leistungsdichte in der Regel in den moderatornahen Berei-
chen des Brennstoffs etwas erhöht ist, können wir sie in guter Näherung über den Querschnitt einer Brennelementeinheit konstant annehmen.

Gleichung (16.6) läßt sich für $L(r) = L = const$ integrieren und ergibt
die Stromdichte

$$\lambda \, \frac{dT}{dr} = - \frac{Lr}{m + 1}. \tag{16.7}$$

Nach nochmaliger Integration dieser Gleichung erhält man eine Beziehung für das sogenannte Leitfähigkeitsintegral

$$\int_{T(r)}^{T_0} \lambda \, dT = \frac{Lr^2}{2(m + 1)}. \tag{16.8}$$

Das Leitfähigkeitsintegral ist nur von den Materialeigenschaften abhängig. Bild 16.1 [5] zeigt die Temperaturabhängigkeit der Wärmeleitfähigkeit für UO_2.

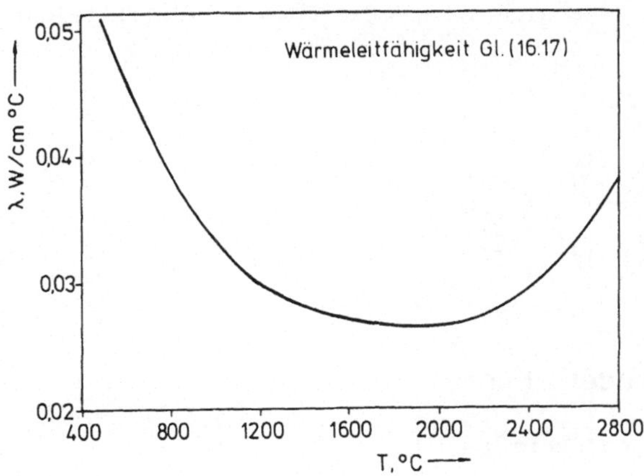

Bild 16.1. Wärmeleitfähigkeit des UO_2 in Abhängigkeit von der Temperatur

Unter der Annahme konstanter Wärmeleitfähigkeit λ kann man über T integrieren und erhält in allen drei Fällen eine parabolische Temperaturverteilung

$$T(r) = T_0 - \frac{L}{2\lambda(m + 1)} \, r^2. \tag{16.9}$$

Für vorgegebene Temperaturgrenzen ist das Leitfähigkeitsintegral eine
Konstante und bestimmt die dabei mögliche Leistungsdichte. Die Temperatur an der Oberfläche T_1 wird durch das Kühlmittel, die Zentraltem-

peratur T_0 durch Werkstoffeigenschaften des Brennstoffs festgelegt.
Mit der Randtemperatur T_1 für $r = R$ und der maximal zulässigen Zentraltemperatur T_0 für $r = 0$ erhält man für die maximale Leistungsdichte

$$L_{max} = \frac{2(m+1)}{R^2} \int_{T_1}^{T_0} \lambda \; dT. \tag{16.10}$$

Für eine Platte der Dicke 2R, bzw. einen Zylinder oder eine Kugel mit
dem Durchmesser 2R, verhalten sich die maximalen Leistungsdichten für
gleiche Zentraltemperatur zueinander wie 1:2:3. Vom Gesichtspunkt der
Leistungsdichte hätte also die Kugel einen wesentlichen Vorteil.

Fragen wir nach der Wärmestromdichte an der Oberfläche, so müssen wir
die benetzten Kühlflächen betrachten. Für die Kühlfläche - im Bild
16.2 schraffiert - pro Volumeneinheit erhält man $(m+1)/R$, also auch
das Verhältnis 1:2:3, wie sich anhand der Formel (16.11) leicht nachprüfen läßt.

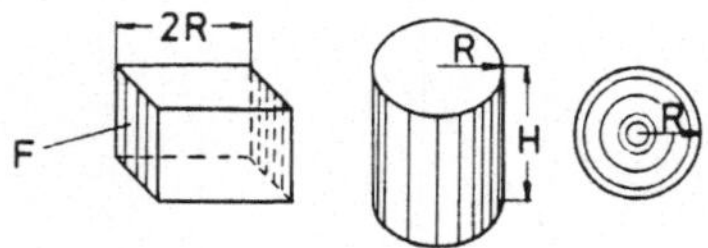

Platte   Zylinder   Kugel

Bild 16.2. Brennstabgeometrie

Platte		Zylinder		Kugel		
$\dfrac{2F}{2FR} = \dfrac{1}{R}$	:	$\dfrac{2\pi\,RH}{\pi\,R^2 H} = \dfrac{2}{R}$	:	$\dfrac{4\pi\,R^2}{4/3\pi\,R^3} = \dfrac{3}{R} =$	$\dfrac{m+1}{R}$	allgemein.
1	:	2	:	3		

$$\tag{16.11}$$

Berechnet man bei gleichem Leitfähigkeitsintegral für die drei geometrischen Formen die Wärmestromdichte an der Oberfläche, so erhält man
bei gleicher Abmessung R immer den gleichen Wert.

$$q(R) = \frac{R}{m+1} \frac{2(m+1)}{R^2} \int_{T_1}^{T_0} \lambda \; dT = \frac{2}{R} \int_{T_1}^{T_0} \lambda \; dT. \tag{16.12}$$

Erweist sich also bei der Auslegung nicht die Zentraltemperatur als begrenzender Faktor, sondern die Wärmestromdichte an der Oberfläche, so kann man R vergrößern, denn die Wärmestromdichte an der Oberfläche nimmt umgekehrt proportional zu R ab. Das kommt besonders bei Gaskühlung zum Tragen. Um bei begrenzter Wärmestromdichte an der Oberfläche dennoch eine möglichst hohe Leistungsdichte zu erzielen, ist die Kugelform vorteilhaft, denn für das Verhältnis der maximalen Leistungsdichte L_{max} zur Oberflächenstromdichte $q(R)$ erhält man $(m + 1)/R$. Bei Kühlmitteln mit gutem Wärmeübergang ist die Zentraltemperatur begrenzend, und die Kugelform kommt aus konstruktiven Gründen dann nicht in Frage.

Berechnen wir für den zylindrischen Stab die maximale Wärmeleistung pro cm Stablänge, so müssen wir den Ausdruck (16.12) mit $2\pi R$ multiplizieren und erhalten für die sogenannte spezifische Stableistung q_{St}

$$q_{St} = 4\pi \int_{T_1}^{T_0} \lambda \, dT. \qquad (16.13)$$

Dieser Wert ist unabhängig von dem Stabdurchmesser und stellt eine wichtige Größe für die Auslegung dar. Mit ihrer Hilfe kann man für eine gegebene Leistungsgröße sofort die insgesamt benötigte Stablänge errechnen, wenn man das Verhältnis der maximalen Leistungsdichte im Reaktor zur mittleren Leistungsdichte, den sogenannten Formfaktor, kennt. Die insgesamt benötigte Stablänge ist also gleich der Gesamtleistung, dividiert durch den Formfaktor und die maximal zulässige spezifische Stableistung.

Als Ergebnis der wärmetechnischen Berechnung des Brennstoffs ist zusammenfassend folgendes festzuhalten:

1. Die Temperatur hat im Zentrum des Brennstoffs ein Maximum und fällt etwa als Parabel mit Scheitel in der Mitte nach außen ab. Das gilt in gleicher Weise für Platte, Zylinder und Kugel.

2. Die maximal erreichbare Leistungsdichte bei vorgegebener Abmessung und festgesetzter Zentraltemperatur ist nur durch das Leitfähigkeitsintegral bestimmt.

3. Die maximale Leistungsdichte von Platte, Zylinder und Kugel verhält sich bei gleicher Dimension wie 1:2:3.

4. Die maximale Wärmestromdichte an der Oberfläche hat unabhängig
   von der Geometrie bei gleicher Dimension den gleichen Wert. Sie
   ist jedoch proportional zu 1/R.

5. Die maximale Leistung pro cm Stablänge, die sogenannte spezifische
   Stableistung, ist unabhängig vom Durchmesser und nur durch das
   Leitfähigkeitsintegral bestimmt.

Die etwas ungewöhnliche Temperaturabhängigkeit der Wärmeleitfähigkeit
des UO_2 (Bild 16.1) läßt sich auf unterschiedliche Leitungsmechanis-
men in den verschiedenen Temperaturbereichen zurückführen [5]. Im Bereich unter 1200 °C wird der Wärmetransport nur durch Phononen, das
heißt durch Stoßprozesse zwischen den Atomen, bewirkt. Dafür gilt eine Beziehung der Form

$$\lambda_{Phononen} = \frac{1}{A + BT} \; .$$

(16.14)

Im Bereich über 1200 °C überwiegt der Wärmetransport durch elektrische Ladungsträger, die das Material auch zu einem elektrischen Halb-
leiter machen. Für die Wärmeleitfähigkeit kann man theoretisch die
folgende Beziehung ableiten:

$$\lambda_{Halbleiter} = 2 \left(\frac{k}{e} \right)^2 \sigma_e \, T \left[1 + \frac{2 \, \sigma_n \, \sigma_p}{\sigma_e^2} \left(2 + \frac{E_0}{kT} \right)^2 \right] \; .$$

(16.15)

σ_e = elektrische Leitfähigkeit,

σ_n = elektrische Leitfähigkeit durch Elektronen,

σ_p = elektrische Leitfähigkeit durch Löcher,

E_0 = Aktivierungsenergie des Materials,

k = Boltzmann-Konstante,

e = elektrische Ladungseinheit.

Ein weiterer Beitrag zur Wärmeleitung kann durch Strahlung kommen. Dafür würde gelten:

$$\lambda_{Strahlung} = \frac{16}{3} \frac{\sigma \, n^2 \, T^2}{\kappa} \; .$$

σ = Strahlungskonstante,

κ = Absorptionskoeffizient,

n = Brechungsindex.

Strahlung trägt aber zur Wärmeleitung in UO_2 wenig bei. Zur Berechnung der Temperaturabhängigkeit kann man eine Reihenentwicklung mit empirischen Konstanten verwenden [5].

$$\lambda(T) = 0,115 - 0,114 \cdot 10^{-3}\ T + 0,044 \cdot 10^{-6}\ T^2 - 0,005 \cdot 10^{-9}\ T^3.$$

$$(16.16)$$

Eine bessere Darstellung der Meßdaten erhält man aus der Theorie (ohne Strahlungsanteil) mit angepaßten Konstanten in W/(cm K).

$$\lambda(T) = \frac{1}{5 + 0,0195\ T} + \exp\left(-\frac{13,34 \cdot 10^3}{T}\right)$$
$$\left[0,64 + 0,10 \cdot 10^{-3}\ T + \frac{2,14 \cdot 10^{-3}}{T}\right].$$

$$(16.17)$$

16.3 Wärmeübertragung im Spalt zwischen Brennstoff und Hülle

Der Wärmeübergang im Spalt ist schwer theoretisch zu ermitteln, da die physikalischen Voraussetzungen undefiniert sind. Für die Fertigung wird ein definierter Spalt mit einer gewissen Toleranz vorgegeben. Die Fertigungsschwankungen werden in dem später noch zu besprechenden Heißkanalfaktor berücksichtigt. Man muß aber mit einem einseitigen Anliegen der Brennstofftabletten und mit einer Ovalität der Hüllrohre rechnen. Anfangs können wir zunächst von dem Mittelwert des tolerierten Spalts ausgehen. Dieser besteht jedoch nur am Anfang, denn im Betrieb kriecht oder dehnt sich sowohl der Brennstoff als auch die Hülle. Außerdem weiß man, daß die Brennstofftabletten, auch Pellets genannt, schon nach kurzer Betriebszeit Sprünge aufzeigen, die bevorzugt radial verlaufen. Die einzelnen Teilstücke werden natürlich auseinandergeschoben und legen sich durch das Schwellen bei fortschreitendem Abbrand sogar unter Druck an die Hülle an. Ferner nimmt der Gasdruck im Spalt durch die fortschreitende Spaltgasfreisetzung ständig zu. Die Heliumfüllung mit einem gewissen Vordruck bei der Fertigung hat nicht nur Bedeutung für die Stützung der Hülle gegen den Außendruck, sondern auch für die Verbesserung der Wärmeleitung.

Beim Wärmeübergang im Spalt wirken Wärmeleitung, Konvektion und Strahlung zusammen. Welcher Anteil überwiegt, hängt von den physikalischen Gegebenheiten ab. Konvektion wird nur bei großer Spaltbreite eine nennenswerte Rolle spielen.

Wärmeleitung überwiegt vor allem bei hohem Gasdruck und bei direkter Berührung. Der Wärmeübergang durch Strahlung muß nur bei niedrigem Gasdruck und hoher Temperatur berücksichtigt werden.

Wenn es bei der Berechnung des Temperatursprungs zwischen Brennstoff und Hülle hauptsächlich auf eine Abschätzung nach der ungünstigsten Seite ankommt, genügt es, der Berechnung den idealen Spalt zugrundezulegen. Bei einer Spaltbreite δ_{Sp}, normalerweise 20 bis 40% des Anfangsspalts, gilt für den durch Wärmeleitung übertragenen Wärmestrom

$$q_\lambda = \frac{\lambda_{Sp}}{\delta_{Sp}} (T_1 - T_2) = k_\lambda (T_1 - T_2), \tag{16.18}$$

wobei wegen der kleinen Spaltbreite von weniger als 0,1 mm eine ebene Geometrie angenommen werden darf.

k_λ heißt die Wärmedurchgangszahl des Spalts für Wärmeleitung. Auch der Konvektionsanteil kann durch eine effektive Wärmedurchgangszahl beschrieben werden.

Die Wärmeübertragung durch Strahlung folgt dem Stephan-Boltzmannschen Emissionsgesetz

$$E_{Str} = \varepsilon \, \sigma \, T^4 \tag{16.19}$$

mit dem Emissionsvermögen ε, das für einen schwarzen Körper den Wert eins hat, und der Stephan-Boltzmannschen Konstanten

$$\sigma = 5,77 \cdot 10^{-12} \ W \ cm^{-2} \ K^{-4}.$$

Für die Strahlungsleistungsdichte q_1 von der Innenwand nach außen und q_2 von der äußeren Wand nach innen hat man die beiden Anteile für die Emission von der Wand und die Reflexion der auftreffenden Strahlung auf jeder Seite zu addieren. Den effektiven Wärmestrom von der heißen zur kälteren Wand erhält man als Differenz der beiden Wärmeströme.

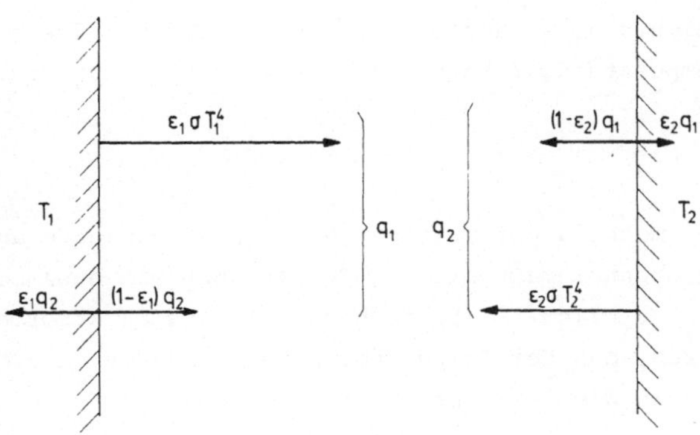

Bild 16.3. Wärmestrom durch Strahlungsaustausch

Wärmestrahlung vom Brennstoff zur Hülle:

$$q_1 = \varepsilon_1 \ \sigma \ T_1^4 + (1 - \varepsilon_1)q_2 . \qquad (16.20)$$

Wärmestrahlung von der Wand zum Brennstoff:

$$q_2 = \varepsilon_2 \ \sigma \ T_2^4 + (1 - \varepsilon_2)q_1 . \qquad (16.21)$$

Indem man die erste Gleichung durch ε_1, die zweite durch ε_2 dividiert und von der ersten subtrahiert, erhält man

$$q_{Str} = q_1 - q_2 = \frac{\sigma \left(T_1^4 - T_2^4 \right)}{\dfrac{1}{\varepsilon_1} + \dfrac{1}{\varepsilon_2} - 1} . \qquad (16.22)$$

Definieren wir wieder eine Wärmeübergangszahl für die Strahlung durch die Gleichung

$$q_{Str} = k_{Str}(T_1 - T_2) , \qquad (16.23)$$

dann ergibt sich für die Wärmedurchgangszahl k_{Str} der Wert

$$k_{Str} = \frac{\sigma \left(T_1^2 + T_2^2 \right) (T_1 + T_2)}{\dfrac{1}{\varepsilon_1} + \dfrac{1}{\varepsilon_2} - 1} . \qquad (16.24)$$

Für die gesamte Wärmedurchgangszahl können wir dann schreiben

$$k_{Sp} = k_\lambda + k_{Str} , \qquad (16.25)$$

wobei der Anteil durch Konvektion in k_λ einbezogen wurde.

Mit der Wärmestromdichte q_1 an der Oberfläche des Brennstoffs erhält man dann für die Temperaturdifferenz zwischen Brennstoff und Hülle

$$T_1 - T_2 = \frac{q_1}{k_{Sp}} \; . \tag{16.26}$$

Der Strahlungsanteil macht dabei meistens nur wenige Prozent aus. Bei einem zylindrischen Brennelement mit UO_2-Pellets hat man etwa mit Werten $k_{Sp} = 0{,}5$ bis $1{,}0$ $W/(cm^2\,K)$ zu rechnen [6]. Als Faustformel sollte man sich merken, daß der Temperatursprung im Spalt ungefähr der Wärmestromdichte in W/cm^2 entspricht.

16.4 Temperaturverlauf in der Brennstoffhülle

Obwohl in der Brennstoffhülle Wärme freigesetzt wird durch Absorption von β- und γ-Strahlung sowie von Neutronen, nehmen wir an, daß sich dort keine Wärmequellen befinden. Der Anteil ist so verschwindend klein im Verhältnis zu der vom Brennstoff abgegebenen Wärme, daß wir ihn ohne nennenswerten Fehler vernachlässigen können. Mit dieser Festlegung lautet die Wärmeleitungsgleichung

$$\frac{1}{r^m} \frac{d}{dr} \left(\lambda \; r^m \frac{dT}{dr} \right) = 0 \; . \tag{16.27}$$

Die Integration der Gl. (16.27) ergibt auf der rechten Seite eine Konstante, die wir dadurch bestimmen, daß wir für die Wärmestromdichte an der inneren Oberfläche bei $r = R_2$ den bekannten Wert q_2 einsetzen:

$$r^m \, \lambda_H \; dT = - R_2^m \, q_2 \; dr \; . \tag{16.28}$$

Durch nochmalige Integration, wobei die Wärmeleitfähigkeit der Hülle λ_H konstant gesetzt werden kann, ergibt sich

$$T_2 - T_3 = R_2^m \, \frac{q_2}{\lambda_H} \int_{R_2}^{R_3} \frac{dr}{r^m} = \frac{q_2}{\lambda_H} \cdot \begin{cases} (R_3 - R_2) & \text{für } m = 0 \text{ (Platte)} \\[2mm] R_2 \, \ln(R_3/R_2) & \text{für } m = 1 \text{ (Zylinder)} \\[2mm] R_2^2 \left(\dfrac{1}{R_2} - \dfrac{1}{R_3} \right) & \text{für } m = 2 \text{ (Kugel)} . \end{cases}$$

$$\tag{16.29}$$

In den meisten Fällen ist die Hülle so dünn, daß man sie als ebene
Schicht behandeln kann. Mit $\delta_H = R_3 - R_2$ kann man dann für einen Brennstab schreiben

$$(T_2 - T_3) = q_2 \frac{\delta_H}{\lambda_H} = \frac{q_2}{k_H} \, . \tag{16.30}$$

Durch Addition von (16.26) und (16.30) ergibt sich für die Temperaturdifferenz zwischen Brennstoffoberfläche und äußerer Brennstaboberfläche, wobei q_1/q_2 praktisch gleich 1 gesetzt werden kann,

$$(T_1 - T_3) = q_2 \left(\frac{1}{k_{Sp}} + \frac{1}{k_H} \right) \, . \tag{16.31}$$

Die Temperaturdifferenz wird im wesentlichen nur durch die kleinere
der beiden Wärmeübergangszahlen bestimmt.

Die Temperaturverteilung über den Stabquerschnitt hat etwa den in
Bild 16.4 dargestellten Verlauf. Sie ist unabhängig von den Wärme-
übergangsverhältnissen zum Kühlmittel, durch die lediglich die Randtemperatur T_3 bestimmt wird. Der Wärmeübergang von der Staboberfläche
zum Kühlmittel, der eine eingehende Betrachtung der Strömungsbedingungen und der Eigenschaften des Kühlmittels verlangt, wird im nachfolgenden Abschnitt behandelt.

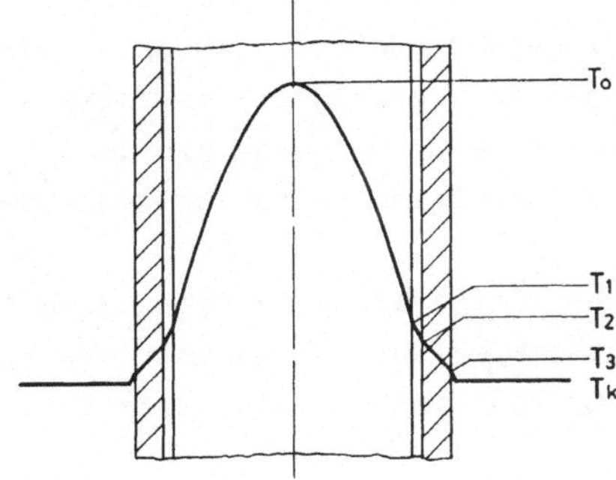

Bild 16.4. Radiales Temperaturprofil im Brennstab

16.5 Axiale Temperaturverteilung

Das den Reaktorkern durchströmende, Kühlmittel wird ungleichmäßig aufgewärmt entsprechend der lokal aufgenommenen Wärme. Durch Lösung der
Enthalpiebilanzgleichung kann die Temperaturerhöhung entlang des
Strömungsweges berechnet werden, wenn man das Geschwindigkeitsfeld
kennt. Wird bei einem engen Stabgitter zunächst jede Strömungsrichtung zugelassen, so stellt die Berechnung des Geschwindigkeitsfeldes
wegen der anisotropen Charakteristik des Strömungswiderstandes ein
schwieriges Problem dar, dem wir hier aber nicht weiter nachgehen
müssen.

In allen bisher gebauten Leistungsreaktoren mit Ausnahme des Kugelhaufenreaktors strömt das Kühlmittel parallel zu den Brennstäben, und
zwischen den durch die Konturen der Stäbe gebildeten Kühlkanälen gibt
es nur relativ wenig Austausch. Unter diesen Voraussetzungen können
wir ohne Kenntnis des Wärmeübergangs vom Brennstab zum Kühlmittel zunächst die axiale Verteilung der mittleren Kühlmitteltemperatur berechnen, denn sie ist im stationären Betrieb nicht vom Wärmeübergang,
sondern nur von der Leistung des Stabs abhängig. Die Mittelung ist
über den Querschnitt des Kühlkanals zu erstrecken. Wir unterstellen,
daß die axiale Wärmeleitung im Brennstab vernachlässigbar ist im Vergleich zur radialen. Das ist immer richtig, wenn es keine großen axialen Temperaturgradienten gibt. Diese könnten nur auftreten, wenn sich
in axialer Richtung die Neutronenflußdichte oder die Spaltstoffkonzentration im Brennstab abrupt ändern würde, was nur am Ende des
Brennstabs auftritt. Bei vernachlässigbarer axialer Wärmeleitung muß
die gesamte, in einem Abschnitt des Brennstabs erzeugte Wärme in diesem Abschnitt auch dem Kühlmittel zugeführt werden. Wir unterlegen
unserer Rechnung die Vorstellung, daß man den ganzen Reaktorkern in
Einzelkanäle für die einzelnen Brennstäbe unterteilen könnte, in denen das Kühlmittel genau parallel an den Brennstäben entlangströmt.

Die Temperatur entlang eines solchen Kühlkanals wird dann durch drei
Größen bestimmt: durch die Eintrittstemperatur des Kühlmittels T_e,
den Massendurchsatz pro Kühlkanal G_K und die Leistungsverteilung über
die Länge des Brennstabs

$$q_{St}(z) = 2\pi\, R_1\, q_1(z) = \pi\, R_1^2\, L(z). \tag{16.32}$$

Letztere ist vorgegeben durch die Neutronenflußdichteverteilung und
hat in einem homogenen Reaktorkern der Höhe H die Verteilung

$$q_{St}(z) = \pi\, R_1^2\, \varepsilon\, \Sigma_f\, \Phi_0\, \cos\frac{\pi z}{H^*} = q_{St,0}\, \cos\frac{\pi z}{H^*}\,; \tag{16.33}$$

$$H^* = H + 2\delta_R;\quad \delta_R = \text{Reflektorersparnis.}$$

Im allgemeinen ist die axiale Leistungsverteilung allerdings durch
verschiedene Einflüsse stark verzerrt und wird dann durch eine andere
Funktion beschrieben.

Die vom Brennstab im Abschnitt dz pro Sekunde abgegebene Wärme wird
vom Kühlmittel aufgenommen und erwärmt das pro Sekunde an der Stelle
z durch den Querschnitt F_K vorbeiströmende Kühlmittel. Die Wärmebi-
lanzgleichung

$$c_p\, \rho_K\, F_K\, \frac{\partial T}{\partial t} + G_K\, c_p\, \frac{\partial T}{\partial z} = q_{St}(z) \tag{16.34}$$

wollen wir auf den stationären Fall beschränken.

$$G_K\, c_p\, dT = q_{St}(z)\,dz. \tag{16.35}$$

Den Temperaturverlauf des Kühlmittels entlang des Kanals erhält man
durch Integration

$$T_K(z) - T_e = \int\limits_{-H/2}^{z} \frac{q_{St}(z)}{G_K\, c_p}\, dz. \tag{16.36}$$

Unter den oben getroffenen Annahmen, also ohne Querströmung, ist der
Massendurchsatz G_K konstant. Dagegen ändert sich die spezifische Wärme c_p mit der Temperatur. Die Integration kann deshalb nur stückweise
durchgeführt werden.

Setzt man c_p = const, so läßt sich (16.36) integrieren, und man erhält
durch Einsetzen von (16.33)

$$T_K(z) - T_e = \frac{q_{St}(0)}{c_p\, G_K} \int\limits_{-H/2}^{z} \cos\frac{z}{H^*}\, dz. \tag{16.37}$$

Die axiale Temperaturverteilung wird in diesem Falle beschrieben durch
die Funktion

$$T_K(z) = T_e + \frac{q_{St}(0)H^*}{c_p\, G_K} \left[\sin\frac{\pi z}{H^*} + \sin\frac{\pi H}{2H^*}\right]. \tag{16.38}$$

Für die Austrittstemperatur T_a bei $z = H/2$ finden wir

$$T_a = T_e + \frac{q_{St}(0)H^*}{c_p\,G_K\,\pi}\,2\,\sin\frac{\pi H}{2H^*} = T_e + \frac{Q_{St}}{c_p\,G_K}\,, \qquad (16.39)$$

wobei

$$Q_{St} = \frac{Q_{St,0}\,H^*}{\pi}\,2\,\sin\frac{\pi H}{2H^*} \qquad (16.40)$$

die gesamte Leistung darstellt, die von dem Stab abgeführt wird. Dabei ist es zweckmäßig, die Wärmebeiträge durch γ-Strahlung und Neutronenbremsung sowie den im Reaktorkern freiwerdenden Anteil der Pumpenleistung durch einen Faktor > 1 in Q_{St} zu berücksichtigen, denn die Erhöhung der Aufwärmspanne kann dadurch bis zu 5% betragen.

Der axiale Temperaturverlauf der Hüllrohroberfläche baut sich auf dem Temperaturverlauf des Kühlmittels entlang des Kühlkanals auf. Die Temperatur der Hüllrohroberfläche $T_3(z)$ wird durch die vor allem von der Geschwindigkeit des Kühlmittels abhängige Wärmeübergangszahl $\alpha(z)$ bestimmt, deren Berechnung noch zu behandeln ist. Durch Einsetzen von $q_3(z)$ in die Definitionsgleichung für $\alpha(z)$

$$q_3(z) = \alpha(z)\,[T_3(z) - T_K(z)] \qquad (16.41)$$

findet man für den axialen Verlauf der Hüllrohrwandtemperatur außen

$$T_3(z) = T_K(z) + \frac{q_3(z)}{\alpha(z)} \qquad (16.42)$$

und nach Einsetzen von (16.38), (16.32) und (16.33) für den speziellen Fall einer Cosinusverteilung der Leistungsdichte

$$T_3(z) = T_e + \frac{q_{St,0}\,H^*}{c_p\,G_K\,\pi}\left[\sin\frac{\pi z}{H^*} + \sin\frac{\pi H}{2H^*}\right] + \frac{q_{St,0}}{\alpha(z)\,2\pi\,R_1}\cos\frac{\pi z}{H^*}\,.$$

$$(16.43)$$

Wenn α unabhängig von z ist, was für flüssige Kühlmittel ohne Phasenänderung praktisch gilt, hat die Hüllrohraußentemperatur ein Maximum bei z_m. Die Lage dieses Maximums wird bestimmt durch die Gleichung

$$\cot\frac{\pi z_m}{H^*} = \frac{c_p\,G_K}{2R_1\,\alpha\,H} \rightarrow z_m = \frac{H^*}{\pi}\,\text{arc}\cot\frac{c_p\,G_K}{2R_1\,H^*\,\alpha}\,. \qquad (16.44)$$

z_m liegt im allgemeinen etwa bei 2/3 der Kernhöhe, wie aus der Darstellung Bild 16.5 zu erkennen ist. Es hängt von dem Verhältnis
$c_p \, G_K/\alpha$ ab. Ist dieses sehr groß, so liegt das Maximum knapp oberhalb
der Reaktormitte. Ist α sehr groß, wie z.B. bei Natrium, so rückt das
Maximum ans Ende des Kühlkanals.

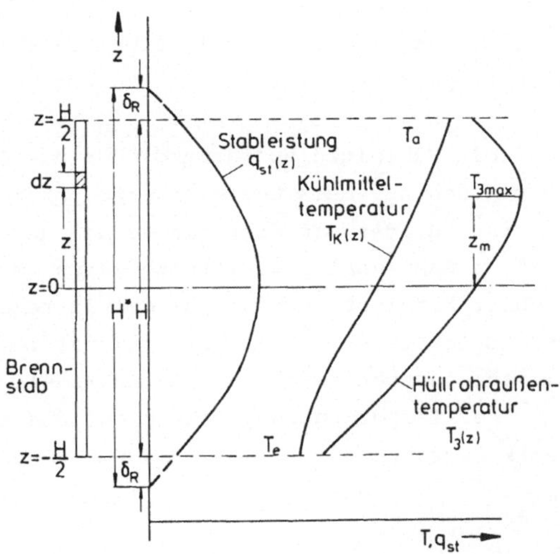

Bild 16.5. Axiales Temperaturprofil im Unterkanal

Durch Addition der nach (16.30) errechneten Temperaturdifferenz über
die Wanddicke der Hülle zu $T_3(z)$ erhält man den Temperaturverlauf für
die Innenseite der Hülle $T_2(z)$. Addiert man dazu noch die nach (16.26)
errechnete Temperaturdifferenz über den Spalt, so hat man den Temperaturverlauf an der Pelletoberfläche $T_1(z)$.

Um die Temperatur im Innern des Brennstoffs zu erhalten, ist zu $T_1(z)$
noch die Temperaturdifferenz $T(r,z) - T_1(z)$ nach (16.9) zu addieren.

$$T(r,z) - T_1(z) = T_0 - \frac{L(z)}{4\lambda} r^2 - T_0 + \frac{L(z)}{4\lambda} R_1^2 = \frac{L(z)}{4\lambda} \left(R_1^2 - r^2 \right) . \tag{16.45}$$

Man erhält schließlich für den Brennstabunterkanal

$$T(r,z) = T_K(z) + \frac{q_3(z)}{\alpha(z)} + \frac{q_2(z)}{k_H} + \frac{q_1(z)}{k_{Sp}} + \frac{L(z)}{4\lambda} (R_1^2 - r^2) . \tag{16.46}$$

In allen zu $T_K(z)$ addierten Termen steht die lokale Wärmestromdichte, die proportional zur lokalen Stableistung ist. Bezeichnet man den radialen Temperaturverlauf über den ganzen Kühlkanalquerschnitt in der Mitte des Reaktors mit $T(r,0)$, so läßt sich das ganze Temperaturfeld eines Kühlkanals beschreiben durch die Darstellung

$$T(r,z) = T_K(z) + [T(r,0) - T_K(0)]\,\frac{L(z)}{L(0)}\,. \tag{16.47}$$

Die Höhe des Temperaturprofils, das sich auf der lokalen Kühlmitteltemperatur aufbaut, ist also proportional zur lokalen Leistungsdichte.

Aus (16.37) erkennt man, daß die Kühlmittelaufwärmung über die Eintrittstemperatur ebenfalls mit dem zur Leistungsdichte proportionalen Faktor $q_{St}(0)$ multipliziert ist. Bildet man über den ganzen Reaktorkern, d.h. über die Summe aller Kühlkanäle, gemittelte Werte der Kühlmittel-, Brennstoff- oder Hüllrohrtemperatur, so ist die Differenz zur Eintrittstemperatur des Kühlmittels jeweils proportional zur Leistung. Davon macht man beim sogenannten punktkinetischen Modell zur Vereinfachung der Berechnung der Temperaturrückwirkung auf die Reaktivität in der Reaktordynamik Gebrauch.

16.6 Wärmeübergang von der Brennelementoberfläche zum Kühlmittel

Das als Kühlmittel dienende Fluid ist entweder als Flüssigkeit, als Gas oder als Zweiphasengemisch zu beschreiben.

Die Wärmeübergangszahl α einer von einem Kühlmittel benetzten Wand hängt von einer großen Zahl von Parametern ab, zunächst von den Stoffwerten des Kühlmittels, die in der Dichte ρ, der Zähigkeit η, der Wärmeleitfähigkeit λ und der spezifischen Wärme c_p zum Ausdruck kommen. Ferner gehen außer der Geschwindigkeit des Kühlmittels v die besonderen Verhältnisse des Kühlkanals ein, insbesondere der hydraulische Durchmesser D_h, die Länge des Kühlkanals L und eventuell noch die Rauhigkeit der Wand. Bei Phasenänderung des Kühlmittels und Zweiphasenströmung wird das Problem des Wärmeübergangs noch schwieriger. Dabei ist besonders die sich ausbildende Phasenverteilung zu beachten. Bleiben wir zunächst bei der Einphasenströmung.

16.6.1 Wärmeübergang ohne Sieden

Beim Wärmeübergang an der benetzten Wand wirken Wärmeleitfähigkeit und
Konvektion zusammen. Die Wärmeübertragung wird stark durch die Geschwindigkeit und den Turbulenzgrad des Kühlmittels bestimmt. Sie ist
deshalb eng mit der Ausbildung der Grenzschicht an der Wand verbunden. Man kann, wie die Ähnlichkeitstheorie zeigt, die Beschreibung
der Grenzschichtphänomene durch Definition von dimensionslosen Kennzahlen auf eine Form bringen, bei der man für die Darstellung der
Wärme- und Strömungsgesetze mit weniger unabhängigen Variablen aus-
kommt. Für die Geschwindigkeitsgrenzschicht ist die Reynolds-Zahl
charakteristisch. Das Verhältnis von Geschwindigkeits- und Temperatur-
grenzschicht kann durch die Prandtl-Zahl beschrieben werden. Die di-
mensionslose Kennzahl für den Wärmeübergang ist die Nußelt-Zahl, die
den Wärmeübergangskoeffizienten α enthält. Die genannten Kennzahlen
sind folgendermaßen definiert:

$$\text{Reynolds-Zahl} \qquad Re = \frac{\rho \, \bar{v} \, D_h}{\eta} \, , \qquad (16.48)$$

$$\text{Prandtl-Zahl} \qquad Pr = \frac{\eta \, \dot{c}_p}{\lambda} \, , \qquad (16.49)$$

$$\text{Nußelt-Zahl} \qquad Nu = \frac{\alpha \, D_h}{\lambda} \, , \qquad (16.50)$$

Die Stoffwerte ρ, η, λ und c_p sind für eine mittlere Temperatur T_f
der Grenzschicht, die sogenannte mittlere Filmtemperatur, zu nehmen.
Mit guter Näherung kann für T_f das arithmetische Mittel zwischen der
mittleren Kühlmitteltemperatur $\bar{T}_K$ und der Wandtemperatur T_3 genommen
werden.

$$T_f = \frac{\bar{T}_K + T_3}{2} \, . \qquad (16.51)$$

Da die Reynolds-Zahl gewöhnlich aus dem Massendurchsatz G_K durch den
Kanal vom Querschnitt F_K hergeleitet wird, gilt mit der Dichte im
Film ρ_f

$$\rho_f \, \bar{v} = \frac{G_K}{F_K} \frac{\rho_f}{\bar{\rho}} \, . \qquad (16.52)$$

$\bar{\rho}$ ist die über den Kanalquerschnitt gemittelte Dichte.

Die Wärmeübergangszahl kommt nur in der Nußelt-Zahl vor und kann aus dieser berechnet werden

$$\alpha = \frac{\lambda}{D_h} \; Nu . \tag{16.53}$$

Die Nußelt-Zahl kann wiederum durch die Reynolds- und Prandtl-Zahl ausgedrückt werden. Nußelt hat eine Darstellung der Nußelt-Zahl vorgeschlagen in der Form

$$Nu = A(Re)^m \; (Pr)^n . \tag{16.54}$$

$A = 0,023$, $m = 0,8$, $n = 0,4$ gilt für turbulente Strömung [7]; m und n hängen allerdings von den Wandeigenschaften, der Kanalgeometrie und anderen Bedingungen ab. Inzwischen sind eine ganze Reihe von empirischen Formeln entwickelt worden, die alle den gleichen grundsätzlichen Aufbau haben und sich nur in den Exponenten und gewissen Zusatzgliedern unterscheiden. Meistens ist zur Berücksichtigung der Einlaufvorgänge, bevor die Turbulenz voll ausgebildet ist, noch ein Faktor $(x/D_h)^P$ zugefügt worden, wobei x der Abstand vom Einlauf und P ein empirischer Exponent ist.

Für Druckwasserreaktorbedingungen erscheint die Beziehung von Bishop, Sandberg und Tong [8] geeignet.

$$Nu = 0,0069 \; Re^{0,9} \; Pr^{0,66} \left(\frac{\rho_W}{\rho} \right)^{0,43} \left(1 + 2,4 \; \frac{D_h}{x} \right) , \tag{16.55}$$

wobei für ρ_W die Dichte bei Wandtemperatur einzusetzen ist.

Weitere Formeln für Flüssigkeiten [9], Gase und überhitzte Dämpfe [10], Helium [11,12] und überhitzten Wasserdampf [13] finden sich in der angegebenen Literatur.

Welche Darstellung für den einzelnen Fall die bessere ist, läßt sich nur anhand eines Quellenstudiums entscheiden. Die Werte unterscheiden sich bis zu einem Faktor 2.

Der Querschnitt eines Kühlkanals zwischen den Brennstäben weicht stark von dem kreisrunden Querschnitt eines Rohrs ab, für den die meisten Messungen durchgeführt wurden. Der hydraulische Durchmesser ist definiert durch das Verhältnis von Strömungsquerschnitt F zu einem Viertel des benetzten Umfangs U.

$$D_h = \frac{4F}{U} . \tag{16.56}$$

Unter der Voraussetzung, daß sich auf dem benetzten Umfang etwa der gleiche Grenzschichtverlauf einstellt wie an der Rohrwand, kann man ihm anstelle des Rohrdurchmessers einsetzen. Daß dies weitgehend zutrifft, kann man in Bild 16.6 am Verlauf der Isotachen ablesen.

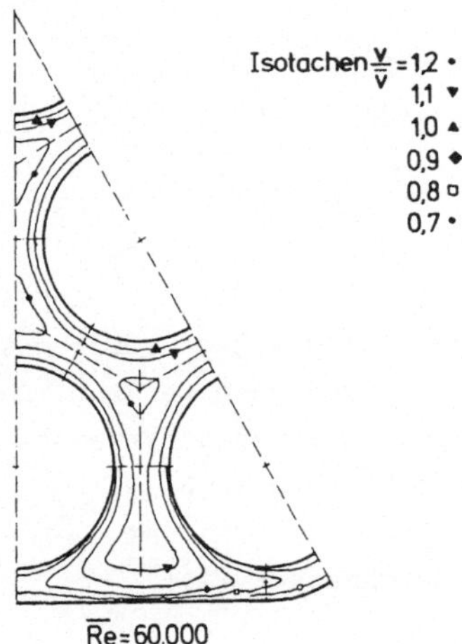

Bild 16.6. Gemessene Isotachen (Linien gleicher Geschwindigkeit) in einer Dreiecksanordnung [14]

Unter Verwendung des für ein Stabgitter charakteristischen Verhältnisses des Stababstands s zum Durchmesser d erhält man für ein quadratisches bzw. für ein Dreiecksgitter nach Bild 16.7:

$$D_h = \frac{4(s^2 - \pi\, d^2/4)}{\pi\, d} = \frac{4s^2}{\pi\, d} - d$$

$$D_h = \frac{2\sqrt{3}s^2 - \pi\, d^2}{\pi\, d} = \frac{2\sqrt{3}s^2}{\pi\, d} - d. \qquad (16.57)$$

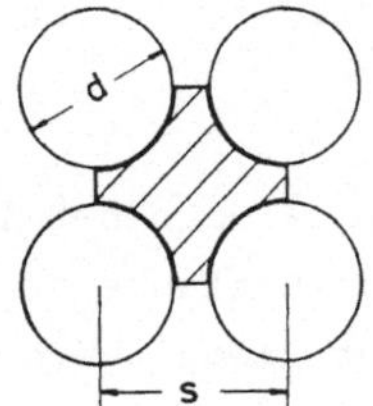

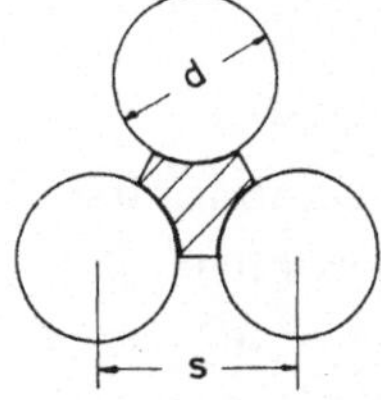

Bild 16.7. Brennstäbe in Vierecks- und Dreiecksanordnung

Für die mittlere Nußelt-Zahl ist aus Meßergebnissen an Kühlkanälen
mit Reaktorgeometrie von Weismann [15] eine Relation entwickelt worden mit den Exponenten $m = 0,8$ und $n = 1/3$ und einem zur Berücksichtigung der Kanalform angepaßten Koeffizienten

$$A = 0,042 \frac{s}{d} - 0,024; \qquad 1,1 \leq \frac{s}{d} \leq 1,3 \qquad \text{(Quadrat)}, \qquad (16.58)$$

bzw.

$$A = 0,026 \frac{s}{d} - 0,006; \qquad 1,1 \leq \frac{s}{d} \leq 1,5 \qquad \text{(Dreieck)}. \qquad (16.59)$$

Diese Beziehung gilt für $2,5 \cdot 10^4 \leq Re \leq 10^6$; sie wird allerdings nicht
von allen Messungen befriedigend bestätigt.

Bei einer Kugelschüttung, wie sie im Kugelhaufenreaktor vorliegt, ist
der hydraulische Durchmesser aus dem Leervolumen zu berechnen. Das
Verhältnis γ von Leervolumen zu Kugelvolumen wird üblicherweise Porosität genannt und beträgt bei einer Kugelschüttung $\gamma = 0,39$.

Daraus erhält man für den hydraulischen Durchmesser [16]

$$D_h = \frac{2}{3} \frac{\gamma}{1 - \gamma} D_{Kugel} = 0,426 \; D_{Kugel}. \qquad (16.60)$$

16.6.2 Wärmeübergang beim Sieden

Ist die Berechnung des Wärmeübergangs bei Einphasenströmung schon kompliziert und ziemlich unsicher, so stellt sich die Situation bei Zweiphasenströmung noch ungleich schwieriger dar. Der Wärmeübergang hängt
von einer Vielzahl von Einflußgrößen ab, die zum Teil schwer meßbar
sind, wie z.B. die Geschwindigkeit oder die Dichte eines Zweiphasengemischs. Die wesentlichen Einflußgrößen sind der Druck, die Geschwindigkeit, die Dichte, der hydraulische Durchmesser, die örtliche Enthalpie, die Eintrittsenthalpie, die Kanallänge, die Wärmestromdichte
und der Dampfgehalt. Dabei spielt das Erscheinungsbild des Siedevor-
gangs und der Strömung, das quantitativ kaum zu fassen ist, eine entscheidende Rolle.

Sieden kann immer dann eintreten, wenn die Wandtemperatur höher liegt
als die Siedetemperatur der Flüssigkeit. Solange die mittlere Temperatur des Kühlmittels noch unter der Siedetemperatur liegt, werden die
Dampfblasen, die an der Wand entstehen, sofort wieder kondensiert. Unter einer bestimmten Größe bleiben die Blasen noch an der Wand haften,

darüber lösen sie sich ab und kollabieren sofort in der unterkühlten Flüssigkeit, was sich durch das typische Siedegeräusch bemerkbar macht. Es tritt kein Dampf aus dem Kanal aus. Man nennt das unterkühltes oder lokales Sieden, auch Oberflächensieden. Sobald die mittlere Temperatur des Kühlmittels die Siedetemperatur erreicht hat, bleiben die entstehenden Blasen erhalten, und man spricht vom Blasensieden. Das Erscheinungsbild der Strömung wird dabei hauptsächlich vom Dampfgehalt, von der Geschwindigkeit und von der Benetzbarkeit der Wand bestimmt. Beim Blasensieden mit niedriger Stromdichte ist die Wand noch durchweg von Flüssigkeit benetzt. Wird die Wandtemperatur weiter gesteigert, so wächst das Blasenvolumen, und es entstehen immer größere unbenetzte Flächen, die schließlich zu einer Schicht zusammenwachsen. Man spricht dann von Filmsieden. Die Wandtemperatur liegt dabei über der sogenannten Leidenfrost-Temperatur, bei der die Wand nicht mehr benetzt werden kann. Bleibt die Wandtemperatur unter der Leidenfrost-Temperatur, so ergibt sich bei zunehmendem Blasenvolumen ein anderes Strömungsbild mit folgendem Verhalten [17], Bild 16.8:

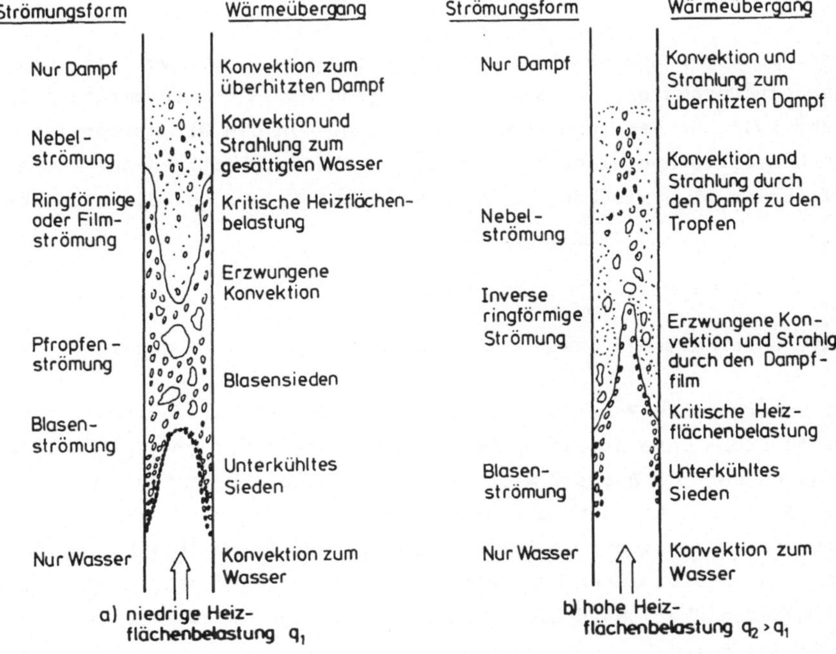

Bild 16.8. Strömungsformen während der Verdampfung mit den zugehörigen Wärmeübergängen

Der Kern der Strömung besteht bei niedrigem Dampfgehalt im allgemeinen
zunächst noch aus einem zusammenhängenden Flüssigkeitsvolumen, in dem
Blasen mitgeführt werden. Werden die Blasen sehr groß, so können sie
sich zu größeren Dampfvolumen zusammenschließen, und man spricht von
Slug-Strömung, bekannt nach den dabei aufsteigenden Dampfpfropfen. Bei
noch höherem Dampfgehalt bildet sich meist ein innerer Dampfkanal,
während die Wand noch mit einem Wasserfilm bedeckt ist. Man hat dann
eine Ringströmung. Bei größerem Dampfgehalt kann es auch zu stoßwei-
ser Ablösung von Wasserpfropfen kommen, so daß die Strömung abwechselnd aus einer zusammenhängenden Wasserphase mit Dampfblasen oder einer zusammenhängenden Dampfphase mit Wassertropfen besteht. Man spricht
dann von einer Kolbenströmung. Bei noch höherem Dampfgehalt geht
schließlich der ganze Kühlkanalquerschnitt in eine Naßdampfströmung
über, bei der die zusammenhängende Phase aus Dampf besteht, in der
Wassertröpfchen mitgeführt werden. Der Wasserfilm an der Wand verdampft vollständig; man nennt das "dry out". Durch weitere Wärmeaufnahme werden schließlich alle Tröpfchen verdampft, und man hat eine
Heißdampfströmung, die wie eine Gasströmung zu behandeln ist. Dieser
Ablauf ist typisch für alle Durchlaufverdampfer.

Der Wärmeübergang hängt in den beschriebenen Phasen von den oben genannten Parametern ab, am stärksten jedoch von der Temperaturdifferenz zwischen Wand und Kühlmittel. Trägt man die Wärmestromdichte q,
auch Heizflächenbelastung genannt, in Abhängigkeit von der Temperaturdifferenz ΔT_s zwischen der Wandtemperatur T_W und der Siedetemperatur
T_s

$$\Delta T_s = T_W - T_s \qquad\qquad (16.61)$$

auf, so erhält man qualitativ etwa den in Bild 16.9 gezeigten Verlauf.

Im unterkühlten Bereich A bis B tritt noch kein Blasensieden auf. Die
Wärmestromdichte steigt überproportional etwa mit $q \sim \Delta T_s^{1,25}$. Im Bla-
sensiedebereich B bis C wird der Wärmeübergang bedeutend besser, da
die Grenzschicht durch die starke Konvektion ständig aufgerissen wird.
Die Wärmestromdichte steigt etwa mit $q \sim \Delta T_s^{3,33}$. Oberhalb von Punkt C
geht das Blasensieden bei weiterer Steigerung der Wandtemperatur in
Filmsieden über. Wird die Temperatur der Wand durch Regelung der Heizleistung festgehalten, so folgt die Wärmestromdichte der abfallenden
Kurve C bis D. Der Wärmeübergang wird schlechter wegen des Leiden-
frostschen Phänomens. Auf dem abfallenden Ast hat man zunächst Teil-

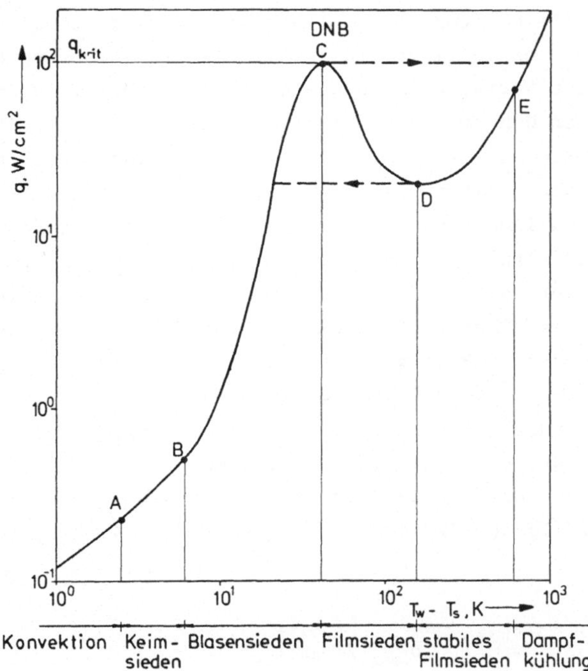

Bild 16.9. Wärmeübergang beim Behältersieden

filmverdampfung. Am tiefsten Punkt der Kurve, dem sogenannten Leiden-frost-Punkt, erreicht man totale Filmverdampfung. Bei weiterer Steigerung der Wandtemperatur bleibt die Wand völlig unbenetzt, jedoch wird die Heizflächenbelastung wieder gesteigert durch intensiveren Wärmeübergang zur Dampfschicht und durch einen ständig wachsenden Anteil an Strahlungswärme, so daß die Heizflächenbelastung auf der Kurve D bis E wieder ansteigt. Auf diesem Ast der Kurve hat man stabiles Filmsieden. Die Strömung kann, abhängig von den Kanaldimensionen, sehr unterschiedlich ausgebildet sein. Dieser Bereich ist bei der Reaktorauslegung für den Normalbetrieb kaum von Bedeutung, dagegen besonders wichtig für die Auslegung der Notkühlung, wobei unterstellt wird, daß der Reaktorkern zunächst austrocknet und dann wieder aufgefüllt und geflutet werden muß. Dabei bleibt die Benetzungsfront erheblich hinter dem ansteigenden Wasserspiegel zurück.

Besonders wichtig für die Reaktorkernauslegung ist jedoch die sogenannte kritische Heizflächenbelastung q_{krit}, die im Punkt C auftritt.

Wenn nämlich nicht die Wandtemperatur festgehalten wird, sondern die
Wärmestromdichte, wie es in einem Reaktorkern der Fall ist, so hat
man q als unabhängige Variable aufzufassen. Bei Steigerung der Heizflächenbelastung über den kritischen Wert q_{krit} bei C springt die
Temperatur schlagartig auf den Punkt E, bei dem die Temperatur meist
so hoch liegt, daß der Schmelzpunkt der Hüllrohrwerkstoffe überschritten wird. Aus dem Englischen hat sich dafür der Ausdruck "burn out"
eingebürgert. Es muß also durch ausreichende Sicherheitsfaktoren dafür Sorge getragen werden, daß die kritische Heizflächenbelastung nie
überschritten wird. Der Übergang vom Blasen- zum Filmsieden wird in
der englischen Literatur DNB (Departure from Nucleate Boiling) genannt. Der erwähnte Sicherheitsfaktor gegen burn out heißt DNB-Fak-
tor. Im Deutschen wird er SKHB (Sicherheit gegen kritische Heizflächenbelastung) genannt. Die kritische Heizflächenbelastung ist stark
vom Druck abhängig und hat ihr Optimum etwa bei einem Drittel des
kritischen Drucks (Bild 16.10) für Wasser, also bei etwa 70 bar.

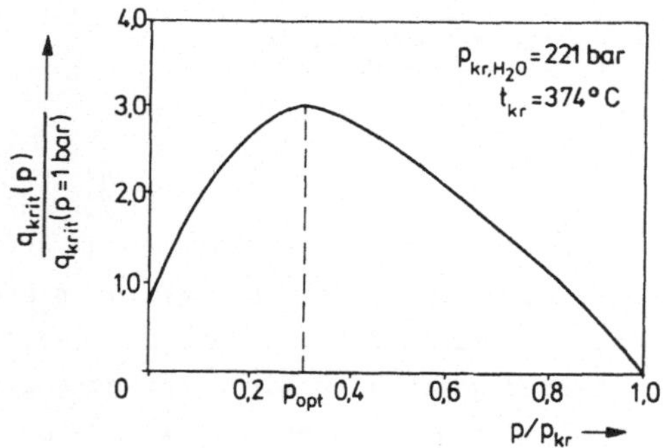

Bild 16.10. Druckabhängigkeit der kritischen Heizflächenbelastung

Die optimale kritische Heizflächenbelastung liegt ungefähr dreimal
höher als bei Normaldruck. Deshalb ist dieser Druck hinsichtlich der
Wärmeübertragung optimal für Siedewasserreaktoren [18].

Für die Ermittlung der Wärmeübergangszahl α und der kritischen Heizflächenbelastung q_{krit} sind zahllose Versuche durchgeführt und Formeln angegeben worden, deren ausführliche Behandlung im Rahmen dieser
Darstellung zu weit führen würde. Deshalb sind nur die reaktortech-

nisch wichtigsten Probleme der Zweiphasenströmung Gegenstand des folgenden Abschnitts.

Der Wärmeübergang ist bei ausgebildetem Sieden geschwindigkeitsunabhängig. Die Wandtemperatur hängt im wesentlichen nur von der Wärmestromdichte ab, und sie wird ausreichend genau durch ein Potenzgesetz der Form

$$T_W = T_F + \varphi \; q^n \tag{16.62}$$

beschrieben. Bei doppelt-logarithmischer Auftragung der Wärmestromdichte in Abhängigkeit von der Temperaturdifferenz zwischen Wand- und mittlerer Flüssigkeitstemperatur T_F erhält man also eine lineare Beziehung, wie sie in Bild 16.11 dargestellt ist [19].

$$\ln \; q = n \; \ln(T_W - T_F) - \ln \; \varphi. \tag{16.63}$$

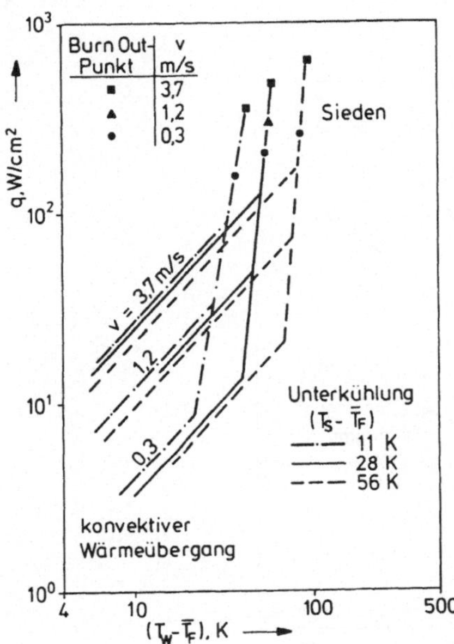

Bild 16.11. Wärmestromdichte bei der Verdampfung in Abhängigkeit von Unterkühlung und Strömungsgeschwindigkeit des Wassers

Für das unterkühlte Sieden wie auch für das Blasensieden hat sich bei
wassergekühlten Reaktoren die Korrelation von Jens/Lottes [20] für
höhere Drücke bewährt, in der die Kühlmitteltemperatur durch die Sät-
tigungstemperatur T_s ersetzt wird

$$T_w - T_s = 25 \; q^{0,25} \; \exp\left(-\frac{p}{62}\right) \qquad q \text{ in MW/m}^2, \; T \text{ in K}$$

$$7 \text{ bar} < p < 172 \text{ bar.} \tag{16.64}$$

Während die Wärmestromdichte mit der vierten Potenz der Temperaturdifferenz ansteigt, ist der Druckeinfluß nur sehr gering. Der Wärmeübergangskoeffizient steigt daher mit der dritten Potenz der Temperaturdifferenz, bzw. mit $q^{3/4}$.

Eine Beziehung, die im wesentlichen die gleiche Abhängigkeit zeigt,
wird im VDI-Wärmeatlas [21] angegeben:

$$\alpha = 1,95 \; q^{0,72} \; p^{0,24}$$

$$\alpha \text{ in W/m}^2 \text{ K, } q \text{ in W/m}^2, \; p \text{ in bar.} \tag{16.65}$$

Andere Korrelationen, die in Bild 16.12 [22] miteinander verglichen
werden, haben einen gleichartigen Verlauf, unterscheiden sich aber
in den Zahlenwerten deutlich.

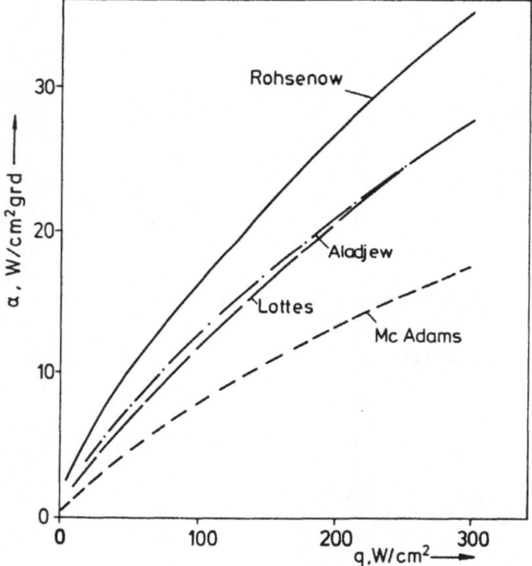

Bild 16.12. Korrelationen der Wärmeübergangszahl α verschiedener Au-
toren für Blasensieden (G/F = 200 g/(cm^2 s); p = 70 bar)

Beim Übergang des Blasensiedens mit steigendem Dampfgehalt x in einer Ringströmung ändert sich auch der Mechanismus des Wärmeübergangs. Solange die Wasserschicht noch eine größere Dicke hat, lösen sich die Blasen von der Wand und treten durch die Grenzfläche in den Dampfkern aus. Sobald der Film aber sehr dünn wird, etwa 0,1 bis 0,5 mm, erfolgt die Verdampfung blasenfrei an der inneren Grenzfläche, während der Wärmetransport von der Wand zur Grenzfläche durch Konvektion der überhitzten Flüssigkeit bewirkt wird. Von da ab ändert sich auch das Verhalten des Wärmeübergangskoeffizienten, was Bild 16.13 deutlich zeigt. Dort ist das Verhältnis α/α_{Lo} über dem reziproken Martinelli-Parameter für in beiden Phasen turbulente Strömung (tt)

$$\frac{1}{X_{tt}} = \left(\frac{\eta_f}{\eta_d}\right)^{0,1} \left(\frac{\rho_f}{\rho_d}\right)^{0,5} \left(\frac{x}{1-x}\right)^{0,9} \tag{16.66}$$

aufgetragen [23]. Die Indizes f und d der dynamischen Zähigkeit η und der Dichte ρ stehen jeweils für die flüssige und dampfförmige Phase.

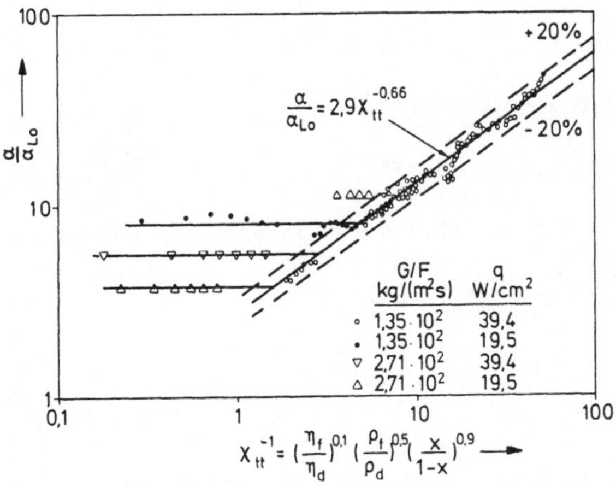

Bild 16.13. Wärmeübergangskoeffizient in Abhängigkeit vom Martinelli-Parameter (p = 1,72 bar)

Solange Blasensieden vorherrscht, ist der Wärmeübergangskoeffizient konstant. Danach im Bereich des sogenannten "forced convection boiling" genügt der α-Wert einer Beziehung

$$\frac{\alpha}{\alpha_{Lo}} = A\,X_{tt}^{-n} \quad \text{mit} \quad A = 2,9 \quad \text{und} \quad n = 0,66, \tag{16.67}$$

wobei α_{Lo} als Wärmeübergangszahl der flüssigen Phase allein (<u>L</u>iquid
<u>o</u>nly) meist nach der Beziehung [24]

$$\alpha_{Lo} = 0,023 \; \frac{\lambda}{D_h} \; Re^{0,8} \; Pr^{0,4} \quad \text{mit} \quad Re = \frac{D_h \; G/F(1-x)}{\eta_f} \tag{16.68}$$

berechnet wird.

Bei den im Reaktor unter Betriebsbedingungen zugelassenen Dampfgehal-
ten ist eine kritische Heizflächenbelastung nicht infolge des "dry-
out", sondern des "burn-out" zu befürchten. Die kritische Heizflächenbelastung bei DNB (<u>D</u>eparture from <u>N</u>ucleate <u>B</u>oiling) setzt für die
Reaktorauslegung eine wichtige Beschränkung. Bei allen Betriebszu-
ständen muß die Wärmestromdichte um einen ausreichenden Sicherheitsfaktor unter diesem Wert bleiben.

Zur Berechnung der kritischen Heizflächenbelastung wird die sogenannte Westinghouse-W-3-Beziehung empfohlen, die sowohl unter Druckwas-
ser- als auch unter Siedewasserbedingungen gilt [25].

$$q_{krit} = \{ (2,02 - 0,612 \cdot 10^{-2} \; p) + (0,172 - 1,4 \cdot 10^{-3} \; p)$$

$$\exp[x(18,2 - 0,059 \; p)]\}$$

$$\left[(0,148 - 1,596x + 0,173 \; |x|x) \; 7,373 \cdot 10^{-3} \; \frac{G}{F} + 1,037 \right]$$

$$(1,157 - 0,869x) \; [0,266 + 0,836 \; \exp(-1,24 \; D_h)]$$

$$[260,5 + 0,4509(h_s - h_e)] \tag{16.69}$$

q_{krit} in W/cm^2 für

Druck p	70	... 162 bar
Massenstromdichte G/F	135	... 680 g/(cm² s)
hydraulischer Durchmesser D_h	0,5	... 1,8 cm
Dampfgehalt x	- 0,15	... + 0,15
Eintrittsenthalpie h_e	$\geq$ 200 cal/g	
Kanallänge L	25,4	... 366 cm

Auch für diese Beziehung gilt, was bei allen Korrelationen zur Wärme-
übergangs- und Druckberechnung zutrifft, daß man für den konkreten
Fall jeweils durch Studium der Originalliteratur die geeignete Be-
rechnungsmethode finden muß und für eine genauere Bestimmung auf Experimente angewiesen ist.

16.7 Druckverlust im Reaktorkern

Wenn auch die geometrischen Abmessungen der Brennstäbe und ihrer Abstände zunächst durch neutronenphysikalische und fertigungstechnische
Gesichtspunkte bestimmt werden, so ist der resultierende Druckverlust
doch für die Festlegung des Kühlmitteldurchsatzes und der Pumpenleistung von großer Bedeutung.

Der Kühlmitteldurchsatz durch den Reaktorkern bestimmt die mittlere
Aufwärmspanne zwischen Ein- und Austrittsplenum. Geht man davon aus,
daß einerseits das mittlere Temperaturniveau der Wärmeaufnahme den
Wirkungsgrad der Anlage festlegt und andererseits die Werkstoffeigenschaften die Austrittstemperatur nach oben beschränken, so folgt daraus, daß eine kleinere Aufwärmspanne ein Anheben der mittleren Kühlmitteltemperatur bedeutet und damit eine Erhöhung des thermischen
Wirkungsgrades. Dieser Gesichtspunkt fällt stark ins Gewicht bei
Kühlmitteln mit kleiner Wärmetransportkapazität, also Gasen und zum
Teil auch Natrium. Von der Kühlmittelgeschwindigkeit hängt aber auch
der Wärmeübergang ab, und das gilt besonders für Kühlmittel mit kleiner Wärmeleitfähigkeit, also wiederum für Gase. Deshalb muß die Optimierung des Durchsatzes bei Gasen sehr sorgfältig gemacht werden,
während sie bei Wasser wegen der hohen Wärmekapazität und bei Natrium
wegen der guten Wärmeleitfähigkeit für die Auslegung weniger im Vordergrund steht.

Der Druckabfall auf einer kurzen Weglänge dz setzt sich aus drei Anteilen zusammen: dem Reibungsverlust, dem Beschleunigungsverlust und
dem Druckabfall mit der statischen Höhe.

$$\left(\frac{dp}{dz}\right)_{total} = \left(\frac{dp}{dz}\right)_{Reib} + \left(\frac{dp}{dz}\right)_{Beschl} + \left(\frac{dp}{dz}\right)_{grav} . \qquad (16.70)$$

Für den Druckabfall durch die statische Höhe erhält man bei senkrechter Strömung einfach $(dp/dz)_{grav} = \bar{\rho}\, g$ mit der gemittelten Dichte $\bar{\rho}$. für die beiden ersten Terme gilt bei turbulenter Strömung eine quadratische Abhängigkeit von der Geschwindigkeit. Sie werden im allgemeinen zusammengefaßt mit Hilfe eines Widerstandsbeiwerts ζ beschrieben, der definiert ist durch die Formel

$$\Delta p = \zeta \; \frac{\rho}{2} \; v^2 . \tag{16.71}$$

Für den ganzen Kühlkanal setzt sich der Widerstandsbeiwert aus den Beiträgen für das Stabbündel ζ_{St}, für n Abstandshalter ζ_{AH} und für den Druckverlust am Eintritt ζ_e und am Austritt ζ_a zusammen.

$$\zeta = \zeta_{St} + n\; \zeta_{AH} + \zeta_e + \zeta_a . \tag{16.72}$$

Für eine Parallelströmung durch glatte Bündelabschnitte der Länge L ist ζ analog zur Rohrströmung durch Einsetzen des hydraulischen Durchmessers in die Gleichung

$$\zeta_{St} = \xi_{St} \; \frac{L}{D_h} \tag{16.73}$$

zu berechnen ist. ξ_{St} muß durch Messungen oder empirische Beziehungen bestimmt werden. Speziell für Stabbündel werden die folgenden von Blasius [26] bzw. Nikuradse [27] angegebenen Beziehungen verwendet:

$$\xi_{St} = 0,316 \; Re^{-0,25} , \qquad\qquad \text{für } Re < 10^5 \text{ (Blasius)}, \tag{16.74}$$

$$\xi_{St} = 0,0032 + 0,221 \; Re^{-0,237} ; \qquad \text{für } Re \geq 10^5 \text{ (Nikuradse)}. \tag{16.75}$$

Der größere Teil des Druckabfalls wird in der Regel durch die Abstandshalter verursacht. Messungen haben gezeigt [28], daß der Druckabfall zum überwiegenden Teil durch die Querschnittsverengung bewirkt wird. Die mehr oder weniger strömungsgünstige Formgebung der Abstandshalter hat dabei eine geringere Bedeutung. Drückt man die relative Querschnittsversperrung $\varepsilon = F_{AH}/F_B$ durch das Verhältnis des projizierten Strömungsquerschnitts eines Abstandshalters F_{AH} zu dem Strömungsquerschnitt des Bündels F_B aus, so kann man den Widerstandsbeiwert ζ_{AH} ausdrücken durch

$$\zeta_{AH} = \xi_{AH} \; \varepsilon^2 \quad \text{mit} \quad \xi_{AH} = 6 \ldots 7 \quad \text{für} \quad Re > 5 \cdot 10^4 . \tag{16.76}$$

Diese Formel ist für eine erste Abschätzung geeignet. Für eine genauere Bestimmung sind jedoch Messungen an den im Bündel eingebauten Ab-

standshaltern notwendig. Bild 16.14 zeigt den Druckabfall über die
Länge des Brennelements und macht deutlich, daß er zum größten Teil
durch die Abstandshalter verursacht wird.

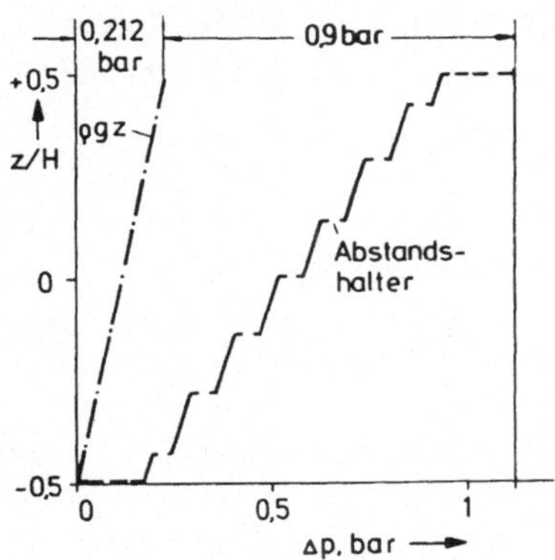

Bild 16.14. Druckabfall im Brennelement eines Druckwasserreaktors [29]

Der Druckabfall am Ein- und Austritt kann näherungsweise mit einer
Formel für eine plötzliche Veränderung des Strömungsquerschnitts von
A_1 auf A_2 nach Kays und London [30] berechnet werden. Der Ansatz

$$p_1 + \frac{\rho}{2} v_1^2 = p_2 + \frac{\rho}{2} v_2^2 + K \frac{\rho}{2} v_1^2 \qquad (16.77)$$

mit dem Borda-Carnot-Koeffizienten

$$K = \left(1 - \frac{A_1}{A_2}\right)^2 = (1 - \sigma)^2 \qquad (16.78)$$

ergibt als Widerstandsbeiwert für die Eintrittsverluste

$$\zeta_e = C_{E1} - 2C_{M1}\, \sigma - (C_{E2} - 2C_{M2})\sigma^2, \qquad (16.79)$$

wobei die C-Werte durch Integration über das Strömungsprofil in den
jeweiligen Querschnitten zu berechnen sind.

$$C_M = \frac{1}{A\bar{v}^2} \int_0^A v^2\, dA \quad \text{(Impulskorrektur)}, \qquad (16.80)$$

$$C_E = \frac{1}{A\bar{v}^3} \int_0^A v^3\, dA \quad \text{(Energiekorrektur)}. \qquad (16.81)$$

Zur Berechnung von ζ_a nach der gleichen Formel ist nur das Querschnittsverhältnis σ am Austritt einzusetzen. Alle Widerstandsbeiwerte sind mit dem Quadrat der Geschwindigkeit im glatten Bündel zu multiplizieren.

Der Druckabfall in einem Kugelhaufenreaktor kann unter Verwendung der in (16.60) gegebenen Definition des hydraulischen Durchmessers nach (16.82) berechnet werden.

$$\Delta p_{KH} = \zeta_{KH} \, \frac{\rho}{2} \, v^2 = \xi_{KH} \, \frac{L}{D_h} \, \frac{\rho}{2} \, v^2. \tag{16.82}$$

Für ξ_{KH} werden von verschiedenen Verfassern folgende, durch Messung gewonnene empirische Beziehungen angegeben:

$$\xi_{KH} = 10,66 \; Re^{-0,2} \qquad\qquad \text{(Heil [31])}, \tag{16.83}$$

$$\xi_{KH} = 320 \left(\frac{Re}{1-\gamma}\right)^{-1} + 20 \left(\frac{Re}{1-\gamma}\right)^{-0,4} + 1,75 \;\; \text{(Achenbach [12])}, \tag{16.84}$$

$$\xi_{KH} = 320 \left(\frac{Re}{1-\gamma}\right)^{-1} + 6 \left(\frac{Re}{1-\gamma}\right)^{-1} \qquad \text{(KTA [32])}. \tag{16.85}$$

Für die Porosität ist bei einer Kugelschüttung $\gamma = 0,39$ einzusetzen. Da sich Dichte und Geschwindigkeit des Kühlgases bei der relativ hohen Aufwärmspanne stark verändern, ist eine abschnittsweise Berechnung mit jeweils angepaßten Werten zu empfehlen.

Ungleich schwieriger ist die Berechnung des Druckabfalls bei einer Zweiphasenströmung. Wegen der Siedeinstabilität in parallelen Kanälen hat sie aber gerade beim Siedewasserreaktor besondere Bedeutung. In der einschlägigen Literatur werden im wesentlichen drei Modelle vorgeschlagen, die je nach dem Strömungsbild mehr oder weniger gut anwendbar sind. Das homogene Modell, bei dem das Fluid als eine homogene Mischung betrachtet wird, gibt gute Ergebnisse, wenn die dispergierte Phase einen relativ kleinen Volumenanteil einnimmt. Beim Schlupfmodell [33] wird der Druckabfall in Beziehung gesetzt zu dem für die einzelnen, voneinander unabhängigen Phasen berechneten Druckabfall. Der Druckabfall der Zweiphasenströmung wird aus dem der reinen Phase durch Anwendung eines Multiplikators ermittelt. Bei dem Drift-Strömungsmodell wird das Verhalten der Zweiphasenströmung im wesentlichen aus der Differenzgeschwindigkeit der beiden Phasen bestimmt.

Von den vielen in der Literatur angegebenen Beziehungen werden im folgenden einige, die für die Reaktorberechnung benutzt werden, aufgeführt.

Eine gängige Methode ist die Berechnung des Druckabfalls im Vergleich zu einer Einphasenströmung (Index Lo) unter Verwendung eines Multiplikators. Es wird dann definiert

$$\left(\frac{dp}{dz}\right)_{Reib} = \left(\frac{dp}{dz}\right)_{Lo,Reib} \phi^2_{Lo} \tag{16.86}$$

mit dem Multiplikator für die laminare Strömung

$$\phi^2_{Lo} = \left[1 + x\left(\frac{\rho_f}{\rho_d} - 1\right)\right]\left[1 + x\left(\frac{\eta_f}{\eta_d} - 1\right)\right]^{-1} \tag{16.87}$$

und für die turbulente Strömung

$$\phi^2_{Lo} = \left[1 + x\left(\frac{\rho_f}{\rho_d} - 1\right)\right]\left[1 + x\left(\frac{\eta_f}{\eta_d} - 1\right)\right]^{-0,25}. \tag{16.88}$$

Nach dem Schlupfmodell werden beide Phasen als getrennt strömend betrachtet und jede als Bezugsströmung für den Druckabfall der Zweiphasenströmung benutzt.

$$\frac{dp}{dz} = \left(\frac{dp}{dz}\right)_d \phi^2_d, \tag{16.89}$$

$$\frac{dp}{dz} = \left(\frac{dp}{dz}\right)_f \phi^2_f. \tag{16.90}$$

Das Verhältnis

$$\chi^2 = \phi^2_d/\phi^2_f = \left(\frac{dp}{dz}\right)_f / \left(\frac{dp}{dz}\right)_d \tag{16.91}$$

wird als "Martinelli-Nelson-Parameter" bezeichnet. Bei Kenntnis der Strömungsform, wobei zu beachten ist, daß sowohl der Dampfstrom als auch der Flüssigkeitsstrom unabhängig voneinander laminar oder turbulent sein können, läßt sich zum Beispiel χ^2_{tt} berechnen. Der Druckabfall ergibt sich für senkrechte Strömungskanäle in der Form

$$\Delta p = \frac{\xi}{2D_h\,\rho_f}\left(\frac{G}{F}\right)^2 \overline{\phi^2_{Lo}} + \left(\frac{G}{F}\right)^2 r + \bar{\rho}gh \tag{16.92}$$

mit

$$\overline{\phi^2_{Lo}} = \frac{1}{x}\int_0^x \phi^2_{Lo}\ dx \tag{16.93}$$

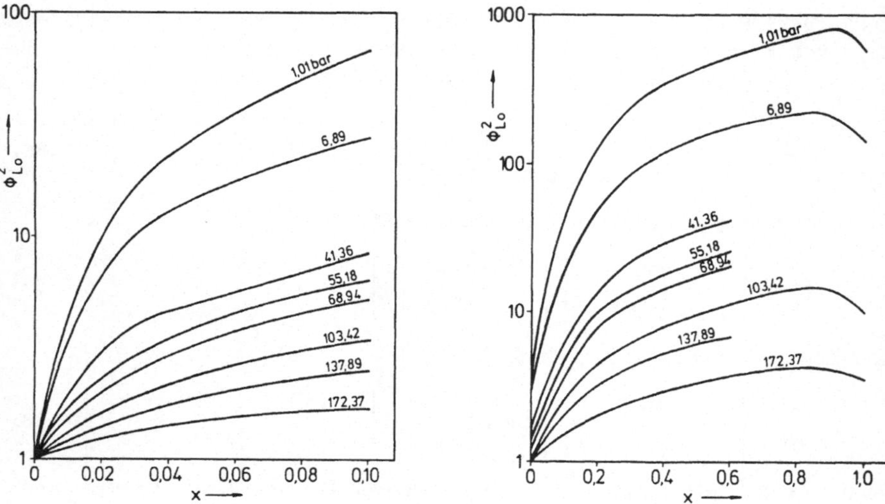

Bild 16.15. Martinelli-Nelson-Multiplikator Φ_{Lo}^2 in Abhängigkeit vom
Dampfgehalt und Druck des Zweiphasengemischs

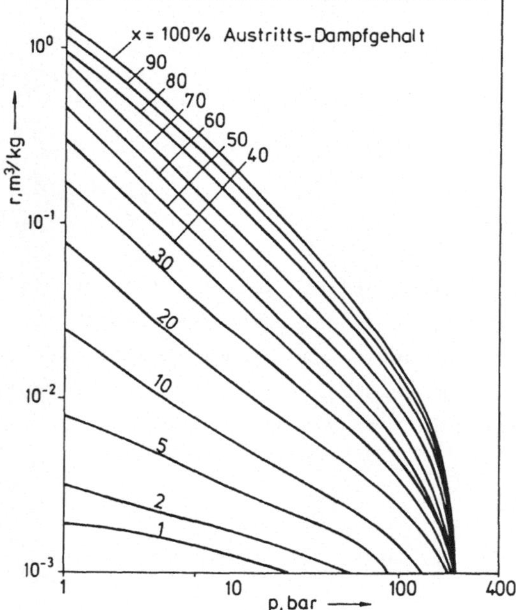

Bild 16.16. Martinelli-Nelson-Multiplikator r in Abhängigkeit vom
Dampfgehalt und Druck des Zweiphasengemischs

$$r = \frac{x^2}{\alpha^* \, \rho_d} + \frac{1}{\rho_f} \left[\frac{(1-x)^2}{1-\alpha^*} - 1 \right] \qquad (\alpha^* = \text{Dampfvolumenanteil}) \qquad (16.94)$$

$$\overline{\rho}h = \int\limits_0^L [\alpha^* \, \rho_d + (1-\alpha^*)\rho_f]\,dz. \qquad (16.95)$$

Der Martinelli-Nelson-Multiplikator ϕ_{Lo}^2 und r sind aus den von
Martinelli und Nelson [34] angegebenen Diagrammen (Bild 16.15 und
16.16) zu entnehmen.

17 Brennelemente

Als Brennelemente bezeichnet man die zu einer handhabbaren Einheit zusammengefaßten brennstoffhaltigen Einzelelemente. Bei den meisten Reaktoren sind es Stabbündel einer bestimmten Anzahl von Brennstäben. Die bisherige Analyse zeigt, daß die Brennelemente ganz bestimmten physikalischen und technischen Forderungen genügen müssen, die vor allem die Werkstoffauswahl und die Konstruktion betreffen. Die physikalische Bedingung der Kritikalität des Reaktors verlangt eine bestimmte Größe des Kerns bei einer vorgegebenen Materialzusammensetzung und schränkt damit die zulässigen Werkstoffe wie auch die konstruktive Gestaltung ein, die ja auch den Volumenanteil von Kühlmittel bzw. Moderator bestimmt. Besondere Forderungen für die Materialbeanspruchung leiten sich aus den thermohydraulischen Bedingungen ab. Die einzelnen Forderungen sind unter folgenden Gesichtspunkten zusammenzufassen:

Physikalische Forderung zur Erfüllung der kritischen Bedingung:

- Der Brennstoff muß eine bestimmte Spaltstoffkonzentration aufweisen.

- Moderator und Strukturmaterial dürfen nur möglichst wenige Neutronen absorbieren.

- Moderator und Brennstoff müssen in einem optimalen Verhältnis zueinander stehen.

Wärmetechnische Forderungen zur Gewährleistung der Wärmeabfuhr:

- Der Kühlkanalquerschnitt muß für den erforderlichen Kühlmitteldurchsatz und einen optimalen Wärmeübergang richtig bemessen sein.

- Die kritische Heizflächenbelastung darf nirgends überschritten werden.

- Die Zentraltemperatur im Brennstoff soll möglichst unter dem
  Schmelzpunkt bleiben.

- Die Hüllrohrtemperatur muß unter dem zulässigen Wert bleiben.

Werkstofftechnische Forderungen zur Gewährleistung ausreichender
Standzeiten:

- Der Brennstoff darf nur begrenzte Formänderungen erfahren.

- Die Umhüllung muß die auftretenden Belastungen ertragen, ohne zu
  versagen.

- Der Hüllrohrwerkstoff muß mit Brennstoff und Kühlmittel auf lange
  Zeit verträglich sein.

Bedingungen für die Sicherheit:

- Die Brennstabhülle muß auch bei maximalem Spaltgasdruck dicht bleiben.

- Die Brennelemente dürfen sich nicht nennenswert verformen, damit
  die Struktur gleichmäßig kühlbar bleibt.

- Die Brennstäbe müssen bei Kühlmittelverluststörfällen den bis zum
  Einsetzen der Notkühlung unvermeidlichen Temperaturanstieg über-
  stehen.

Wirtschaftliche Forderungen:

- Die Leistungsdichte soll möglichst hoch sein.

- Die Kühlmitteltemperatur soll möglichst hoch sein.

- Die Brennelemente sollen möglichst hohen Abbrand erreichen.

Diese lange Liste von Forderungen könnte noch durch manche Details
ergänzt werden. Sie vermittelt aber schon einen Eindruck, welche Probleme mit der Brennelementkonstruktion und dem Kernaufbau verbunden
sind. Die wenigen Brennelementkonzepte, die sich bewährt haben, werden im folgenden beschrieben. Es sind Brennstäbe mit UO_2, die bei etwa 90% aller Leistungsreaktoren zum Einsatz kommen, metallische Brennstäbe bei Magnoxreaktoren und kugelförmige Brennelemente beim Hochtemperaturreaktor.

17.1 Brennstabauslegung

Fast bei allen Reaktorkonzepten mit Ausnahme weniger Typen werden zylindrische Brennstäbe als Grundelemente für den Aufbau der Brennelemente verwendet. Sie stellen in der Regel die wärmetechnisch konstruktiv günstigste Form dar. Die einzelnen Brennstäbe erstrecken sich
meistens ohne Unterbrechung über die volle Länge des Reaktorkerns.

Jeder UO_2-Brennstab besteht aus einem Hüllrohr, das mit gesinterten
UO_2-Tabletten gefüllt ist. UO_2 ist chemisch sehr stabil, aber keine
stöchiometrisch stark definierte Verbindung. Das Verhältnis O:U wird
meistens etwas unter 2 gewählt. UO_2 ist im ganzen Temperaturbereich
sowohl mit der Hülle als auch mit den verschiedenen Kühlmitteln verträglich. Eine ausgesprochene Phasenumwandlung ist nicht bekannt,
aber bei Temperaturen zwischen 1200 und 1500 °C beginnt das Kornwachs-
tum. Man nutzt diesen Effekt aus, um bei der Bestrahlungsnachuntersu-
chung die Temperaturverteilung im Brennstoff nachträglich festzustellen. Der Schmelzpunkt liegt bei etwa 2800 °C. Bei hochbelasteten
Brennelementen tritt eine geschmolzene Mittelzone auf, ohne jedoch
schon unmittelbar den Brennstab zu gefährden. Nach längerer Betriebszeit bei hoher Leistungsdichte bildet sich in der Mittelachse unter
Umständen ein Hohlraum, dessen Enstehung sich durch Wanderung kleiner
Blasen nach innen im plastischen Bereich erklären läßt.

Für Brennstäbe mit Zircaloy-Hüllrohren, die in allen wassergekühlten
Reaktoren zum Einsatz kommen, zeigt die bisherige Erfahrung, die sich
auf etwa 5 Mill. abgebrannte oder eingesetzte Brennstäbe gründet, daß
die Korrosion und die Wasserstoffaufnahme von außen im normalen Betrieb unkritisch sind. Der Anteil der defekten Stäbe liegt unter 0,1%
im Durchschnitt [35]. Die Ursache für die aufgetretenen Defekte waren
überwiegend Hydrierschäden durch feuchte oder organische Stoffe von
innen aufgrund von Fabrikationsfehlern. Diese frühen Fabrikationsmän-
gel sind heute überwunden. Ebenso wird auch die UO_2-Verdichtung während des Reaktoreinsatzes beherrscht. Schäden durch Fretting-Korro-
sion (Reibung) oder Schwingungsbrüche sind Einzelfälle geblieben.
Auch das Zusammenwirken von Brennstäben und Abstandhaltern bringt in
der Regel keine Komplikationen. Stabverbiegungen sind nur in einigen
amerikanischen Anlagen aufgetreten, wo die Distanz der Abstandshalter,
die Steifigkeit der Hüllrohre und das Zusammenspiel mit den Abstands-
halterkräften offenbar ungünstig gewählt waren.

In den letzten Jahren stand das Verhalten der Brennstäbe bei schnellen Laständerungen im Mittelpunkt der Entwicklung. Ferner wurden vor allem im Hinblick auf die Verwendung von Plutonium Brennelemente mit Uran-Plutonium-Mischoxid eingehend untersucht. Sie können ebenfalls eine befriedigende Erfahrungsbilanz aufweisen.

Als wichtigste Gesichtspunkte für das Abbrandverhalten des Brennstabs sind die Formänderung des Brennstoffs und die Beanspruchung des Hüllrohrs, vor allem durch den Aufbau des Spaltgasinnendrucks, und die Einwirkung der Spaltprodukte zu berücksichtigen.

17.1.1 Formänderungen des Brennstoffs

Für Formänderungen des Brennstoffs gibt es verschiedene Ursachen, die sich unterschiedlich auswirken. Die Wärmedehnung des UO_2 beim Aufheizen ist für die Auslegung von geringer Bedeutung, da das Hüllrohr ja ebenfalls eine Wärmedehnung erfährt. Die in der Mittelachse wegen der höheren Temperaturen stärkere axiale Dehnung des Brennstoffs wird durch das sogenannte "dishing" der einzelnen Tabletten aufgefangen. Dies ist eine tellerförmige Vertiefung, die an einer oder an beiden Stirnflächen der Tabletten schon beim Pressen der Grünlinge eingedrückt wird. Nachteilige Folgen hat die Wärmedehnung nur, wenn der Temperaturanstieg bei schneller Leistungserhöhung zu rasch abläuft. Dabei hat der Brennstoff nicht genügend Zeit, sich zu konditionieren, d.h., die entstehenden Druckspannungen durch Kriechen abzubauen. Um dies zu vermeiden, werden von den Betreibern bestimmte Schonprogramme beim ersten Hochfahren eingehalten, die sich meist über mehrere Tage erstrecken. Erfahrungen haben gezeigt, daß bis zu 5% Leistungserhöhung pro Stunde keine Brennelementschäden ausgelöst worden sind [35]. Bei höherer Änderungsgeschwindigkeit entstehen Risse von spröder Beschaffenheit bei Zugspannungen im Hüllrohr, unterstützt durch aggressive Wirkungen von Spaltprodukten.

Am Anfang der Einsatzzeit erfährt der Brennstoff Formänderungen durch Nachsintern bei über 300 °C, wodurch zunächst der Durchmesser der Pellets reduziert wird. Die Verdichtung des UO_2 ist durch das relative Porenvolumen und das Porengrößenspektrum bestimmt. Je feiner die Poren, desto größer die Verdichtungsrate. Der gute Kenntnisstand darüber erlaubt die kontrollierte Herstellbarkeit von Brennstofftabletten jeder verlangten Verdichtungsstabilität. Nach längerem Einsatz

tritt ein Schwellen infolge der Anhäufung von Spaltprodukten ein, wodurch der Durchmesser kontinuierlich vergrößert wird. In dem spröden
Oxid führen Temperaturdifferenzen von 60 K schon zu Spannungsrissen,
die bevorzugt radial verlaufen, Bild 17.1 [36], und zu der sogenannten "relocation". Darunter versteht man die Verlagerung der Bruchstücke, die zu einem deutlich nachweisbaren Spaltschluß zwischen Pellets und Hüllrohr führt und damit den Wärmeübergang erheblich verbessert.

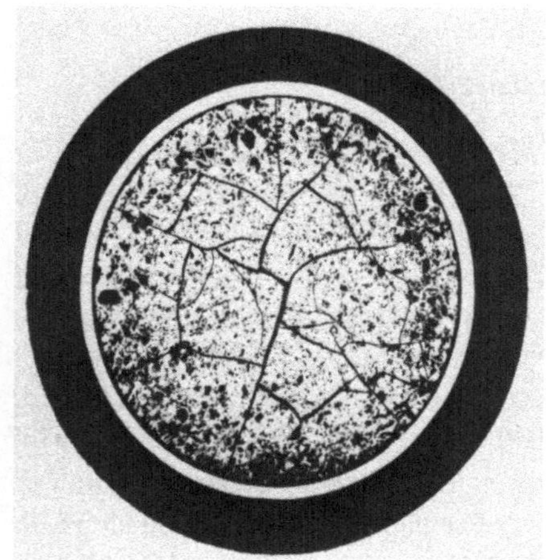

Bild 17.1. Rißstruktur einer bestrahlten UO_2-Tablette

Bei genügend hoher Stabbelastung bildet sich schließlich in der Mitte
der Tabletten ein Hohlraum, der als Zentralkanal die ganze Länge der
Brennstoffsäule durchziehen kann, Bild 17.2 [36]. Er entsteht durch
die Wanderung von Spaltgasblasen unter der Wirkung der starken radialen Temperaturgradienten. Experimente haben gezeigt, daß das Hüllrohr
selbst dann noch unbeschädigt bleibt, wenn die zentrale Zone bei
2800 °C aufschmilzt, weil flüssiger Brennstoff das Hüllrohr nicht erreichen kann. Allerdings besteht dann die Gefahr einer erheblichen
Brennstoffverlagerung durch herabfließendes flüssiges UO_2. Das Schmel-
zen ist mit einer Volumenzunahme von 10% verbunden. Die Thermomecha-
nik des Brennstoffs ist von besonderer Bedeutung für das Brennstabverhalten bei transienten Betriebsabläufen mit Leistungsexkursionen
sowie bei Kühlmittelverluststörfällen.

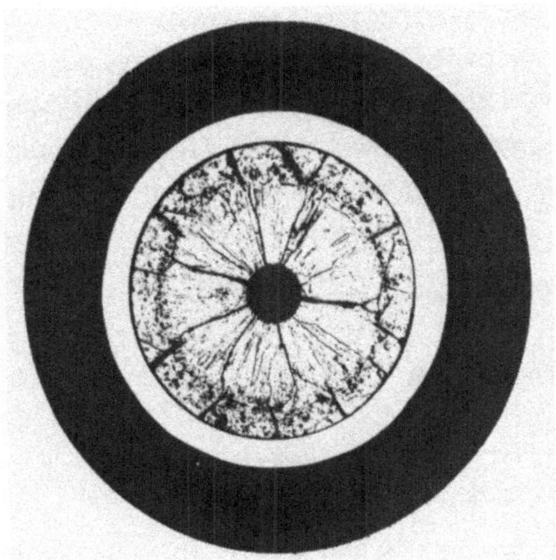

Bild 17.2. UO$_2$-Brennstabquerschnitt nach Bildung des Zentralkanals

17.1.2 Formänderungen des Hüllrohrs

Das Hüllrohr steht wegen des hohen Kühlmitteldrucks im Betrieb unter
Druckspannung. Bei der verhältnismäßig hohen Temperatur ist daher eine Durchmesserveränderung durch Kriechen zu erwarten. Um diesen Effekt zu mindern, wird in der Regel ein Vordruck von etwa 20 bis 30
bar durch Einfüllen von Helium eingestellt. Dadurch wird gleichzeitig
auch die Wärmeleitfähigkeit im Spalt verbessert. In Bild 17.3 ist die
Durchmesserreduktion für Stäbe mit und ohne Vordruck gezeigt [35].
Die geringere Durchmesserabnahme bei Siedewasserreaktoren erklärt
sich durch den niedrigeren Außendruck des Kühlmittels (72 bar). Im
übrigen bewirkt die Bestrahlung mit schnellen Neutronen, wie bei den
meisten Werkstoffen, eine Dehnung, die bis zu 10% betragen kann, was
zu einem Längenwachstum der Stäbe führt.

Von entscheidender Bedeutung für die Kühlbarkeit des Kerns beim Kühl-
mittelverluststörfall, wo Hüllrohrtemperaturen bis zu 1400 K erreicht
werden können, ist das Dehn- und Berstverhalten der Hüllrohre, das
heute aufgrund von sehr eingehenden Versuchen relativ genau vorausbe-
rechnet werden kann. Bild 17.4 [35] zeigt, daß unter Umständen Deh-
nungen über 100% erreicht werden können, bevor das Hüllrohr birst.
Ein Dehnungsminimum liegt vor, wenn die Rohre im Temperaturbereich
des α-β-Phasenübergangs des Zircaloy zum Bersten kommen.

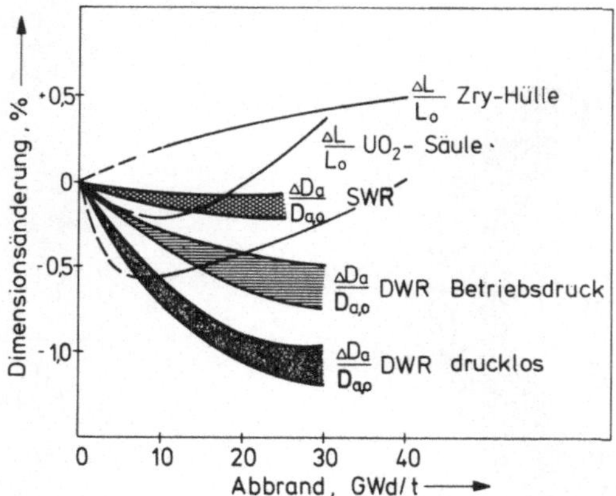

Bild 17.3. Dimensionsänderungen von LWR-Brennstäben in Abhängigkeit
         vom Abbrand

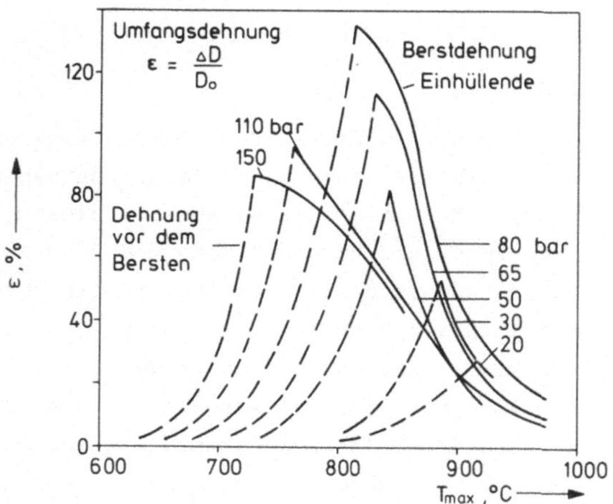

Bild 17.4. Umfangsdehnung- und Berstverhalten von Zircaloy-Hüllrohren

Auch die über 950 K einsetzende Oxidation der Hüllrohre im Wasserdampf kann in guter Übereinstimmung mit Experimenten berechnet werden. Sie hat natürlich nur für Störfälle mit Versagen der Notkühlung
Bedeutung.

17.1.3 Spaltprodukte

Bei der Spaltung entstehen über 30 verschiedene Elemente mit nennens-
werter Ausbeute. Während die Darstellung Bild 3.2 im 1. Band die Verteilung der Spaltprodukte über die Massenzahl wiedergibt, zeigt Bild

17.5 [36] für einen speziellen Fall die Ausbeute der chemischen Elemente. Mehr als die Hälfte entfallen auf Zirkon, Molybdän und die
Seltenen Erden. Weitere 30% machen die Spaltgase Krypton und Xenon
aus. Brennstäbe mit hohem Abbrand enthalten die häufigsten festen
Spaltelemente in so großer Menge, daß diese in Schliffbildern zu sehen sind, sofern sie separate Phasen bilden, Bild 17.6 [36].

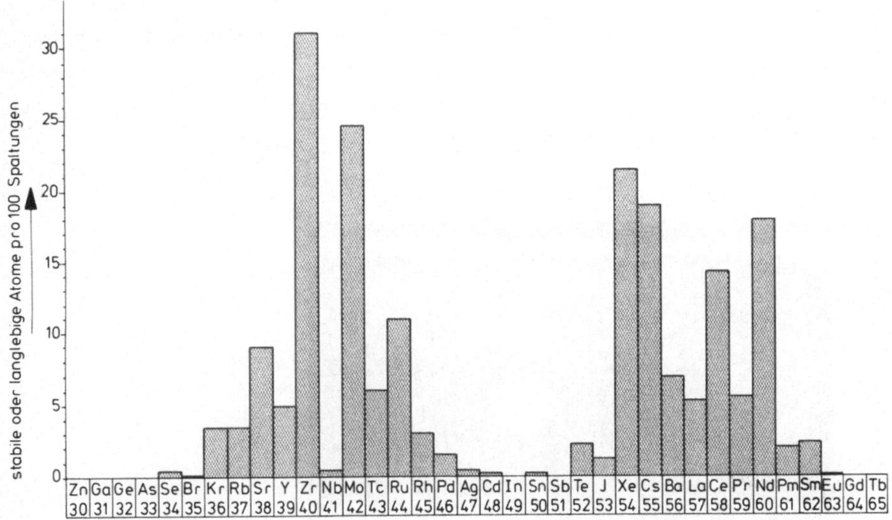

Bild 17.5. Spaltproduktausbeute der thermischen Spaltung des U-235
        nach einem Jahr Abklingzeit

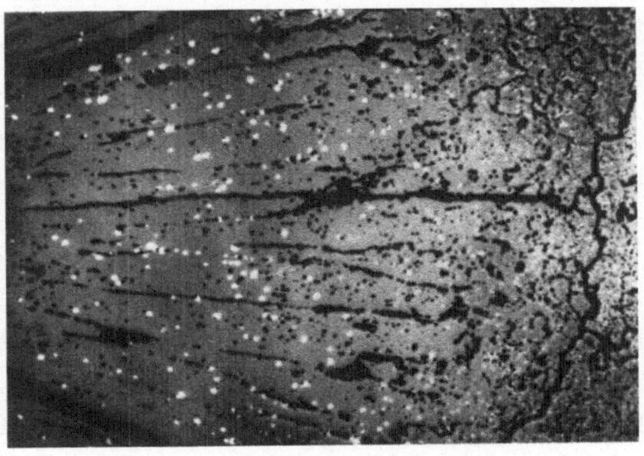

Bild 17.6. Metallausscheidungen in hochabgebranntem Mischoxid-Brenn-
        stoff

Entsprechend ihren chemischen Eigenschaften ist das Verhalten der
Spaltprodukte unterschiedlich. Y, Zr und die Seltenen Erden bleiben
in der UO_2-Matrix gelöst. Ba, Sr, Zr, Cs und Rb bilden oxidische Phasen im Brennstoff, die deutlich erkennbar sind. Tc, Ru, Rh, Pd und Mo
bilden metallische Ausscheidungen, die sich häufig als kleine Kügel-
chen in Hohlräumen ablagern, Bild 17.7. Während Edelmetalle eine geringere Wanderungstendenz zeigen, wandern leichtflüchtige Spaltprodukte, besonders Cs, in Richtung des Temperaturgradienten und reichern
sich in der Stabhülle und an den Stabenden an. Die Wanderung ist durch
einen wiederholten Verdampfungs- und Kondensationsprozeß zu erklären.
Viele der bisher beobachteten Defekte durch Innenkorrosion werden mit
durch die Cs-Anreicherung verursacht.

Bild 17.7. Edelmetallkügelchen im Zentralkanal eines hochabgebrannten
           Mischoxid-Brennstabs·

Zum Brennstoffschwellen tragen sowohl die festen als auch die gasför-
migen Spaltprodukte bei. Man kann etwa mit einer Volumenzunahme von
0,5 bis 0,6% rechnen, wenn 1% der Schwermetallatome gespalten wird
[36].

Die Spaltgasfreisetzung wird sowohl von den Eigenschaften des Brennstoffs, insbesondere der Porosität, als auch von der Brennstofftemperatur bestimmt. Bis 1000 °C kann man mit weniger als 1% Freisetzung
rechnen. Bei 1300 °C steigt sie auf etwa 10% und bei 1600 °C auf 60%
an. In diesem Temperaturbereich geschieht die Freisetzung durch Diffusion und Wanderung zu den Korngrenzen. Oberhalb von 1800 °C setzt

eine nahezu vollständige Freisetzung durch Wanderung zum Zentralkanal
ein.

Im theoretischen Modell wird unterstellt, daß die Spaltgase zunächst
Sättigungskonzentration im UO_2-Gitter erreichen, die, wie Bild 17.8
zeigt, vom Abbrand und der Temperatur abhängig ist [37]. Danach wird
die Austrittsgeschwindigkeit proportional zu der Gaskonzentration an
den Korngrenzen angenommen. Die Diffusionskonstante hängt von Temperatur, Abbrand und offener Porosität ab.

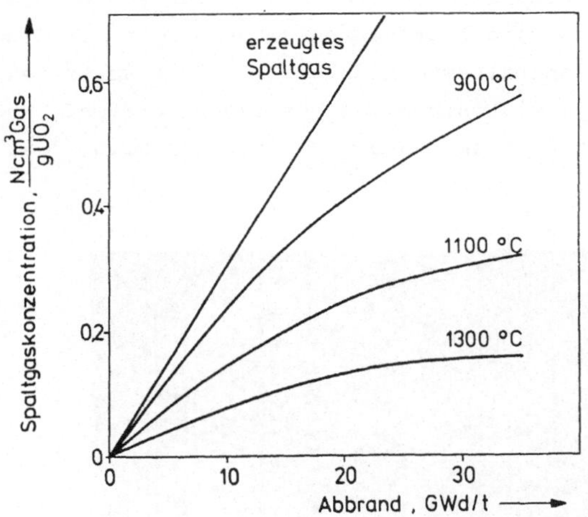

Bild 17.8. Spaltgassättigungskonzentration im UO_2-Gitter in Abhängigkeit von Abbrand und Temperatur

Die Temperaturabhängigkeit ist auch die Ursache einer beobachteten
Instabilität im Brennstabverhalten. Wenn Bedingungen für hohe Frei-
setzungsraten und stärkeres Nachsintern bestehen, wird einerseits
der Spalt deutlich vergrößert und andererseits das Helium stark durch
Spaltgase verdünnt. Die Wärmeleitung der Spaltgase ist wesentlich
schlechter als die des Heliums, so daß es zu einer weiteren Temperaturerhöhung und dadurch verstärkten Spaltgasfreisetzung kommt. Das
thermomechanische Verhalten ist unter diesen Umständen sehr ungünstig
und führt häufig zum vorzeitigen Versagen. Durch diesen Effekt erklärt
sich auch das Paradoxon, daß der Spaltgasinnendruck am Ende der Lebensdauer höher ist bei Stäben ohne Heliumvordruck als bei denen mit
Heliumvordruck.

Von besonderem Interesse ist auch die Umverteilung von Plutonium, die
über 1700 °C beobachtet wird [36]. Zwei Mechanismen sind für die Umverteilung bestimmend: die Thermodiffusion und die Verdampfungskondensation. Bei der Thermodiffusion wird Plutonium zum heißen Zentrum des
Brennstabs hin transportiert. Unter normalen Betriebsbedingungen ist
die durch Thermodiffusion umgelagerte Plutoniummenge relativ klein.
Die Umverteilung durch Verdampfungskondensation ist eng an die Poren-
wanderung gebunden und von dem stöchiometrischen Verhältnis Sauerstoff
zu Metallatomen abhängig. Ist dieses Verhältnis gleich 2, so entsteht
UO_3 mit höherem Dampfdruck, und es kommt zu einem bevorzugten Transport von Uran zu kalten Brennstoffbereichen bzw. des Plutoniums zum
heißen Stabzentrum. Durch eine Plutoniumanreicherung in der Stabmitte
kann eine Erhöhung der Zentraltemperatur bis zu 100 K auftreten. Bei
O/M < 1,97 werden niedrige Plutoniumoxide bevorzugt verdampft, und diese wandern in die kalten Bereiche an der Oberfläche, Bild 17.9.

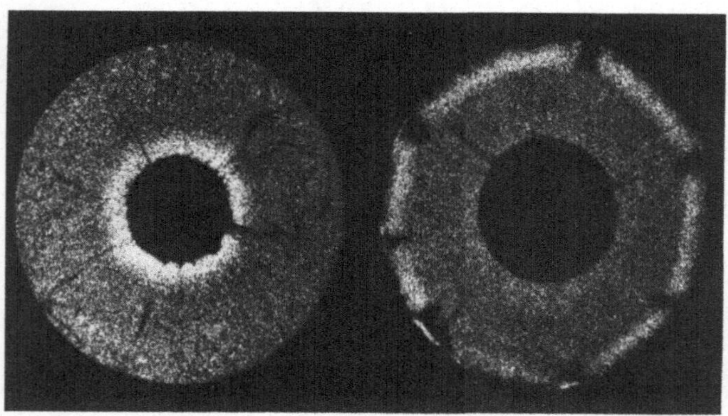

Bild 17.9. α-Autoradiographien von Brennstabquerschnitten in stöchio-
            metrischem (links) und unterstöchiometrischem (rechts)
            Brennstoff

17.1.4 Abbrandverhalten des Brennstabs

Ein Mindestspalt zwischen Brennstofftabletten und Hüllrohr ist aus
fertigungstechnischen Gründen notwendig, um das Einfüllen der Tabletten zu ermöglichen. Die Tabletten sind nach dem Sintern stark ver-
formt und müssen zentrierungsfrei auf den Nenndurchmesser geschliffen
werden. Die Hüllrohre haben eine unvermeidliche Ovalität, deren Tole-

ranz aber in engen Grenzen spezifiziert wird. Man ist bestrebt, den
Spalt möglichst eng zu halten, um eine frühzeitige Stützwirkung des
Hüllrohrs zu erreichen. Für die Spaltgasaufnahme hat der Spalt nur
untergeordnete Bedeutung, da am Ende eines jeden Stabs eine Spaltgaskammer von einigen Zentimetern Länge vorgesehen wird.

Im Zusammenwirken von Brennstoff, Spaltgasdruck und Hüllrohr kommt
das in Bild 17.10 [38] gezeigte Verhalten zustande. Während sich der
Hüllrohrdurchmesser durch Kriechen kontinuierlich vermindert (durchgezogene Linie), schrumpft der Brennstoff zunächst noch stärker durch
das Nachsintern (untere gestrichelte Linie), und der Spalt vergrößert
sich. Durch Relocation wird der Fertigungsspalt allerdings schon sehr
frühzeitig vermindert (obere gestrichelte Linie).

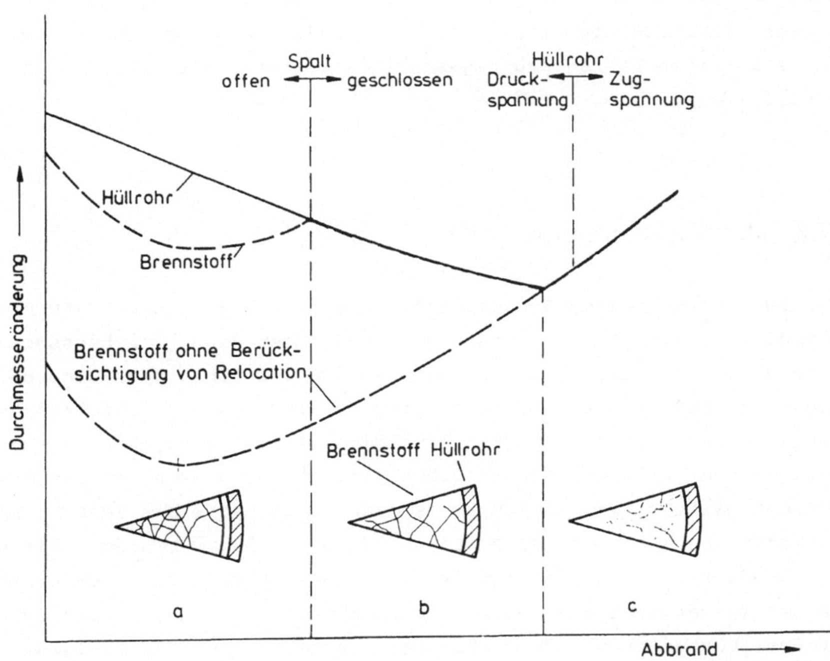

Bild 17.10. Brennstoff- und Hüllrohrdurchmesserverlauf während des
            Abbrands

Nach Ablauf der Phase a kommt der Brennstoff rundum zum Anliegen, übt
aber während der Phase b noch keinen nennenswerten Druck auf das Hüll-

rohr aus, da die inneren Risse im Brennstoff noch nicht geschlossen
sind. Durch weiteres Kriechen des Hüllrohrs und Schwellen des Brennstoffs wird der Zustand der Volumenpressung am Ende der Phase b erreicht, und von nun an muß das Hüllrohr die weitere Schwellung des
Brennstoffs voll aufnehmen. In der Phase c dehnt es sich zunächst noch
unter Abbau der vorhandenen Druckspannung, dann elastisch unter Zugspannung und erreicht sehr bald die Grenze der elastischen Dehnung.

Im weiteren Verlauf unterliegt es einer plastischen Dehnung, die ir-
gendwann zum Versagen führen müßte. Es gehört zur Kunst der Brennstabauslegung, die Standzeit der Brennelemente so festzulegen, daß
dieser Punkt gerade nicht erreicht wird. Dieses Verhalten ist aufgrund zahlloser Versuche einigermaßen gut vorausberechenbar, vorausgesetzt, daß die Brennelemente keinen zu schnellen Temperaturänderungen, was gleichbedeutend ist mit raschen Lastwechseln, unterworfen
werden. Erfahrungsgemäß wird die Lebensdauer dadurch stark verkürzt.
Die zulässigen Laständerungsgeschwindigkeiten werden deshalb genau
spezifiziert.

17.2 Metallische Brennelemente

Bei den CO_2-gekühlten Magnoxreaktoren werden metallische Natururan-
elemente verwendet. Die Uranmetallstäbe haben einen Durchmesser von
etwa 29 mm und sind von einer Magnoxhülle mit Kühlrippen umgeben.
Länge und äußere Form der Brennelemente sind bei den einzelnen Anlagen, die unterschiedliche Kühlkanaldimensionen haben, sehr verschieden. In den durch die Graphitblöcke gebohrten Kühlkanälen mit Durchmessern zwischen 98 und 106 mm befinden sich sechs bis zehn Brennelemente übereinander, deren Länge 721 bis 1158 mm beträgt. Die unzureichende Entwicklungsfähigkeit des Magnoxreaktors hat ihre Ursache
in den Temperaturbegrenzungen des Brennstoffs und des Hüllrohrwerk-
stoffs, verbunden mit dem schlechten Wärmeübergang zum Kühlgas.

Die Temperatur im Uranmetall soll unter dem α-β-Phasenumwandlungs-
punkt bei 665 °C gehalten werden, weil sonst noch stärkere Formänderungen auftreten als schon durch das Schwellen hervorgerufen werden.
Zur Verbesserung der Formstabilität wurde in den französischen Reaktoren zunächst 1% Mo zulegiert: später wurde die Legierung Sicral F1

entwickelt, die 700 ppm Al, 300 ppm Fe, 120 ppm Si und 80 ppm Cr enthält.

Magnox - der Name ist abgeleitet von "$\underline{Mag}$nesium $\underline{n}$on $\underline{oxi}$dizing" - ist
eine Legierung mit etwa 99% Magnesium und Zusatzelementen wie Al, Fe,
Mn, Si, Ni, Pb und Sm in Konzentrationen unter 100 ppm, nur Zr (0,6%
in französischen Elementen) und Zn werden eventuell in etwas größerer
Menge zulegiert [39]. Der Schmelzpunkt liegt bei 645 °C, wegen der
Oxidation in CO_2 wird die maximale Oberflächentemperatur aber unter
470 °C gehalten. Die Hüllrohrwandstärke beträgt durchweg etwa 2mm.
Die Finnen zur Verbesserung der Wärmeübertragung werden entweder beim
Strangpressen mitgeformt oder nachträglich ausgefräst. Es sind die
unterschiedlichsten Varianten wie Längsrippen, Querrippen, spiralig
umlaufende, gegenläufig spiralige, unterbrochene, kurze oder längere
Rippen versucht worden. Zur Führung im Kühlkanal dienen jeweils drei
oder vier längere Rippen, um das Element im Kanal zu zentrieren. Obwohl fast für jede Anlage neue und verbesserte Elementformen entwik-
kelt wurden, konnte das entscheidende Problem der Temperatur- und Lei-
stungsbegrenzung nicht überwunden werden [40].

Bei Eintrittstemperaturen zwischen 145 und 247 °C wurden Austrittstemperaturen zwischen 345 und 422 °C erreicht. Als spezifische Leistungsdichte im Brennstoff werden nur Mittelwerte von 2 bis 3 kW/kg Brennstoff und Maximalwerte unter 5 kW/kg erzielt. Der Abbrand bleibt in
der Regel unter 4 MWd/kg. Da Leistungsdichte, Abbrand und thermischer Wirkungsgrad nicht ausreichend gesteigert werden konnten, kann
der Reaktortyp gegen Leichtwasserreaktoren nicht konkurrieren und wird
seit einigen Jahren nicht mehr gebaut.

Um diese Probleme zu überwinden, wurde der "$\underline{A}$dvanced $\underline{G}$as-cooled
$\underline{R}$eactor" (AGR) entwickelt. Anstelle des metallischen Natururans wurde
das in Leichtwasserreaktoren bewährte UO_2 mit schwacher Anreicherung
eingesetzt. Die Verwendung von Hüllrohren aus austenitischem Stahl er-
laubte es, die Kühlmittelaustrittstemperatur auf etwa 675 °C anzuhe-
ben. Obwohl thermischer Wirkungsgrad und Abbrand auf diese Weise gesteigert werden konnten, blieb die Leistungsdichte auf zu niedrigen
Werten, um wirtschaftliche Konkurrenzfähigkeit zu erreichen. Schon
nach der Inbetriebnahme einiger Anlagen wurde beschlossen, keine Anlage dieses Typs mehr zu erstellen.

17.3 Brennelemente mit »coated particles«

Einen entscheidenden Fortschritt stellt bei Hochtemperaturreaktoren
mit Heliumkühlung der Übergang zu Brennelementen mit "coated particles"
dar. Die kugelförmigen Teilchen aus einem Uran-Thorium-Mischoxid oder
Carbid von einigen Zehnteln bis 1 mm Durchmesser werden in einem Wir-
belbett durch thermische Spaltung von Kohlenwasserstoffen zu Pyrokoh-
lenstoff PyC oder von flüchtigen Siliciumverbindungen zu Siliciumcarbid SiC unter hohen Temperaturen beschichtet [39,70].

Die Pyrokohlenstoffschichten können je nach Herstellungsparametern
granular, laminar oder isotrop sein. Die granulare Variante scheidet
aus, da diese Kristallstruktur nur unzureichend Schutz gegen Spalt-
produktfreisetzung bietet. Laminarer PyC stellt eine erheblich bessere Diffusionsbarriere für Spaltprodukte dar, allerdings ist diese Variante mit dem Nachteil verbunden, daß der Wärmeübergang senkrecht
zur Schicht schlecht ist. Das beste Rückhaltevermögen gegenüber entstehenden Spaltprodukten in Verbindung mit günstigen Wärmeleiteigen-
schaften erfüllt eine isotrope PyC-Schicht. Um die Aufgaben erfüllen
zu können, werden bestimmte Werte der Strukturparameter wie Dichte,
Anisotropie und Kristallgröße der PyC-Schichten angestrebt.

Alle Konzepte sehen ein Mehrschichten-coating vor, wobei jeder einzelnen Schicht im Hinblick auf die betriebliche Beanspruchung spezielle Aufgaben zufallen. Allen Typen ist die innerste sogenannte Puffer-
schicht gemeinsam. Sie hat eine niedrige Dichte ($\rho = 1$ g/cm^3) und die
Aufgabe, das Brennstoffschwellen aufzufangen, Spaltprodukte aufzunehmen und für den Druckabbau zwischen Kern und äußeren Schichten zu
sorgen. Die nächste PyC-Schicht weist eine höhere Dichte (1,6 g/cm^3)
auf und dient als Druckkessel und Diffusionsbarriere für Kernmaterial
und Spaltprodukte. Die höchste Dichte (1,9 g/cm^3) erreicht die dritte
und äußerste Schicht (Typ TRISO), um besonders die festen Spaltprodukte wie Barium-, Strontium- und Ceriumisotrope weitgehendst zurückzu-
halten. Barium- und Ceriumisotope weisen allerdings noch so niedrige
Diffusionsgeschwindigkeiten auf, daß bereits die umhüllende Graphit-
schale ausreicht, einen Zerfall zu gewährleisten. Lediglich Strontium
zeigt vor allem bei höheren Betriebstemperaturen besonders in block-
förmigen Brennelementen größere Diffusionsgeschwindigkeiten, so daß
als vorbeugende Maßnahme beim TRISO-II-Typ eine zusätzliche mittlere
Schicht aus Siliciumcarbid entwickelt wurde.

Die "coated particles" werden bei Reaktoren mit Blockelementen in
ausgesparte Kanäle der Graphitblöcke eingefüllt. Bei dem sogenannten
Kugelhaufenreaktor werden die "coated particles" in eine Graphitmatrix eingebettet, die den inneren Teil einer Kugel mit 60 mm Durchmesser erfüllt. Die äußere, etwa 1 cm starke, brennstofffreie Schicht
der Kugel besteht aus reinem Graphit. Die Kugeln zeigen gute mechanische Eigenschaften, und ihre Festigkeit erhöht sich noch mit steigender Temperatur im Betrieb. Die Rückhaltefähigkeit für Spaltprodukte
ist mit Ausnahme der Edelgase erstaunlich gut [41].

18 Druckwasserreaktor

Leichtwasserreaktoren werden als Druck- und als Siedewasserreaktoren gebaut, wobei der Druckwassertyp die weitaus am häufigsten ausgeführte Bauart ist. Der Name bringt zum Ausdruck, daß bei diesem Typ das Wasser unter so hohem Druck gehalten wird, daß es auch bei der höchsten Temperatur im Kreislauf noch nicht zum Sieden kommt. Da die maximale Betriebstemperatur etwa 320 °C beträgt, bedeutet das einen Betriebsdruck von ungefähr 155 bis 160 bar für das gesamte Primärsystem. Bei einem relativ hohen Primärdurchsatz beträgt die Aufwärmspanne über dem Reaktorkern nur etwa 30 K. Die Wärmeübertragung auf den Dampf-Wasser-Kreislauf der Turbinenanlage wird in der Regel je nach Leistungsgröße auf zwei bis vier Hauptkreisläufe verteilt, von denen jeder bis zu 1000 MW Wärme übertragen kann.

Es gibt im wesentlichen vier Bauarten dieses Typs. Die von Westinghouse ist die älteste und wird in vielen Ländern außerhalb der USA, besonders in Frankreich und Japan, in Lizenz gebaut. Die KWU-Bauweise wurde daraus weiterentwickelt und unterscheidet sich in einigen Merkmalen, insbesondere beim Druckbehälter, beim Sicherheitsbehälter und im Aufbau der Kreisläufe. Stärkere Unterschiede dazu weist die Bauart von Babcock & Wilcox mit Geradrohr-Dampferzeugern auf. Die neuere Baureihe der 1000-MW-Einheiten in der Sowjetunion ist deutlich an die Westinghouse-Bauweise angelehnt. Der folgenden Beschreibung wird die KWU-Bauweise zugrunde gelegt [42]. Auf die Besonderheiten der anderen Bauweisen wird anschließend eingegangen.

18.1 Brennelemente

In Druckwasserreaktoren wird Zircaloy-4 für die Hüllrohre verwendet. Diese haben 11 bis 12 mm Außendurchmesser und 0,6 bis 0,75 mm Wandstärke. Zircaloy ist gegen Wasser bis 350 °C korrosionsfest. Sein Schmelzpunkt liegt bei 1850 °C, aber schon bei etwa 950 °C setzt mit steigender Temperatur zunehmend eine exotherme Zirkon-Wasser-Reaktion ein, bei der Wasserstoff freigesetzt wird. Die Festigkeit des Zirkons kann durch Zulegierung von Spurenelementen und durch Kaltverformung erhöht werden. Durch Bestrahlung wird die Festigkeit ebenfalls erhöht, die Zähigkeit aber vermindert. Die Zirkonkristalle haben hexagonale Struktur. Das bedeutet starke Anisotropie. Durch geeignete Fabrikationsverfahren kann man jedoch Zirkonlegierungen herstellen, deren Eigenschaften isotrop sind. Durch Struktur und Korngröße wird auch die Wasserstoffaufnahme stark beeinflußt. Die Konzentration beträgt bei Betriebstemperaturen etwa 60 ppm, schreitet von außen nach innen durch Diffusion fort und bewirkt eine Versprödung des Zircaloy, die unter normalen Betriebsbedingungen aber noch keine nachteiligen Folgen hat [39,43,44].

Die Zircaloy-Rohre werden nahtlos gezogen und sehr sorgfältig auf Fehler geprüft. Die Rohre werden an beiden Enden nach dem Einfüllen durch Endkappen verschlossen und verschweißt. Im allgemeinen wird dabei eine Dichtheit von $1,3 \cdot 10^{-11}$ bar l/s verlangt. Die Endstopfen sind in der Regel mit Zapfen oder Gewinde ausgebildet, wenn die Brennstäbe freistehen. Die einzelnen Brennstäbe werden, in einem quadratischen Gitter angeordnet, zu Brennelementen zusammengefaßt, deren Größe durch praktische Gesichtspunkte der Handhabung bestimmt wird. Bei großen Druckwasserreaktoren werden heute Elemente mit $16 \times 16 = 256$ Stäben verwendet, bei kleineren 14×14 bzw. 15×15. Das Bild 18.1 zeigt den Brennelementaufbau der größten Leistungsklasse und einen Brennstabquerschnitt. Die Stäbe werden durch Abstandshalter in Abständen von etwa 20 bis 40 cm in ihren Positionen fixiert und sind im allgemeinen in axialer Richtung wegen der unterschiedlichen Wärmedehnung frei beweglich.

Beim Druckwasserreaktor werden heute durchweg offene Brennelemente verwendet, die keinen äußeren Kasten haben, an dem die Abstandshalter befestigt werden könnten. Bei diesen sind 16 oder 20 Brennstabpositionen nicht mit Brennstäben, sondern mit leeren Rohren besetzt, die als Stützgerüst für das Brennelement dienen. Die Abstandshalter werden an diesen Rohren befestigt. Bei einem Teil der Brennelemente dienen die Führungsrohre zur Aufnahme der 16 bzw. 20 Absorberstäbe eines Elements, die durch eine Spinne am Kopfende zusammengefaßt sind und von einem Antrieb auf- und abbewegt werden.

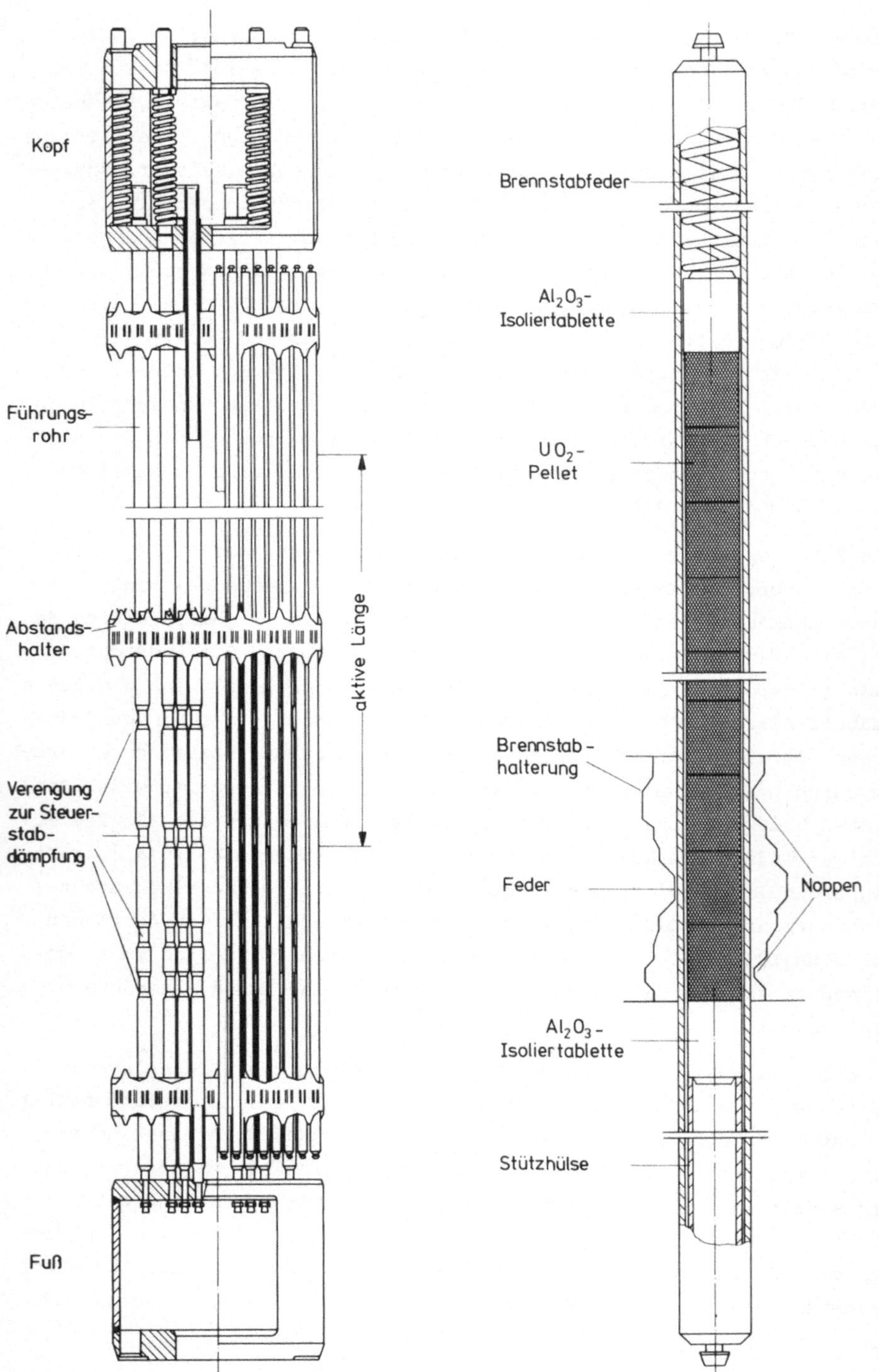

Bild 18.1. Brennelement und Brennstabaufbau eines KWU-Druckwasserreak-

Natürlich sind für die Formgebung des Kopf- und Fußteils der Brennelemente eine Reihe von besonderen Merkmalen des jeweiligen Reaktors zur berücksichtigen, die vor allem durch die besondere Art der Handhabung und der Brennelementbefestigung im Kern bedingt sind.

Das Fußteil ist so gestaltet, daß es in einer Passung der Bodenplatte einen festen Halt findet und gleichzeitig einen ausreichenden Einströmquerschnitt für das Kühlmittel freigibt. Es besteht aus einer Siebplatte zur Befestigung der Absorberführungsrohre, einem Übergangsstück von dem quadratischen Brennelementquerschnitt auf die runde Einlauföffnung und einem nach unten anschließenden Rohrstück mit bearbeiteter Sitzpassung.

Das Kopfteil besteht im wesentlichen aus einem viereckigen Rahmen, der unten einen Siebboden trägt, in dem die Absorberführungsrohre eingeschweißt sind. Der Rahmen hat einen nach innen überstehenden Kragen, an dem der Greifer von innen sicher fassen kann, um das Brennelement zu transportieren. Im übrigen ragen aus dem Rahmen acht gefederte Bolzen nach oben heraus, auf denen das obere Kerngerüst aufsitzt und die Brennelemente zentriert und niederhält.

Der Druckwasserreaktor hat kastenlose Brennelemente und Fingerregelstäbe. Anfangs hat man die Brennelemente auch bei Druckwasserreaktoren noch mit geschlossenen Kästen umgeben. Dann wurden die Kästen perforiert, um Querströmung zu ermöglichen und schließlich ganz weggelassen. So kann man den Abstand zwischen den Brennelementen ebenso eng machen wie zwischen den Brennstabreihen im Brennelement. Dadurch werden Neutronenflußspitzen vermieden, die sonst in dem breiteren, mit Moderator gefüllten Spalt entstehen würden. Selbstverständlich müssen die Abstandshalter konstruktiv so ausgebildet sein, daß sie beim Aneinandergleiten der Brennelemente beim Brennelementwechsel sich nicht verhaken. Sie haben zu diesem Zweck Abweisfahnen und einen besonderen schrägen Schnitt an der äußeren Kontur. Die Abstandshalter sind aus ineinandergesteckten Blechstreifen zusammengesetzt und haben in jeder Stabmasche auf zwei Seiten feste Noppen, an den gegenüberliegenden Seiten Federn, so daß jeder Stab elastisch in einer definierten Lage gehalten wird. Durchmischungsfahnen an den Abstandshaltern fördern den Kühlmittelaustausch zwischen den Brennstäben durch Querströmung [52]. In Längsrichtung können die Stäbe gleiten und sind nur unten befestigt.

Da es keine größeren brennstofffreien Wasservolumina bzw. Absorberkon-
zentrationen gibt, treten auch keine stärkeren lokalen Flußdichteüber-
höhungen auf. Die Anreicherung kann deshalb für alle Stäbe des Brennelements gleich gewählt werden. Sie liegt in den verschiedenen Anrei-
cherungszonen zwischen 1,9 und 3,2% bei einem frischen Kern. Maße und
konstruktive Daten für Druckwasserreaktor-Brennelemente finden sich in
Tabelle 18.1.

Tabelle 18.1. Brennelemente eines KWU-Druckwasserreaktors
            Grafenrheinfeld 1296 MW_e [42]

Mittlere Leistungsdichte bei 100% Last: 36,6 kW_{th}/kg U

                                         93   kW_{th}/dm^3 Kern

Brennelement   **Brennstab-Hüllrohr**

Gesamtlänge   4835 mm   Außendurchmesser   10,75 mm
aktive Länge   3960 mm   Wanddicke   0,725 mm
Grundriß   230 × 230 mm^2 maximale Oberflächen-
Stabgitter   16 × 16   temperatur   349 °C
Stabgitterteilung   14,3 mm   max. $\int \lambda$ dt
Anzahl der   100% Leist.   41,36 W/cm
Abstandhalter   9
Gesamtgewicht   750 kg   **Brennstoff**
Anzahl Brennstäbe
je Brennelement   236 UO_2-Dichte, Erstkern
                                               innere Zone   10,35 g/cm^3
                                               äußere Zone   10,0 g/cm^3
Steuerstabführungsrohr   Tablettendurchmesser   9,08 mm
                                            Tablettenlänge   11 mm
Anzahl je
Brennelement   20
Außendurchmesser   13,72 mm
Wanddicke   0,41 mm   **Steuerstab**

                                            Gesamtlänge ohne
                                            Antriebsstange   4619 mm
                                            Grundriß   157 × 157 mm^2
                                            Steuerstabfinger je
                                            Steuerelement   20
                                            Außendurchmesser des
                                            Fingers   10,2 mm
                                            Wanddicke   0,5 mm
                                            Absorberaußendurch-
                                            messer   9,0 mm
                                            Absorberlänge   3530 mm

Die Montage der Brennelemente beginnt mit dem Zusammenschweißen des
Skeletts. Zunächst werden auf einem Montagebett die Abstandshalter
hintereinander aufgestellt und fluchtend fixiert, die Steuerabführungs-
rohre in die ihnen zugedachten Zellen der Abstandshaltergitter eingeschoben und die kastenförmigen Kopf- und Fußteile ausgerichtet davor-
gesetzt. Dann werden die Steuerstabführungsrohre über dafür vorgesehene Lappen mit den Abstandshaltergitterplatten verschweißt. Nachdem
das so zusammengesetzte Skelett verschiedene Fertigungskontrollen bestanden hat, werden Kopf- und Fußteil nochmals von ihm abgezogen und
die Brennstäbe eingeschoben. Als Abschluß der Montage folgt das endgültige Aufsetzen des Kopf- und Fußteils. Mit besonders gesicherten
Schrauben wird der Siebboden des Fußteils mit den geschlossenen Enden
der Steuerstabführungsrohre verbunden. Die offenen oberen Enden dieser Rohre schieben sich in Führungsbohrungen im Siebboden des Kopfteils und werden, ähnlich wie Wärmetauscherrohre in Rohrböden, mit
dem Boden des Kopfteils verschweißt. Folgende Werkstoffe werden beim
Brennelement für Druckwasserreaktoren verwendet:

Brennstoff:	UO_2 gesintert in Tablettenform,
Fülltabletten:	Al_2O_3,
Hüllrohre:	Zircaloy-4, kaltverfestigt,
Steuerstabführungsrohre:	X2CrNi 18/9,
Abstandshalter:	Inconel 718, Lot Nickellegierung,
Endstücke:	X10CrNiNb 18/9,
Federn:	Inconel 750,
Absorber:	Ag15In5Cd.

18.2 Reaktorkernaufbau

Als Reaktorkern wird die Brennelementanordnung mit ihrer Umschließung
und allen innerhalb dieses Volumens vorhandenen Anlageteilen verstanden. Dieses sogenannte Core, Bild 18.2 [42], bildet zusammen mit den
umgebenden Strukturen einschließlich Druckbehälter den Reaktor.

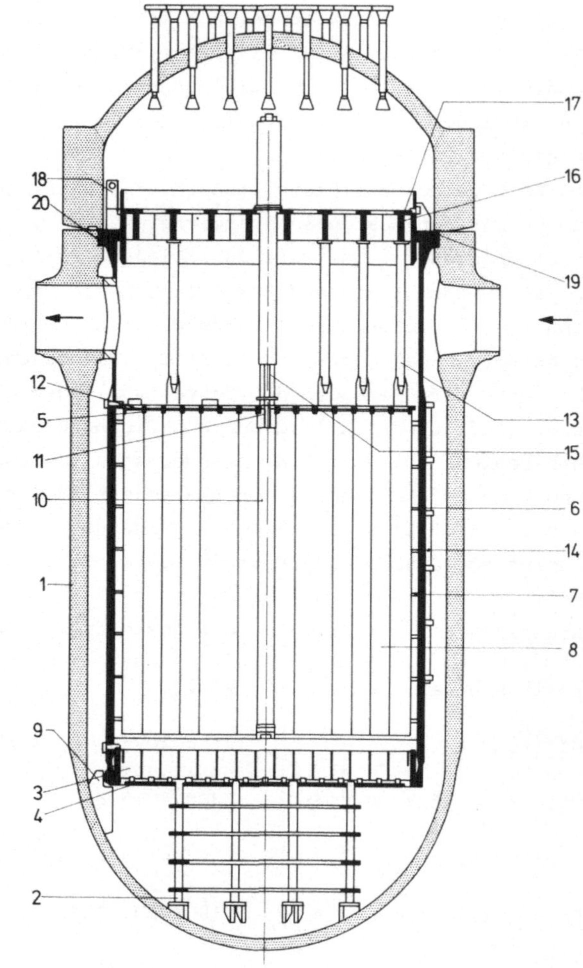

Bild 18.2. Druckbehälter mit Einbauten eines KWU-Druckwasserreaktors

Die wesentlichen Bestandteile des Reaktorkerns sind, abgesehen vom
Kühlmittel, die Brennelemente mit Strukturteilen, Regelorgane, Meßeinrichtungen, Kernbehälter und Kerneinbauten, die insbesondere zur
Strömungsführung und Kernabstützung dienen. Der konstruktive Aufbau
des Reaktorkerns der neueren Anlagen ist außerordentlich einfach, da
er im wesentlichen keine anderen Teile enthält als die Brennelemente
selbst, die das Kernvolumen eng gepackt ausfüllen. Die Regelorgane

sind, wie bei der Beschreibung schon erwähnt, mit den Brennelementen
integriert. Jedes Brennelement kann einen Fingerabsorberstab aufnehmen, aber nur etwa ein Drittel der Brennelemente ist mit einem Absorberstab besetzt. Die 16 bzw. 20 Absorberfinger sind oben durch eine
Spinne verbunden, welche mit dem unteren Ende der Antriebsstange ver-
kuppelt ist, die vom Regelstabantrieb bewegt wird. Die Führungsrohre
der einzelnen Finger sind im unteren Teil als Stoßdämpfer ausgebildet. Der Innendurchmesser ist dort an mehreren Stellen bis auf eine
enge Toleranz reduziert, um eine Falldämpfung zu bewirken. Die Fall-
energie wird durch das Auspressen des Wassers durch die engen Spalte
aufgezehrt.

Die Führungsrohre der absorberfreien Elemente werden zum Teil für die
Einrichtungen zur Flußdichtemessung benutzt. Eine laufende Messung
erzielt man durch kleine Spaltkammern; das sind Ionisationskammern,
die Spaltstoff enthalten. Ihr Durchmesser ist so klein, daß sie in
die Führungsrohre eingeschoben werden können, meistens mehrere übereinander in einem Kanal. Die Anschlußkabel werden durch den Deckel
des Druckbehälters nach außen geführt. Wegen der Schwierigkeit der
Stromzuführung hat man sogenannte "self powered chambers" entwickelt,
bei denen die Hochspannung durch β-strahlende Isotope erzeugt wird.
Unter der starken Reaktorbestrahlung machen die elektrische Isolation
und die schnelle Abnutzung der Kammern gewisse Schwierigkeiten. Diese
Messungen gelten daher als nicht sehr zuverlässig und werden deshalb
auch nicht für das Regel- und Abschaltsystem verwendet, sondern ausschließlich zur Kontrolle der Flußdichteverteilung. Als Meßsonden
für das Regel- und Abschaltsystem sind besondere Kammern außerhalb
des Reaktorbehälters vorgesehen.

Da die Flußdichteverteilung hauptsächlich zur Bestimmung des lokalen
Abbrands benötigt wird und sich im allgemeinen nur sehr langsam ändert, genügt es, sie in festgelegten Zeitabständen zu bestimmen. Dazu
werden Kugelmeßsonden verwendet, die genaue Absolutmessungen erlauben. In einige, nach einem bestimmten Verteilungsplan ausgewählte
freie Führungsrohre werden dünne Röhrchen zur Aufnahme von Meßkugeln
eingeschoben. Die Kugeln haben einen Durchmesser von ca 1,7 mm und
bestehen aus einer Vanadin-Eisen-Legierung. Eine der Reaktorkernhöhe
entsprechende Säule aus diesen Kugeln wird pneumatisch in die Rohr-
sonden eingespült. Nach einer Bestrahlungszeit von etwa einer Stunde
werden sie wieder pneumatisch aus dem Reaktor hinausbefördert in eine

Meßstrecke, wo sie an einer oder mehreren Zählkammern vorbeigeführt
werden. Die Messung wird für die Abklingzeit korrigiert und registriert.
Sie ergibt unmittelbar die axiale Flußdichteverteilung in dem betref-
fenden Kanal [45]. Andere Meßeinrichtungen, die betriebsmäßig benutzt
werden, finden sich im Druckwasserreaktor im allgemeinen nicht. Natürlich können zu Forschungs- und Entwicklungszwecken besondere Meßeinrichtungen installiert werden. Neuartige Brennelemente, die zur Erprobung eingesetzt werden, sind in der Regel noch zusätzlich instru-
mentiert.

Der Reaktorkern wird getragen von der unteren Bodenplatte, die zusammen mit einem zylindrischen Mantel, der den Reaktorkern umschließt,
den sogenannten Kernbehälter bildet. Über einem Flansch am oberen
Rand des Behälters wird das Gewicht oberhalb der Hauptstutzen auf die
Druckbehälterwand abgetragen. Der zylindrische Teil ist besonders
dickwandig ausgeführt, weil er gleichzeitig die Funktion eines thermischen Schildes übernimmt. Früher wurde der thermische Schild als
freistehender Zylinder zwischen Kernbehälter und Druckbehälter angeordnet. Durch die Einwirkung starker Strömungskräfte wurde er aber in
vielen Fällen zu Schwingungen angeregt, die eine Zerstörung der Auf-
lagerpratzen zur Folge hatten. Um dies zu vermeiden, wird in allen
neuen Anlagen der Kernbehälter selbst als thermischer Schild ausgebildet. Die Funktion des thermischen Schildes ist die Absorption von
Neutronen und γ-Strahlung, um den Druckbehälter vor Materialschädi-
gung und übermäßiger Erwärmung zu schützen. Seine Dicke beträgt etwa
5 bis 8 cm. Er ist so ausgelegt, daß die Dosis für schnelle Neutronen
($\geq$ 0,5 MeV) am Druckbehälter nach vierzig Jahren Betriebszeit weniger
als die zulässige Dosis von 10^{19} Neutronen/cm^2 beträgt [46]. Bei einigen älteren Typen wird dieser Wert allerdings überschritten. Der Boden des Kernbehälters ist mit Öffnungen zur Aufnahme der Brennelemente versehen. Um die erforderliche Tragfähigkeit und Steifigkeit zu
erreichen, wird er als geschweißter Tragrost ausgebildet. Zur Ver-
gleichmäßigung der Strömung ist eine gelochte Stauplatte auf der Unterseite vorgelagert. Im mittleren Bereich ist der Boden mit einem
Schemel berührungsfrei unterbaut, der nur die Aufgabe hat, im Falle
eines Kernbehälterbruchs das Abstürzen des Reaktorkerns zu verhindern.

In dem zylindrischen Teil des Kernbehälters oberhalb des Reaktorkerns
befinden sich die Ausströmöffnungen für das Kühlmittel, die genau vor
den Austrittsstutzen des Druckbehälters angebracht sind. An dieser

Stelle durchdringen die Austrittsleitungen den Zwischenraum zwischen Kernbehälter- und Druckbehälterwand, der mit den Eintrittsstutzen in Verbindung steht, und in dem das eintretende Kühlmittel in die untere Kammer geleitet wird. Der dichte Abschluß wird durch eine einfache Preßdichtung bewerkstelligt. Im kalten Zustand ist das Spiel in dem Dichtspalt ausreichend, um den Kernbehälter von oben einzufahren. Bei Erwärmung dehnt sich der austenitische Kernbehälter mehr als der ferritische Druckbehälter, so daß bei Betriebstemperatur ein fester Preßsitz zustande kommt.

In Kernhöhe trägt der Kernbehälter innen die Kernumfassung. Wegen der quadratischen Form der Brennelemente ist die äußere Kontur des Reaktorkerns nicht rund. Die Kernumfassung ist ein Blechmantel, der die äußere Kernkontur eng umschließt. Durch horizontale Formbleche in den freien Zipfeln wird er gestützt und gleichzeitig die Durchströmung dieses Volumens auf ein Minimum reduziert.

18.3 Reaktordruckbehälter

Die Auslegung des Reaktorkerns fordert Druck-, Temperatur- und Strömungsbedingungen, die von den normalen Bedingungen im Raum weit abweichen, ganz abgesehen von der radioaktiven Strahlung. Er muß daher von seiner Umgebung durch einen Behälter abgetrennt sein, in dem diese Bedingungen aufrechterhalten werden können. Während die Obergrenze der Temperatur durch die Werkstoffeigenschaften der Hüllrohre bestimmt wird, ergibt sich der Betriebsdruck durch die Forderung, daß das Kühlmittel im Normalbetrieb nirgends zum Sieden kommen soll. Durch einen angemessenen Sicherheitszuschlag wird dann der Auslegungsdruck festgelegt. Kühlmitteldurchsatz und Aufwärmspanne ergeben sich aus der Reaktoroptimierung (s. Kapitel 23).

Konstruktion und Auslegungsdaten variieren natürlich je nach Leistungsgröße und Hersteller von einem Kraftwerk zum anderen. Die Standardisierung, die von allen Herstellern als Ziel angestrebt wird, ist noch nicht in allen Einzelheiten so weit gediehen, daß bei neueren Reaktoren keinerlei Unterschiede mehr festzustellen wären. In den wesentlichen Zügen stimmen aber alle Konstruktionen der in den letzten Jahren gebauten großen Einheiten überein. Um konkrete Angaben machen

zu können, werden zunächst die zur Zeit größten Einheiten der Kraftwerk Union von 1300 MW als Beispiel behandelt.

Der Reaktordruckbehälter ist ausgelegt für einen Genehmigungsdruck
von 172 bar bei einem Betriebsdruck von 155 bar. Er besteht aus dem
Unterteil, das aus einem zylindrischen Mantel, einem Flanschring mit
Kühlmittelstutzen und dem unteren Kugelboden gebildet wird, und dem
Deckel, der mit Regelstabstutzen und sonstigen Zuleitungen versehen
ist (Bild 18.2). Der Behälter wird vollständig in der Werkstatt gefertigt.

Der untere Halbkugelboden wird aus einer Kugelkalotte und einem aus
mehreren Kümpelteilen zusammengeschweißten Segmentring zusammengesetzt. Der Übergang zur dickeren Zylinderwand wird teilweise in die
Zylinderwand hineingelegt.

Der Zylindermantel wird aus geschmiedeten Ringen ohne Längsnaht zu-
sammengeschweißt. Statt der Schmiederinge können auch Schüsse aus gerollten Blechen mit Längsnaht verwendet werden, was aus Sicherheitsgründen aber meistens vermieden wird. Der Flansch des Unterteils wird
durch einen dicken Schmiedering mit bearbeiteter Innen- und Außenkon-
tur gebildet. An diesem Flanschring sitzen außen in gleicher Höhe acht
Kühlmittelstutzen und die Tragpratzen. Am Innenrand der vier Kühlmit-
telaustrittsstutzen sind kurze Ringe vorgeschweißt, die den dichten
Anschluß an die Austrittsstutzen des Kernbehälters herstellen. Auf
der Innenseite des Flanschrings befindet sich eine Ringleiste für die
Abstützung des Kerngerüsts. Der Flanschring besitzt etwa in der Wand-
mitte axiale Gewindebohrungen zur Aufnahme der Flanschschrauben. Er
ist mit seiner vergrößerten Wandstärke so weit nach unten gezogen, daß
er auch die notwendige Verstärkung für die Stutzenausschnitte und die
Pratzenkräfte abgibt. Die Rohrstutzen, an die bei der Montage die
Hauptkühlmittelleitungen angeschweißt werden, bestehen aus bearbeite-
ten Schmiedestücken. Sie können entweder auf die Zylinderwand aufgesetzt oder durchgesteckt werden. Bei KWU-Reaktoren sind sie aufgesetzt
was den Hauptunterschied zu amerikanischen Druckbehältern ausmacht,
bei denen sie durchgesteckt sind.

Der Deckel des Druckbehälters wird zusammengesetzt aus dem geschmiedeten Flanschring, dem Kugelzonenring und der Kugelkalotte. Letztere
nimmt die Stutzen für 61 Steuerstabantriebe auf, die in quadratischer

Teilung stehen. Die Wandstärke ist für die Austrittsverstärkung ausreichend bemessen, so daß die Stutzen einfach in die Deckelbohrungen mit Gewinde eingeschraubt werden können. An ihrem unteren Ende werden die Stutzen mit der entsprechend verdickten Plattierung am Innenrand der Deckelbohrung verschweißt.

Die Abdichtung des Reaktordruckbehälters zwischen den Flanschflächen des Deckels und des Behälterunterteils übernehmen zwei konzentrisch angeordnete O-Ringe.

Alle Innenflächen des Reaktordruckbehälters, die mit dem Kühlmittel in Berührung kommen, werden austenitisch plattiert. Die einzelnen Schüsse werden vor dem Zusammenschweißen auf der Innenseite durch Auftragsschweißung austenitisch plattiert. Als Verfahren für die Auftragsschweißung hat sich die Bandniederschweißung durchgesetzt, bei der man mit einer Plattierungsunterlage eine rein austenitische Schicht von etwa 7 mm Stärke erzielt, wie es gefordert wird. Die Mischzone ist nur wenige Millimeter dick. Die einzelnen plattierten Segmente werden dann durch die Unterpulverschweißung verbunden und spannungsfrei geglüht. Nach gründlicher Überprüfung der Schweißnähte wird die fehlende Plattierung eventuell durch Handschweißung ergänzt. Die plattierten Oberflächen werden nur da bearbeitet, wo es für eine Passung bzw. für die Werkstoffprüfung notwendig ist, d.h., vor allem im Bereich der Schweißnähte.

Unterhalb der Hauptkühlmittelstutzen hat der Reaktordruckbehälter keine Durchbrüche, die bei Leckage die Flutbarkeit des Kerns in Frage stellen könnten. Alle Einbauten können von oben mit Hilfe des Krans eingesetzt werden. Der Deckel wird mit hydraulisch vorgespannten Bolzen verschraubt. Bei 20 °C beträgt die Vorspannkraft der Stiftschrauben 120% der Innendruckkraft bei Berechnungsdruck. Zum Spannen und Lösen der Muttern ist eine spezielle hydraulische Spannvorrichtung vorgesehen, die mit dem Kran aufgesetzt werden kann.

Der Druckbehälter bildet den Festpunkt der Reaktorkühlkreisläufe. Die Tragpratzen stützen das Gewicht des Reaktors auf die Tragkonstruktion ab und übernehmen die Reaktionskräfte der anschließenden Rohrleitungen. Die Pratzen sind in ihrem Auflager radial geführt, um ungehinderte Wärmedehnung in zentrierter Lage zu ermöglichen.

18.4 Kernbehälter

Der Kernbehälter hängt mit seinem Einhängeflansch an der Tragleiste
des Druckbehälterflanschrings. Er wird durch vier starke Paßstücke
im Einhängeflansch zentriert. Der Einhängeflansch liegt dicht auf der
Tragleiste auf und weist nur einige kalibrierte Schlitze auf, die eine dosierte Nebenströmung des eintretenden Kühlmittels in den Dom zwischen Druckbehälterdeckel und Deckplatte des oberen Kerngerüsts ein-
lassen, um den Deckel zu kühlen.

Der Kernbehälter ist durch einen auf dem unteren Kugelboden aufgesetzten Schemel gegen Abstürzen gesichert. Die mögliche Fallhöhe ist auf
maximal 10 mm begrenzt, damit auch dann noch die Abschaltstäbe unge-
hemmt einfallen können. Um auch ein seitliches Ausweichen des Kernbehälters bei einem solchen Unfall zu begrenzen, werden am unteren Ende
des Zylindermantels sechs Konsolen zur radialen Abstützung angebracht,
die im Betrieb etwa 5 mm Spiel haben.

18.5 Oberes Kerngerüst

Über dem Reaktorkern im Bereich der Kühlmittelstutzen sitzt das bei
geöffnetem Druckbehälter herausnehmbare obere Kerngerüst. Es sorgt
für die Fixierung und Niederhaltung der Brennelemente und nimmt die
Steuerstabführungen auf. Beim Brennelementwechsel wird das obere Kerngerüst als eine Einheit aus dem geöffneten und gefluteten Reaktordruckbehälter herausgehoben und unter Wasser abgestellt. Die Steuer-
stabantriebsstangen werden vorher von den ganz in die Brennelemente
eingefahrenen Fingerabsorberstäben entkuppelt und können mit dem oberen Kerngerüst herausgenommen werden. Das obere Kerngerüst sitzt mit
seinem Einhängeflansch auf dem Flansch des Kernbehälters und wird
ebenfalls durch vier Paßstücke zentriert.

Das Kerngerüst besteht im wesentlichen aus einem biegesteifen oberen
Rost, der mit der verhältnismäßig dünnen und vielfach gebohrten unteren Gitterplatte durch über den ganzen Querschnitt verteilte Stütz-
rohre verbunden ist. Die untere Gitterplatte drückt auf die gefeder-
ten Bolzen der Brennelemente und fixiert sie in ihrer Lage. Jeder
Steuerstabführungseinsatz besteht aus vier Leisten und einer Anzahl

von passend ausgefrästen Führungsplatten. Im unten offenen Teil werden
die einzelnen Fingerstäbe in geschlitzten Rohren geführt, in deren
Schlitz die Befestigungsstege jedes Stabs gleiten. In Stutzenhöhe ist
die Steuerstabführung durch Mantelbleche gegen die Querströmung abgedeckt.

Die Zentrierhaube am oberen Ende des Steuerstabführungseinsatzes
schließt ihn im Dom des Druckbehälters gegen die verlängerten Steuer-
stabstutzen dicht ab. Der Steuerstabführungseinsatz wird mit der Deckplatte verschraubt und die unterste Führungsplatte auf der Gitterplatte durch vier Stifte zentriert, um ein genaues Fluchten der Führungsrohre des Einsatzes mit den Führungsrohren im Brennelement sicherzu-
stellen.

Bei allen Schraubverbindungen muß auf dehnungsgünstige Ausbildung und
auf formschlüssige, nichtrißempfindliche Schraubensicherungen geachtet werden.

Als Werkstoff werden für alle Innenteile vollaustenitische Cr-Ni-Stähle der 18/9-Klasse in Form von gewalzten Blechen, Stangen und Schmie-
deteilen verwendet. An einigen Stellen kommen auch Nickellegierungen
zur Anwendung. Der Kobaltgehalt muß wegen der Aktivierung durch Neutronen auf 800 ppm beschränkt werden; für Teile, die beim Brennelementwechsel ausgebaut werden, sogar auf 220 ppm.

18.6 Kühlmittelführung

Das Kühlmittel tritt durch vier Eintrittsstutzen in den Druckbehälter
ein und strömt im Ringspalt zwischen Kernbehälter und Druckbehälterwand nach unten in die Eintrittskammer im Kugelboden. Durch die Stauplatte und den unteren Gitterrost des Kernbehälters tritt es in die
Brennelemente ein und durchströmt den Reaktorkern von unten nach oben.
In der Austrittskammer strömt es durch die freien Querschnitte zwischen den Strukturen des oberen Kerngerüsts zu den Austrittsstutzen
und verläßt ohne weitere Berührung der Druckbehälterwand den Behälter.

Durch Führung des eintretenden Kühlmittels entlang der gesamten Innen-
oberfläche des Druckbehälterunteils können sich nur geringe Tempera-

turunterschiede in der Behälterwand ausbilden. Bei Erwärmung und besonders bei Abkühlung darf normalerweise eine Änderungsgeschwindigkeit von 30 °C/h nicht überschritten werden, um übermäßige Wärmespannungen zu vermeiden.

18.7 Regelstabantrieb

Der Aufbau der Fingerregelstäbe, wie sie im Druckwasserreaktor ausschließlich zur Anwendung kommen, wurde schon im Zusammenhang mit den
Brennelementen beschrieben. Oben sind die 16 bzw. 20 Absorberstäbe
durch eine Spinne an einem zentralen Rohr befestigt, das durch eine
lösbare Kupplung mit der Regelstabantriebsstange verbunden wird.

Die Aufgabe der Regelstabantriebe besteht darin, die Absorberstäbe in
ihrer gesamten Länge ein- oder auszufahren oder in einer bestimmten
Einfahrtiefe im Kern festzuhalten. Bei der Schnellabschaltung müssen
die Absorberstäbe durch den Antrieb freigegeben, möglichst schnell
durch Schwerkraft in den Kern einfallen.

Die Regelstabantriebe werden an den dafür vorgesehenen Stutzen im
Reaktordruckbehälterdeckel angeflanscht. Bild 18.3 zeigt links die
Gesamtansicht eines Regelstabantriebs und rechts einen Schnitt durch
den Antriebsteil. Die wesentlichen Komponenten des Regelstabantriebs
sind der Druckkörper, die Klinkeneinheiten mit Arbeitsspulen, die ge-
rillte Antriebsstange und die Stellungsanzeigespule.

Der Druckkörper nimmt im unteren Teil als Klinkendruckrohr die Klinkeneinheit und im oberen Teil als Stellungsanzeigerohr die Antriebsstange auf. Der Druckkörper gehört somit zum Druckbehälter und muß
daher nach den für Reaktordruckbehälter geltenden Regeln ausgelegt
und gefertigt werden. Er besteht im Magnetspulenbereich abwechselnd
aus magnetischen und nichtmagnetischen miteinander verschweißten Ringen. Wesentliches Merkmal des Steuerstabantriebs ist, daß keine beweg-
lichen Durchführungen durch die Druckbehälterwand notwendig sind, da
die Arbeits- und Stellungsanzeigespulen einschließlich der Blechver-
kleidung über den Druckkörper geschoben werden.

Die mit dem Steuerstab im Reaktorkern verbundene Antriebsstange wird
durch die Klinkeneinheit bewegt, die aus dem Hubanker, dem Greifan-

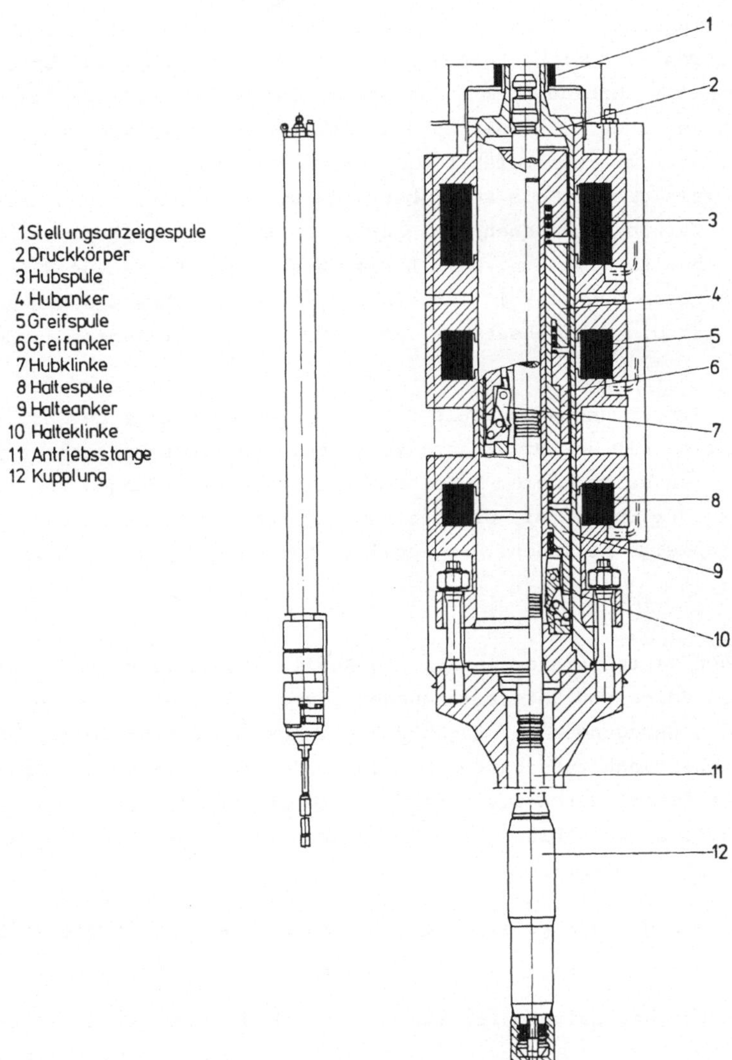

Bild 18.3. Regelstabantrieb eines KWU-Druckwasserreaktors

ker, dem Halteanker und den Hub- und Halteklinken besteht. Die Spulenanker lassen abwechselnd zwei Klinkengruppen in die Rillen der Antriebsstange eingreifen, wobei der Hubanker die Antriebsstange jeweils einen Schritt mitnehmen kann. Die Antriebsstange ist ein Rohr mit außen eingearbeiteten Rillen mit 10 mm Teilung und einer mechani-

schen Kupplung am unteren Ende. Sie besteht aus zwei federnden Klau-
en, die durch Einschieben eines zentralen Bolzens gespreizt werden
können und die Verbindung mit dem Steuerelement herstellen. Die Kupplung kann von oben mit einer Betätigungsstange gelöst werden, die
durch das Antriebsrohr geführt wird. Beim Abheben des Reaktordruckbe-
hälterdeckels gleitet die Antriebsstange aus dem Antrieb und bleibt
im oberen Kerngerüst stehen. Das Abkuppeln kann mit Hilfe eines Werk-
zeugs durchgeführt werden. Beim Ausbau des oberen Kerngerüsts verblei-
ben die Steuerelemente voll eingefahren im Kern. Während des Reaktorbetriebs ist die Antriebsstange immer mit dem Steuerelement verbunden.

Die Hub-, Greif- und Haltespule befinden sich außerhalb des Druckkör-
pers und sind mit der Stellungsanzeigespule zu einer Baueinheit zusammengefaßt, an deren oberem Ende sich die Steckverbindungen für die
Versorgung der Spulen mit Gleichstrom und für die Signalleitung der
Stellungsanzeige befinden. Der Regelstabantrieb funktioniert folgendermaßen:

Durch einen Taktgenerator werden die Spulen mit Gleichstrom in einer
bestimmten Folge von Unterbrechnungen versorgt, so daß durch die entsprechenden Bewegungen der zugehörigen Anker das Steuerelement über
die Antriebsstange auf- bzw. abbewegt werden kann. Im Ruhezustand wird
das Steuerelement durch die stromführende Greifspule über den Greifanker gehalten. Der Ablauf beim Hochfahren aus dieser Position sieht
folgende Schritte vor:

- Einschalten der Hubspule: Die Antriebsstange wird um die Rillen-
                               teilung 10 mm angehoben.

- Einschalten der Haltespule: Die Halteklinken kommen in Eingriff,
                               durch leichtes Anheben übernehmen sie
                               die Last von den Hubklinken.

- Ausschalten der Greifspule: Die Hubklinken werden zurückgezogen.

- Ausschalten der Hubspule: Der Hubanker fällt in die Ausgangsstel-
                               lung zurück.

- Einschalten der Greifspule: Die Hubklinken kommen in Eingriff.

- Ausschalten der Haltespule: Die Halteklinken werden zurückgezogen.

Dieser Zyklus wird bei jedem Schritt wiederholt. Das Einfahren des Steuerelements in den Kern geschieht durch die umgekehrte Folge von Arbeitsschritten. Die Elementstellung im Kern wird einmal über ein digitales Schrittzählwerk und dann auch über die kontinuierliche Anzeige der Stellungsanzeigespule erfaßt. In der Ruhestellung steht, wie schon erwähnt, nur die Greifspule unter Strom. Bei einer Reaktorschnellabschaltung wird der Stromfluß unterbrochen, der Greifanker fällt ab, so daß die Hubklinken zurückgezogen werden, und das Steuerelement fällt frei in den Kern. Dieses Arbeitsstromprinzip ermöglicht es auch, daß bei Ausfall der Stromversorgung die Steuerstäbe immer automatisch in den Kern einfallen. Am Ende des Fallwegs werden sie durch die hydraulischen Stoßdämpfer im unteren Teil der Führungsrohre abgebremst.

18.8 Qualitätssicherung des Reaktordruckbehälters

Die Not- und Nachkühlung des Reaktors ist so ausgelegt, daß auch der ungünstigste Bruch irgendeiner an den Reaktordruckbehälter angeschlossenen, nicht absperrbaren Rohrleitung ohne Schaden für die Umgebung beherrscht werden kann. Das gilt auch für einen zähen Bruch des Druckbehälters selbst, weil dabei nur eine Bruchöffnung von wenigen Quadratzentimetern Querschnitt entstehen kann. Ein spontaner Sprödbruch allerdings, der den Behälter in Bruchstücke zerlegen würde, kann natürlich nicht beherrscht werden; es sei denn, man verwendet eine sogenannte Berstsicherung, wie sie für ein 600-MW-Kernkraftwerk einmal konstruiert, aber nicht verwirklicht worden ist. Die Möglichkeit eines spontanen Sprödbruchs kann praktisch mit Sicherheit ausgeschlossen werden, wenn die unter dem Begriff "Basissicherheit" zusammengefaßten Maßnahmen der Qualitätssicherung angewandt werden. Es handelt sich dabei qualitativ um die auch schon früher angewandten Methoden der Qualitätssicherung, die jedoch quantitativ in verschiedenen Punkten verschärft wurden. Sie sind in den Leitlinien der Reaktorsicherheitskommission für Druckwasserreaktoren unter 4.1.2 folgendermaßen zusammengefaßt:

"Die Basissicherheit eines Anlagenteils wird durch

- hochwertige Werkstoffeigenschaften, insbesondere Zähigkeit,

- konservative Begrenzung der Spannungen,

- Vermeidung von Spannungsspitzen durch optimale Konstruktion,

- Gewährleistung der Anwendung optimierter Herstellungs- und Prüf-
  technologien,

- Kenntnis und Beurteilung gegebenenfalls vorliegender Fehlerzustände,

- Berücksichtigung des Betriebsmediums

bestimmt." Die Einzelheiten sind in der Regel KTA 3201 festgelegt [47].

Da es im wesentlichen um die Vermeidung des Sprödbruchs geht, sind vor
allem die Zähigkeitsforderungen hervorzuheben. Eine mit Hilfe der
Sprödbruchübergangstemperatur definierte Referenz-NDT-Temperatur (Nil
Ductility Temperatur) muß immer um mindestens 33 K unter der betrieblichen Beanspruchungstemperatur liegen. Das gilt auch für die Druck-
prüfungstemperatur. Bei einer Temperatur nicht größer als T_{NDT} + 33 K
soll jede Probe aus dem Kerbschlagbiegeversuch (ISO-V-Querproben) mindestens 0,9 mm laterale Breitung und nicht weniger als 68 J Kerb-
schlagarbeit aufweisen. Eine Probe aus einer Tiefe von einem Viertel
der Vergütungswanddicke muß in der Hochlage einen Wert von mindestens
100 J ergeben.

Bei dem früher verwendeten niedriglegierten Feinkornbaustahl 22NiMoCr37
werden diese Werte mit Sicherheit nur bei der sogenannten optimierten
Version erreicht. Man ging daher über zu dem Stahl 20MnMoNi55 mit höherem Reinheitsgrad, besseren Schweißeigenschaften und größerer Zähigkeit.

Zur konservativen Begrenzung der Spannung und der Optimierung der Konstruktion trägt vor allem die Durchführung einer Spannungsanalyse bei,
die in der KTA-Regel 3201 festgelegt ist, und im wesentlichen die Emp-
fehlungen des ASME-Boiler and Pressure Vessel Code, Section III, [48]
erfüllt. Die Bemessung darf nicht, wie konventionell üblich, ausschließlich nach der Index-Methode vorgenommen werden.

Für die Festigkeitsanalyse des Reaktordruckbehälters muß bei der Auslegung ein Belastungskollektiv festgelegt werden, das Art und Anzahl
der verschiedenen Belastungszustände berücksichtigt. Die Belastungszustände sind unterteilt in Auslegungsfall, normale Betriebsfälle,
anomale Betriebsfälle, Prüffälle (Druckproben), Notfälle und Scha-
densfälle. Die Belastungen selber werden durch Gewicht, Druck, Temperatur und äußere Kräfte und Momente insbesondere auch des Auslegungs-

störfalls hervorgerufen. Schwingungsanregungen durch Pumpen und Kühlmittelströmung sowie durch Erdbeben müssen ebenfalls berücksichtigt werden. Zu den Belastungen zählt auch die Veränderung der Werkstoffeigenschaften durch Neutronenbestrahlung.

Die anschließende konstruktive Gestaltung und Dimensionierung des Behälters wird unter Berücksichtigung des zu verwendenden Werkstoffs so durchgeführt, daß möglichst lokale Spannungsspitzen und sekundäre Spannungen begrenzt bleiben, und eine Prüfung aller Schweißnähte möglich ist. Als Sekundärspannungen betrachtet man solche, die nur eine begrenzte Dehnung bewirken können, d.h., daß sie sich bei Überschreiten der Fließgrenze abbauen.

Die Spannungsanalyse des Druckbehälters wird nun je nach Anwendungsfall mit verschiedenen Berechnungsmethoden vorgenommen. Es sind dies die Stufenkörpermethode, das Differenzverfahren und die Methode der Finiten Elemente. Als Ergänzung dazu werden noch experimentelle Analysen benutzt. Meist wird zur vollständigen Spannungsermittlung eine Kombination der verschiedenen Verfahren gewählt. Um eine fehlerfreie Spannungsberechnung durchführen zu können, müßte der Behälter als Ganzes berechnet werden, was aber aufgrund der auftretenden Unstetigkeiten z.B. bei den Deckelschrauben und wegen seiner Komplexität nicht möglich ist. Bei der Stufenkörpermethode [74] zerlegt man deshalb den Behälter in Einzelabschnitte (Bild 18.4), bei denen die Wandstärke oder der Krümmungsradius in etwa konstant sind. Zur Spannungsberechnung wird der Stufenkörper freigemacht und die Schnittkräfte und Momente an den freigemachten Enden als äußere Kräfte angesetzt. Für jeden Stufenkörper werden unabhängig von den anderen die Gleichungen für den Verformungs- und Spannungszustand aufgestellt. Man erhält ein lineares Gleichungssystem aus vier Gleichungen mit vier Unbekannten.

Das elastische Zusammenwirken der einzelnen Stufenkörper ergibt sich dadurch, daß die noch unbekannten Kräfte und Momente an den Schnittstellen benachbarter Körper gleich groß sind und somit gleichgesetzt werden können. Das resultierende Gleichungssystem liefert für jeden Belastungszustand die unbekannten Schnittkräfte und Momente, mit deren Hilfe dann die Spannungen in den Stufenkörpern bestimmt werden. Es kann jeweils immer nur ein Belastungszustand berechnet werden. Die Gesamtlösung ergibt sich aus der Überlagerung der Einzelspannungen. Ein besonderes Problem stellt der Deckelflansch dar, da die Reibungs-

kraft zwischen Gefäß und Deckel nicht genau bekannt ist. Es werden
deshalb zwei extreme Ansätze gemacht, wobei der ungünstigere für die
Auslegung herangezogen wird. Es wird reibungsfreies Gleiten ($\rho = 0$)
und festgefressener Deckel ($\rho = \infty$) unterstellt. Dabei treten auch unterschiedliche Wärmespannungen auf, je nachdem, ob die Stufenkörper
direkt verbunden sind oder nicht.

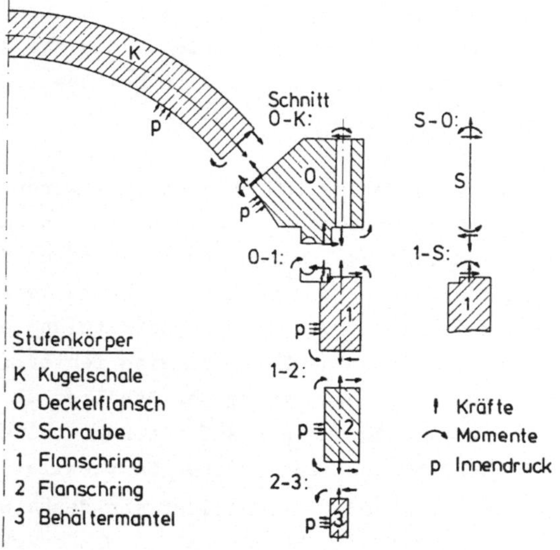

Bild 18.4. Stufenkörper eines Druckbehälters

In den Bildern 18.5 und 18.6 sind als Ergebnis der Spannungsberechnun-
gen nach der Stufenkörpermethode die Spannungsverteilungen an der Be-
hälterinnenwand, hervorgerufen durch einen Innendruck von 100 bar mit
Schraubenvorspannung, (Bild 18.5) und durch Temperaturgradienten sowohl im stationären Betriebszustand als auch beim An- und Abfahren
des Kraftwerks (Bild 18.6) dargestellt. Beim Abkühlen ist die Belastung des Behälters am größten, denn hier addieren sich die Wärmespannungen zu den primären Spannungen, während beim Erwärmen des Behälters
aufgrund des geänderten Vorzeichens die Gesamtspannungen verringert
werden. Um die Belastung des Reaktordruckbehälters zu begrenzen, wird
deshalb auch die Abkühlgeschwindigkeit niedriger gewählt als die Auf-
heizgeschwindigkeit.

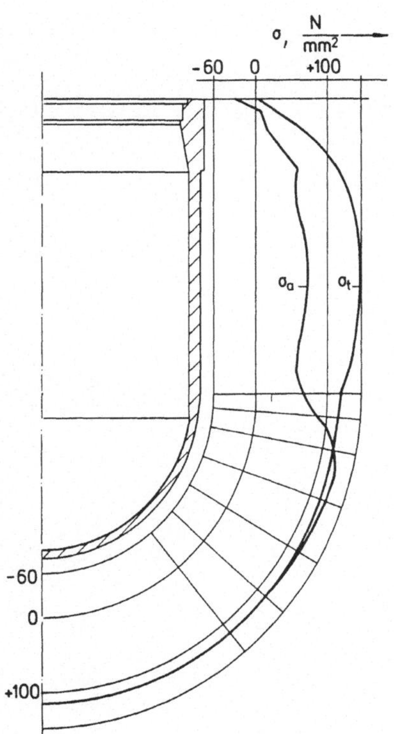

Bild 18.5. Spannungsverteilung in tangentialer und axialer Richtung
an der Druckgefäßinnenseite (ρ = 0,15)

Bei komplizierteren geometrischen und belastungsmäßigen Bedingungen,
wie z.B. beim Hauptkühlmittelstutzen, versagt die Stufenkörpermethode.
Hier werden die Spannungen meist mit Hilfe der Finite-Element-Methode
bestimmt. Wie genau eine solche Berechnung sein kann, zeigt in Bild
18.7 der Vergleich mit experimentellen Methoden.

Die errechneten Spannungen werden unterschiedlich beurteilt, je nachdem ob es sich um Primär-, Sekundär- oder Spannungsspitzen handelt
und durch welchen Belastungszustand sie hervorgerufen werden. Sie müssen innerhalb vorgegebener Grenzwerte bleiben [47]. Bei wechselnden
Beanspruchungen wird eine Ermüdungsanalyse durchgeführt.

Die Vorschriften zur Prüfung und Dokumentation des Herstellungsver-
fahrens sind sehr umfangreich und gründlich, nicht zuletzt, um den

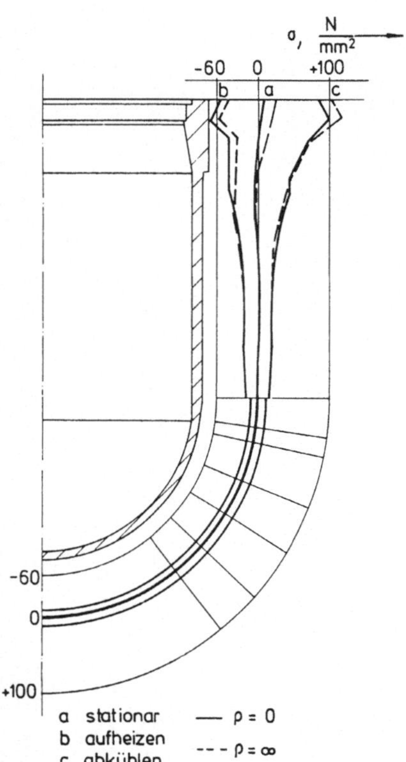

Bild 18.6. Wärmespannungsverteilung in tangentialer Richtung an der Druckgefäßinnenseite

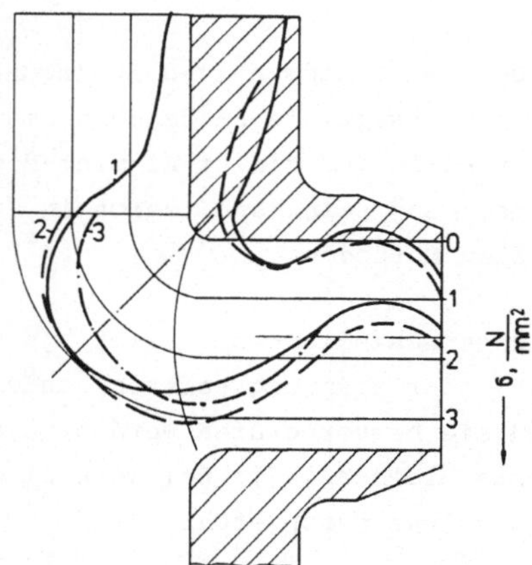

Bild 18.7. Spannungsverlauf an der Stutzeninnen- und -außenseite

Nachweis der Sprödbruchsicherheit auch "gerichtsfest" zu machen. Nach
Meinung vieler Fachleute schießen sie in manchen Punkten über das
Ziel hinaus, was man zumindest beim Vergleich mit der Praxis in anderen Ländern bestätigt findet. Obwohl dort mehr als zehnmal so viele
Reaktordruckbehälter gebaut werden als bei uns, sind bisher auch bei
weniger Prüfungs- und Dokumentationsaufwand noch keine Andeutungen
einer Sprödbruchgefahr bekannt geworden. Aus der Forderung eines ausreichenden Temperaturabstands von der Sprödbruchübergangstemperatur
ergibt sich eine Vorschrift für den zulässigen Druck bzw. den sich
daraus ergebenden maximalen Spannungen bei der jeweiligen Betriebstemperatur, die in Bild 18.8 [47] dargestellt ist.

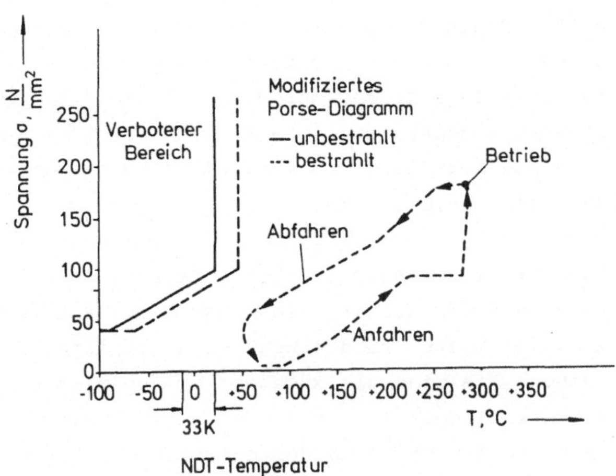

Bild 18.8. Sprödbruchdiagramm des Reaktordruckbehälters

18.9 Druckwasserreaktoren anderer Bauart

Der Druckwasserreaktor nach Westinghouse-Bauart [49] unterscheidet
sich nur in zwei wesentlichen Merkmalen von dem bisher beschriebenen
der Kraftwerk Union. Während der Druckbehälter beim KWU-Typ im Reak-
torunterteil keine Durchführungen oder Rohranschlüsse hat, werden
beim Westinghouse-Typ die Meßsonden durch dünne Führungsrohre von unten eingeschoben. Es handelt sich dabei um etwa 60 Rohre mit ca. 10 mm
Durchmesser, die durch den unteren Kugelboden des Druckbehälters sto-

ßen und außerhalb mit schwacher Krümmung umgelenkt und in eine be-
nachbarte Meßkammer geführt werden. Die Meßsonden werden mit Hilfe be-
weglicher Stahlkabel eingeschoben und teilweise während des Betriebs
zurückgezogen.

Der zweite Unterschied betrifft die Anschlußstutzen für die Hauptrohr-
leitungen. Während bei KWU die Stutzen aufgesetzt werden, da der obere Flanschring so dickwandig ausgeführt wird, daß er die notwendige
Ausschnittsverstärkung für die Stutzenöffnungen abgeben kann, werden
bei der Westinghouse-Bauweise die Stutzen als verstärkte Schmiede-
stücke durchgesteckt, was eine geringere Wandstärke des Flanschrings
erlaubt. Bei aufgesetztem Stutzen liegen die Schweißnähte in der äußeren Druckbehälteroberfläche, also parallel zur Hauptspannungsrich-
tung, bei durchgesteckten Stutzen verlaufen sie senkrecht durch die
Druckbehälterwand und damit senkrecht zur Zugspannung. In dieser Lage
sind die Schweißnähte allerdings besser für eine Prüfung, insbesondere für eine γ-Durchstrahlung zugänglich. Das Einschweißen ist jedoch
besonders schwierig, da die Abkühlungsspannung nicht durch einen
Schwund der Schweißnaht kompensiert werden kann.

Die Bauweise des Babcock & Wilcox-Reaktors [50] unterscheidet sich
beim Druckbehälter nicht von der nach Westinghouse, wohl aber bei den
inneren Einbauten. Als wichtigste Besonderheit sind die inneren Entlastungsklappen zu nennen. Sie sind als Rückschlagklappen in den oberen Teil des Kernbehälters eingesetzt und können eine Verbindung zwischen dem oberen Plenum und dem Fallraum des eintretenden Kühlmittels
herstellen, wenn sich das Druckgefälle umkehrt. Bei normalem Betrieb
werden sie durch den höheren Druck im Fallraum zugehalten. Im Falle
eines Rohrbruchs im kalten Strang werden sie durch den höheren Druck
im oberen Plenum geöffnet und erlauben ein Abströmen des Dampfes,
ohne das Wasser aus den Kern zu drängen. Ihre Funktion ist, eben dieses sogenannte "steam binding" zu vermeiden, da bei einer Noteinspei-
sung nur durch den kalten Strang unter Umständen das Kernfluten stark
verzögert werden kann.

Die in der UdSSR gebauten Druckwasserreaktoren mit der Bezeichnung
WWER (Wasser-Wasser-Energie-Reaktoren) wurden generell der Einschrän-
kung unterworfen, daß die Druckbehälter auf dem Schienenweg transpor-
tierbar sein sollten [51]. Trotz der größeren Spurweite wird die maximale Größe etwa mit einem äußeren Behälterdurchmesser von 4,80 m

erreicht. Nach einem kleinen Prototyp mit etwa 70 MW elektrischer
Leistung, der auch in Rheinsberg in der DDR als erstes Kernkraftwerk
gebaut wurde, sind vier Leistungsgrößen entwickelt worden mit 210,
365, 440 und 1000 MW elektrischer Nennleistung.

Allen gemeinsam ist die Verwendung von sechseckigen Brennelementen
mit Dreiecksgitterteilung. Der Brennstabdurchmesser wurde schon beim
Übergang auf 365 MW von 10,2 mm auf 9,1 mm herabgesetzt, was mögli-
cherweise bei der strengen Begrenzung des Druckbehälterdurchmessers
notwendig war, um die Leistungsgröße unterzubringen. Während bei den
drei ersten Leistungsgrößen das Reaktorkonzept trotz schrittweiser
Verbesserungen im wesentlichen beibehalten wurde, stellt der 1000-MW-
Typ eine grundlegende Umstellung mit Annäherung an die westliche Technik dar.

Bei den Typen bis zum WWER-400 werden Absorber und mitbewegte Brennelementbündel als Steuerorgane verwendet. Dafür ist sowohl oberhalb
als auch unterhalb des Reaktorkerns eine Ausziehhöhe etwa gleich der
Höhe des Reaktorkerns erforderlich. Die Regelstabantriebe sind mit
Spindel- und Kugelmuttern ausgerüstet. Borsäureregelung wird erst bei
den letzten 440-MW-Typen benutzt. Die beiden kleineren Einheiten haben einen ebenen Druckbehälterdeckel, beim WWER-440 wird der gewölbte
Deckel durch einen Überwurfflanschring niedergehalten. Alle Druckbe-
hältertypen sind mit einem keilförmigen Nickel- oder Kupferring abgedichtet.

Beim WWER-1000 wurden die mitbewegten Brennelementbündel weggelassen
und Fingerregelstäbe mit magnetischen Schritthebern in Verbindung mit
Borsäuretrimmung eingesetzt. Dadurch konnte bei gleicher Druckbehäl-
terhöhe die Kernhöhe beträchtlich vergrößert werden, da der untere
Ausziehraum entfallen konnte. Der Druckbehälter erhielt einen sphäri-
schen Deckel mit einer anderen Dichtung, vermutlich auch O-Ringe. Die
charakteristischen Daten der vier WWER-Typen sind in Tabelle 18.2 aufgeführt.

Tabelle 18.2. Die sowjetischen Druckwasserreaktoren [57,71-73]

Reaktortyp		WWER-210	WWER-365	WWER-440	WWER-1000
thermische Leistung	MW	760	1320	1375	3000
elektrische Leistung	MW	210	365	440	1000
Druck im Primärkreislauf	bar	100	105	125	160
Kühlwassereintrittstemperatur	°C	252	252	269	289
Kühlwasseraustrittstemperatur	°C	271	277	300	311
Zahl der Schleifen im Primärkreislauf		6	8	6	4
Kühlmittelfluß	m^3/h	36500	49500	39000	76000
Druckgefäß, Außendurchmesser max.	mm	4400	4400	4350	4300
Innendurchmesser	mm	3560	3560	3560	4070
Höhe ohne Deckel	mm	11100	12000	11800	10880
Gewicht	t	185,4	209,2	200,8	304
Uraneinsatz	t	38	40	42	66
Anzahl der Brennelemente		312	276	312	151(163)
Anzahl der Brennstäbe je Element		90	126	126	331
Anzahl der Regelelemente		37	73	37	109
mittlerer Abbrand	MWd/kgU	13	27	28	40
mittlere Leistungsdichte	kW/l	46	80	83	111
mittlere Brennstoffanreicherung	%	2,8	3	3.5	4,4
Leistung je Dampferzeuger	t/h	230	325	425	1469
Sattdampfdruck vor der Turbine	bar	29	29	44	60
Turbinenanzahl × Leistung	MW	3 × 70	5 × 73	2 × 220	2 × 500

19 Siedewasserreaktor

Der Kernaufbau des Siedewasserreaktors weist eine Reihe von konstruktiven Unterschieden im Vergleich zum Druckwasserreaktor auf, die sich aus der Zulassung der Verdampfung des Kühlmittels im Kern ergeben. Die Brennelemente unterscheiden sich im wesentlichen durch die Umschließung mit einem kastenförmigen Blechmantel, der für jedes Brennelement einen abgeschlossenen Strömungskanal bildet. Eine Siedewasserkühlung mit Naturumlauf ist ohne Probleme möglich bis zu einer begrenzten Leistung, darüber hinaus ist jedoch eine forcierte Kühlmittelumwälzung erforderlich. Am Anfang der Entwicklung war man nicht sicher, ob damit ein stabiler Siedewasserreaktorbetrieb möglich wäre.

Die Versuche mit den ersten Prototypen haben jedoch gezeigt, daß bis zu einem begrenzten Dampfgehalt stabiler Betrieb gefahren werden kann, wenn der Kühlmitteldurchsatz durch die Kanäle mit geringerer Leistungserzeugung ausreichend gedrosselt wird. Dazu müssen aber getrennte Kühlkanäle vorhanden sein, die durch Umschließung der Brennelemente mit einem kastenförmigen Blechmantel geschaffen werden. Bei gleichem Massendurchsatz pro Element steigt der Druckabfall mit zunehmendem Dampfgehalt erheblich an. Das würde ohne Drosselung dazu führen, daß der Kühlmitteldurchsatz von den Kanälen mit hoher Leistung zu den Kanälen mit geringerer Leistung verdrängt würde. Der verminderte Durchsatz würde in den Hochleistungskanälen wiederum zu einer weiteren Erhöhung des Dampfgehalts und damit einem instabilen Verhalten führen. Durch die Drosselung am Kühlmitteleintritt wird bei ansteigendem Durchsatz ein Teil des Druckgefälles verbraucht, bei abfallendem Durchsatz dagegen für das Brennelement verfügbar gemacht, was eine Stabilisierung bewirkt.

19.1   Verschiedene Reaktorkonzepte

Der Siedewasserreaktor hat im Laufe seiner Entwicklung einige wesentliche Wandlungen erlebt. Die ersten Prototypen hatten noch geschlos-
sene Primärkreisläufe mit Dampferzeugern, wie z.B. Gundremmingen
(KRB I). Sehr bald erkannte man aber, daß der große Rückhaltefaktor
für aktivierte Korrosionsprodukte beim Sieden von etwa 10^{-4} den Betrieb eines direkten Dampfkreislaufs ermöglicht. Die Wasserabscheidung und Dampftrocknung wurde aber noch außerhalb in einer besonderen
Trommel durchgeführt. Nach diesem Konzept ist der erste kommerzielle
Siedewasserreaktor in den USA, Dresden I, gebaut. Schließlich wurden
die Wasserabscheider und Dampftrockner in den Reaktordruckbehälter
hineinverlegt. Das in den Kern zurückgeführte Wasser mußte aber nach
Zumischung des kälteren Speisewassers durch äußere Pumpen umgewälzt
werden, weil ja ein Zwangsumlauf für höhere Leistungsdichten notwendig ist.

Um die außerhalb des Reaktorbehälters umgewälzte Wassermenge wegen
des Sicherheitsrisikos deutlich zu verringern, wurden von General
Electric die internen Strahlpumpen eingeführt. Sie sitzen im Ringraum
zwischen Kernmantel und Druckbehälterwand und werden etwa mit einem
Drittel der Umwälzmenge durch äußere Pumpen gespeist.

Um den äußeren Umwälzkreislauf möglichst ganz zu eliminieren, wurden
von der AEG die internen Axialpumpen entwickelt, deren Laufrad sich
ebenfalls im Ringraum befindet und in das untere Plenum fördert. Die
Pumpenachse steht vertikal und ist durch senkrechte Pumpenstutzen am
Umfang des unteren Bodens zu den außen angeflanschten Antrieben geführt. Der äußere Primärwasserkreislauf konnte so aber auch noch nicht
eliminiert werden, denn die hydrostatischen Lager der Pumpen benötigen einen beachtlichen Durchsatz an Drucklagerwasser, das durch äußere Pumpen auf Druck gebracht wird. Erst durch hydrodynamische Lager,
die keinen äußeren Wasserkreislauf benötigen, wurde das Problem bei
den neuesten Anlagen Krümmel und Gundremmingen (KRB II) befriedigend
gelöst.

Der weiteren Beschreibung legen wir die Anlage Krümmel [52], die erste mit hydrodynamisch gelagerten Axialpumpen, zugrunde.

19.2 Brennelemente

Bei Siedewasserreaktoren kann der Brennstabdurchmesser wegen der geringeren Wärmebelastung etwas größer gewählt werden als bei Druckwasserreaktoren. Die mittlere spezifische Leistungsdichte liegt bei
26 kW/kg U, im Vergleich zu etwa 40 kW/kg U bei Druckwasserreaktoren.
Üblicherweise ist der Durchmesser der Brennstoffpellets 12,4 mm und
der Außendurchmesser der Hüllrohre 14,3 mm, die Wandstärke 0,81 mm
[52]. Bei den neuesten Anlagen mit großer Leistung wurde der Durchmesser allerdings reduziert auf 10,4 mm, und ist damit übereinstimmend
mit Druckwasserreaktoren.

Das Stabbündel in einem Brennelement (Bild 19.1) wird am unteren Ende
durch einen Fuß, am oberen Ende durch ein Kopfstück zusammengehalten.
In diesem sind die Endstopfenzapfen der Brennstäbe axial gleitend geführt. Acht der Brennstäbe dienen als Tragstäbe. Diese sind mit den
unteren Endstopfen in die Fußstücke eingeschraubt und am oberen Endstopfen mit Gewinde versehen, so daß das Kopfstück daran angeschraubt
werden kann. Individuelle axiale thermische Dehnung der Brennstäbe
wird durch Federn zwischen den Endstopfen und der oberen Gitterplatte
gewährleistet, ohne daß eine axiale Verschiebung der Brennstäbe infolge von Strömungskräften auftreten kann. Zur Befestigung der Abstandshalter ist der mittlere Brennstab segmentiert. In die Vertie-
fungen der massiven Zwischenstücke dieses segmentierten Stabs greifen
entsprechende Verriegelungsnocken der Abstandshalter ein. Das Brenn-
stabbündel jedes Brennelements ist von einem abziehbaren Kasten umgeben, der den Strömungskanal für das Kühlmittel bildet und die Abstandshalter seitlich stützt. Folgende Werkstoffe werden beim Brennelement
für Siedewasserreaktoren verwendet:

Brennstoff:	UO_2, gesintert in Tablettenform,
Hüllrohre:	Zircaloy-2,
Endstopfen:	Zirkaloy-2,
Brennelementkasten:	Zircaloy-4,
Abstandshalter:	Zircaloy-2,
Federn:	Inconel X 750,
Fuß- und Kopfstücke:	Feingußteile aus Edelstahl (X10CrNiNb 18/9).

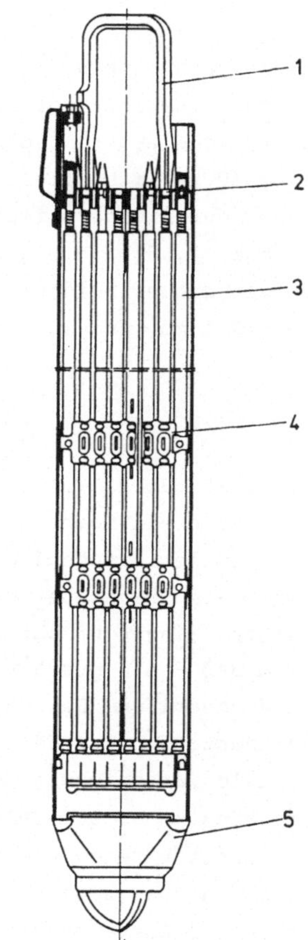

Bild 19.1. Brennelement eines KWU-Siedewasserreaktors

Je 8 × 8 bzw. 7 × 7, bei kleineren Reaktoren auch 6 × 6 Brennstäbe sind
zu einem Brennelement zusammengefaßt. Bei den neuesten Anlagen sind
sogar Brennelemente mit 9 × 9 Stäben vorgesehen [53]. Vier Brennelemente, die sich um einen kreuzförmigen Regelstab gruppieren, gehören
zu einer Einheit. Wegen der Flußdichteüberhöhung im Wasserspalt zwischen den Elementen, insbesondere im Führungsschlitz des Absorberstabs,
wird für einige Randstäbe jedes Elements eine niedrigere Anreicherung
gewählt. Die Staffelung der Anreicherung ist in Bild 19.2 angegeben.
Um die zu große Reaktivität des Erstkerns zu kompensieren, wird dem
Brennstoff für die Erstbeladung "abbrennbares Gift" zugemischt in

Form von stark absorbierenden Isotopen, meist Gadoliniumoxid (Gd_2O_3),
das in wenigen Monaten durch Neutroneneinfang völlig umgewandelt wird.

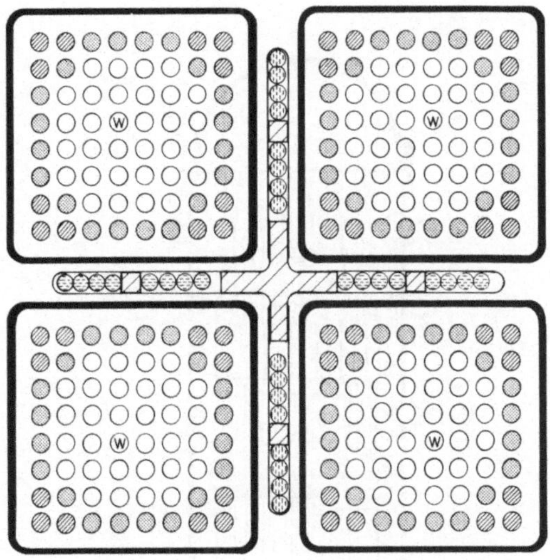

Bild 19.2. Kernzelle des Siedewasserreaktors

19.3 Reaktorkernaufbau

Der Reaktorkern des Siedewasserreaktors besteht im wesentlichen aus
den Brennelementen und den Steuerstäben. Weitere Kernbauteile sind
Neutronenquelle, Neutronenflußmeßsonden sowie beim Erstkern älterer
Reaktoren Vergiftungsbleche. Der Reaktorkern ist aus Kernzellen aufgebaut. Jede Kernzelle besteht, wie in Bild 19.2 zu sehen ist, aus
einem kreuzförmigen Steuerstab und vier quadratischen Brennelementen.
Die Anzahl der Kernzellen wird durch die Reaktorgröße bestimmt. Die

Steuerstäbe sind in einem quadratischen Gitter mit einem Abstand von
305 mm angeordnet. Jede Kernzelle setzt sich in den Einbauten (Bild
19.3) unterhalb des Reaktorkerns als tragende Einheit fort.

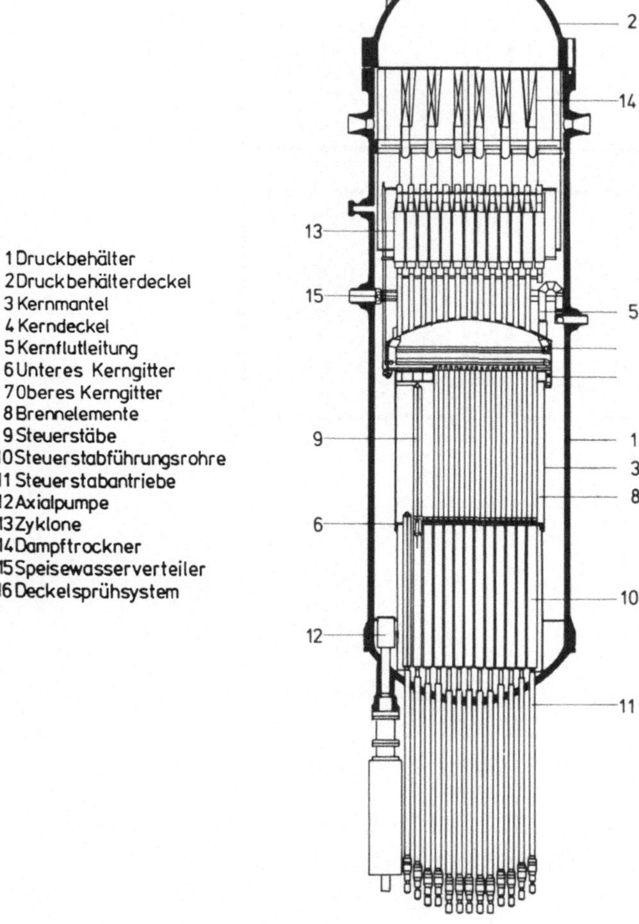

Bild 19.3. Querschnitt des Reaktordruckbehälters eines KWU-Siedewas-
          serreaktors

Das Gehäuserohr des Steuerstabantriebs, das mit dem unteren Boden des
Druckbehälters verschweißt ist, trägt die Kernzelle. Auf das Gehäuse-

rohr ist das Steuerstabführungsrohr aufgesetzt und mittels eines Ba-
jonettrings verriegelt. Dieses nimmt den kreuzförmigen Steuerstab in
seiner ganzen Länge auf, wenn er aus dem Reaktorkern nach unten ausgefahren ist.

Das Kopfstück des Steuerstabführungsrohrs hat vier Auflagersitze mit
seitlichen Einströmöffnungen für die vier zugehörigen Brennelemente,
deren Gewicht unmittelbar über das Führungsrohr auf den Boden des
Druckbehälters abgetragen wird. Die mit dem Kernmantel verschweißte
Gitterplatte in Höhe des Brennelementfußes übernimmt also nicht das
Kerngewicht, sondern dient nur zur seitlichen Führung der Brennelemente.

Beim Aufsetzen des Brennelements auf das Kopfstück des Führungsrohrs
wird durch einen konischen Sitz eine dichte Verbindung zwischen dem
Brennelement und dem Einströmkanal im Kopfstück des Steuerstabfüh-
rungsrohrs hergestellt. In diesem Einströmkanal befindet sich für je-
des Brennelement eine Drosselblende, um die gewünschte Aufteilung des
Kühlmittelstroms auf die einzelnen Brennelemente zu erzielen. Der
Durchsatz durch die verschiedenen Brennelemente wird durch diese
Drosselung möglichst der radialen Leistungsdichteverteilung angepaßt.

Das vom Kernmantel getragene obere Kerngitter besteht aus vertikalen
Stegen, die für jede Kernzelle eine Masche bilden. Die vier auf das
Steuerstabführungsrohr aufgesetzten Brennelemente einer Kernzelle
sind an ihrem Kopfende durch das obere Kerngitter über seitlich angebrachte Federn geführt. Die einander zugewandten Kastenwände der
Brennelemente bilden den kreuzförmigen Führungskanal für den kreuzförmigen Steuerstab, dessen Weite durch Distanzstücke am Kopfende der
Brennelemente offen gehalten wird. Für die Niederhaltung der Brennelemente genügt das eigene Gewicht. Eine Verriegelung ist nicht erforderlich.

Zwischen den einzelnen Kernzellen wurden beim Erstkern älterer Reaktoren Absorberbleche angebracht, die "abbrennbare Gifte" enthielten.
Darunter versteht man absorbierende Stoffe, die während der Einsatzzeit eines Kerns durch Neutroneneinfang völlig umgewandelt werden und
so ihre reaktivitätsvergiftende Wirkung verlieren. Heute werden diese
Gifte, wie schon erwähnt, unmittelbar dem Brennstoff zugemischt.

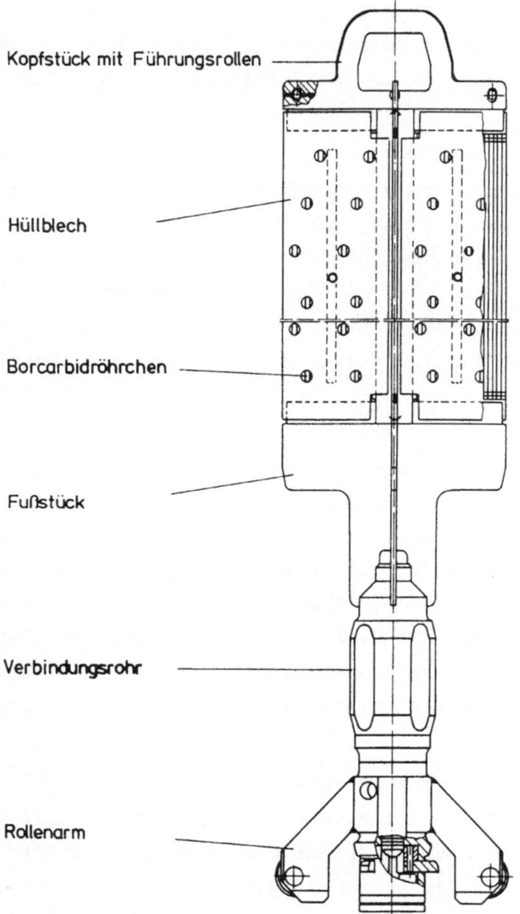

Bild 19.4. Absorberstab des Siedewasserreaktors

Der in Bild 19.4 gezeigte kreuzförmige Absorberstab besteht aus Edelstahlröhrchen, die mit dem Neutronenabsorber gefüllt sind, und den
Strukturteilen zur Halterung dieser Röhrchen. Das tragende Teil bildet
der Steuerstabrahmen. Dieser besteht aus einem kreuzförmigen Kopf-
und Fußstück mit der Blattweite des Steuerstabs, die durch den kreuz-
förmig profilierten zentralen Verbindungsstab zusammengehalten werden. An das Fußstück schließt sich unten ein Verbindungsrohr mit den
vier Rollenarmen und der Bajonettkupplung an. Ein kugeliger Dichtsitz

unterhalb der Rollenarme verschließt die Bohrung des Steuerstaban-
triebsgehäuses bei Demontage des Antriebs bzw. bei einem Bruch des
äußeren Druckrohrs des Antriebs.

Als Neutronenabsorber findet Borcarbid (B_4C) Verwendung, das in die
Edelstahlröhrchen einvibriert wird. Die Borcarbidröhrchen werden unter Heliumdruck an beiden Enden mit Endstopfen dichtgeschweißt. In jedem Röhrchen sind in Abständen von 400 mm Stahlkugeln eingefüllt, auf
die das Hüllrohr aufgepreßt wird, um die Verschiebung der Borcarbid-
säule zu verhindern. Das B_4C hat eine Dichte von 1,76 g/cm^3, was etwa
70% der theoretischen Dichte entspricht. Das freie Volumen ist notwendig zur Aufnahme des entstehenden Heliums, das einen Druck bis zu
800 bar aufbauen kann.

Die Borcarbidröhrchen werden in den Steuerstabrahmen zwischen Fuß-
und Kopfstück lose eingelegt. U-förmige Hüllbleche werden über jedes
der vier Blätter gestülpt und an dem Rahmen durch Punktschweißung befestigt. Die Hüllbleche sind mit Löchern versehen, um die Kühlung der
Borcarbidröhrchen zu ermöglichen. Am Kopfstück des Steuerstabs ist in
jedem Blatt eine Führungsrolle eingebaut, mit der das Oberteil des
Steuerstabs an der Außenwand der Brennelementkästen geführt wird.

Zum sicheren Anfahren des Reaktors muß dessen Unterkritikalität bekannt sein, um zu verhindern, daß durch zu schnelles Ziehen von Steuerstäben der Reaktor unbeabsichtigt prompt-kritisch gemacht wird.
Wenn der unterkritische Reaktor nicht genügend Neutronen erzeugt, werden Neutronenquellen verwendet. Diese werden an Kreuzpunkten zwischen
je vier Brennelementzellen angeordnet. Jede Neutronenquelle besteht
aus einem aktivierten Antimonstab, der in einen Berylliummantel eingesetzt ist. Die vom Antimonisotop Sb-124 ausgesandten γ-Strahlen bewirken durch eine (γ,n)-Reaktion in Beryllium die Aussendung von Neutronen. Der Durchmesser des Antimonstabs beträgt 8,3 mm, der Außendurchmesser des Berylliummantels 17,8 mm. Die aktive Länge der Neutronenquelle ist 975 mm. Sowohl der Antimonstab als auch das Beryllium-
rohr sind mit Edelstahl ummantelt. Die Aktivierung des Antimons durch
Neutroneneinfang wird während des Reaktorbetriebs ständig erneuert.
Die Halbwertzeit von Sb-124 beträgt 60 Tage. Eine Fremdaktivierung
ist nur vor dem ersten Anfahren nötig, sonst ist auch nach längeren
Stillstandzeiten des Reaktors noch eine genügend große Neutronenausbeute vorhanden.

Zur Messung der Neutronenflußdichte kommt auf jede vierte Kernzelle
eine Meßlanze mit vier über die Kernhöhe verteilten Meßsonden. Die
Positionen werden so gewählt, daß bei Übereinanderlegung der vier
Quadranten jede Kernzelle mindestens einmal erfaßt wird. Bei einem
1250-MW$_e$-Reaktor sind vier Meßzellen für den Anfahr-, acht für den
Übergangs- und vierundzwanzig mal vier für den Leistungsbetrieb vorgesehen. Die Meßstellen sind an Kreuzpunkten zwischen den Kernzellen
angeordnet. Dort werden Lanzen von 20 mm Durchmesser mit den eingebauten Meßsonden eingesetzt. Die Lanzen werden unterhalb des unteren
Kerngitters in Führungsrohren gehalten und stecken unterhalb des Reaktors in Gehäuserohren, die in den Boden des Druckgefäßes eingeschweißt
sind. Diese Gehäuserohre reichen bis hinab zu den Gehäuseflanschen
der Steuerstabantriebe, wo sie in einem Spezialflansch enden, durch
den die Kabel und das Eichrohr der Meßlanze druckdicht durchgeführt
werden. Die Lanzen können bei geöffnetem und geflutetem Reaktor mit
einem Spezialwerkzeug von oben eingesetzt und ausgebaut werden. Um
die Anzeige der Meßkammern in regelmäßigen Abständen zu überprüfen,
kann eine Eichsonde automatisch von unten in die Meßlanze gefahren
werden.

19.4 Druckbehälter

Beim Siedewasserreaktor enthält der Reaktordruckbehälter über den Reak-
torkerneinbauten noch den Wasserabscheider und den Dampftrockner. Mit
aus diesem Grunde werden die Absorberstäbe von unten in den Reaktorkern
eingefahren. Ein weiterer Grund dafür ist bekanntlich die Neutronen-
flußverzerrung durch den Dampfgehalt. Deshalb ist unter dem Reaktorkern ein Ausziehraum von der Höhe des Reaktorkerns notwendig, um die
Absorberstäbe aufzunehmen. Die Regelstabstutzen mit den Antrieben befinden sich am unteren Kugelboden des Druckbehälters. Das bringt es
mit sich, daß das Druckgefäß eine Gesamthöhe von 22,4 m hat (Bild
19.4).

Da die Leistungsdichte des Kerns geringer ist als beim Druckwasserreaktor, ist ein lichter Durchmesser von 6,81 m erforderlich. Wegen
des geringen Betriebsdrucks von 71 bar (Auslegungsdruck 87,3 bar), ist
das Gewicht des Druckbehälters trotzdem nicht wesentlich schwerer als
das bei Druckwasserreaktoren, rd. 785 t mit Deckel. Wegen seiner Grö-

ße kann man den Druckbehälter nicht mehr im Werk fertig zusammenschweißen, sondern er muß in zwei oder drei Teilen zur Baustelle transportiert werden, wo die letzten Verbindungsschweißnähte auszuführen sind.

19.5 Einbauten

Die Beanspruchung der Druckbehältereinbauten durch stationäre Druck-
und Strömungskräfte ist gering. Für die Dimensionierung müssen vielmehr die Temperaturbeanspruchungen, vor allem im gestörten Betrieb,
zugrunde gelegt werden.

Als Werkstoff für die Druckbehältereinbauten kommen stabilisierte
18/8 Cr-Ni-Stähle zum Einsatz. Mit Ausnahme des Kernmantels sind alle
Einbauten so angeordnet, daß eine schnelle Neutronendosis von 10^{20}
Neutronen/cm^2 nicht überschritten wird.

Der Kernmantel hat neben der Führung des Kühlmittelstroms die Aufgabe, das untere und obere Kerngitter sowie den Dampf-Wasser-Abscheider
zu tragen. Er besteht aus mehreren miteinander verschweißten zylindrischen Schüssen und wird am unteren Ende direkt mit dem Druckbehälter-
boden verschweißt.

Über die sogenannte Rückströmraumabdeckung, eine horizontale Ring-
scheibe, die den Rückströmraum in Saug- und Druckseite unterteilt,
stützt sich der Kernmantel gegen den zylindrischen Teil des Druckbehälters ab. Entsprechende Bohrungen in der Rückströmraumabdeckung nehmen die Zwangsumlaufpumpen auf.

Das untere Kerngitter hat abgesehen von der Unterstützung der Neutronenquellen und der Randbrennelemente keine tragende Funktion, sondern
dient vor allem zur seitlichen Führung der Steuerstabführungsrohre und
der Kernflußmeßlanzen. Die Gitterplatte mit den Bohrungen für die Aufnahme der zu führenden Rohre wird mit dem unteren Konsolenring des
Kernmantels verschraubt.

Das obere Kerngitter dient zur genauen Führung und Fixierung der
Brennelemente. Das Gitter besteht aus zwei Platten, die mit 230 mm
hohen Stegen verschweißt sind. In den für Neutronenquellen und Meßlan-

zen festgelegten Kreuzungspunkten sind Ausnehmungen für eine federnde
Verriegelung angebracht. Das obere Gitter wird auf den oberen Konsolenring des Kernmantels aufgesetzt und mit diesem verschraubt.

Die Steuerstabführungsrohre tragen am unteren Ende ein Fußstück mit
einem Bajonettverschluß, der das Führungsrohr mit dem Gehäuserohr des
Steuerstabantriebs verbindet. Ein Stift im unteren Kerngitter und eine Nase am Kopfstück des Führungsrohrs sichern dieses gegen Verdre-
hung.

Der Dampf-Wasser-Abscheider besteht aus Zyklonen, die der Kerndeckel
trägt. Der nach oben gewölbte Deckel mit einer zylindrischen Unter-
stützungszarge wird mit dem Kernmantel mittels Hammerkopfschrauben
verbunden. Die auf dem Deckel angeschweißten Standrohre werden in zwei
Ebenen untereinander und mit den umlaufenden Führungsringen verspannt.
Das in den Standrohren aufsteigende Dampf-Wasser-Gemisch wird durch
Drallschaufeln in Rotation versetzt, so daß sich Dampf und Wasser
trennen. Das Wasser fließt außen nach unten ab, während der Dampf
nach oben zum Dampftrockner abströmt.

Der Dampftrockner hat die Aufgabe, die Feuchte des austretenden Naß-
dampfes bis auf maximal 0,1 Gew.-% zu reduzieren. Durch mäanderförmi-
ge Führung des Dampfstroms zwischen Fang- und Prallblechen wird durch
Zentrifugalkraft und Oberflächenhaftung das Wasser abgeschieden. Es
wird in Kästen unterhalb der Trocknersegmente gesammelt und über Fall-
rohre in den Rückströmraum abgeleitet. Der Dampftrockner wird über
drei Federpakete gegen Konsolen abgestützt, die mit dem Druckbehälterdeckel verschweißt sind.

Der Speisewasserverteiler besteht aus einem gleichmäßig mit Düsen be-
setzten Verteilerring mit vier Anschlußrohren. Das Anschlußrohr erfüllt gleichzeitig die Funktion eines Thermoschutzrohrs und stellt sicher, daß das unterkühlte Speisewasser nicht in direkten Kontakt zum
Druckbehälterstutzen kommt.

19.6 Kühlmittelführung

Das von den Pumpen aus dem ringförmigen Fallraum angesaugte Wasser
wird in die Eintrittskammer, die durch den freien Raum zwischen den

Absorberführungen gebildet wird, gepumpt. Von dort aus tritt es durch die mit Drosselblenden versehenen Eintrittsöffnungen am Kopf der Regelstabführungsrohre in die Brennelemente ein und durchströmt den Reaktorkern. Dabei kommt es zum Sieden und tritt als Dampf-Wasser-Gemisch mit maximal 20% Dampfgehalt aus dem Kern aus. In den Dampf-Wasser-Separatoren wird das Wasser größtenteils abgeschieden und gelangt wieder in den ringförmigen Fallraum zwischen Reaktorkern und Druckgefäß. Dort wird es mit dem zugeführten Speisewasser vermischt und kommt etwas unterkühlt zu den Axialpumpen. Der nach oben abströmende Dampf passiert die darüber angeordneten Dampftrockner, wo das restliche Wasser fast vollständig abgeschieden wird. Die Beschränkung der Dampfnässe auf weniger als 0,2% ist nicht nur wichtig für die Vermeidung von Erosion in der Turbine, sondern auch wegen der Reinigung des Dampfes von mitgeführter Radioaktivität, denn nur durch Wassertröpfchen werden gelöste und feste Stoffe in die Dampfphase mitgerissen. Der Frischdampf wird unmittelbar über die Dampfturbinen-Regelventile dem Hochdruckteil der Turbine zugeführt.

19.7 Steuerstabantrieb

Beim Siedewasserreaktor haben die Steuerstäbe die Aufgabe, die Reaktorleistung und die Leistungsverteilung im Reaktorkern über den gesamten Abbrandzyklus einzustellen, den Regelbereich der Durchsatzregelung zu verstellen und den Reaktor bei Störfällen schnell abzuschalten. Der Steuerstabantrieb benötigt zur Erfüllung dieser Aufgaben einen Mechanismus zur relativ langsamen Verstellung der Eintauchtiefe des Steuerstabs, zur zuverlässigen Arretierung und zur schnellen Einwärtsbewegung.

Jeder der 205 Steuerstäbe eines 1300-MW_e-Siedewasserreaktors besitzt einen eigenen Antrieb, dessen Gehäuse am Boden des Reaktordruckbehälters in einem Stutzen eingeschweißt ist.

Mit Hilfe des Steuerstabantriebs kann jeder Steuerstab für sich mechanisch in den Kern ein- oder ausgefahren oder hydraulisch aus jeder Position zur Reaktorschnellabschaltung eingeschossen werden. In Bild 19.5 ist schematisch der Aufbau eines Steuerstabantriebs dargestellt. Die wesentlichen Baugruppen des Antriebs sind das Gehäuserohr, der An-

triebsmotor mit Gewindespindel und Gewindemutter, der Hohlkolben mit
Steuerstabkupplung, die mechanische und hydraulische Ausfahrsicherung
sowie ein Bremsfederpaket.

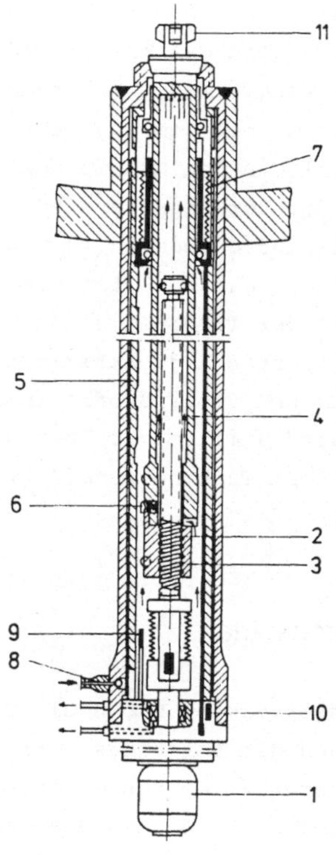

Bild 19.5. Schematische Darstellung des Regelstabantriebs

Das langsame Verfahren des Steuerstabs im Kern wird durch das Auf- und
Abbewegen einer Kugelumlaufmutter hervorgerufen, deren vertikale Be-
wegung durch die elektromotorisch über ein Stellgetriebe angetriebene
Spindel bewirkt wird. Gegen Verdrehen ist die Spindelmutter über eine
Rolle, die in einer Längsnut der Zahnstange läuft, gesichert und über
drei Rollen im Antriebsführungsrohr fixiert. Die Verbindung zwischen
Steuerstab und Gewindemutter wird durch einen Hohlkolben hergestellt,
der über die Spindel gestülpt sich auf der Mutter abstützt, wobei die
Spindel über drei Rollen im Spindelkopf in dazugehörigen Nuten des
Hohlkolbens geführt wird. Am oberen Ende des Hohlkolbens wird über

eine gelenkige Kupplung der Steuerstab angekuppelt. Ebenso wie die
Gewindemutter ist der Hohlkolben gegen Verdrehen durch zwei Rollen,
die in Längsnuten der beiden gegenläufigen Führungsleisten laufen, gesichert. Um ein Zurückfallen des Steuerstabs zu verhindern, ist eine
mechanische Ausfahrsicherung vorgesehen. Diese Ausfahrsicherung besteht aus zwei Zahnklauen im unteren Teil des Hohlkolbens, die in
Rastnuten der Zahnstangen eingreifen. Während des langsamen Verfah-
rens des Hohlkolbens werden die Zahnklauen gegen eine Feder durch eine Anlaufschräge der Mutter im Hohlkolbenbund zurückgehalten. Bei der
Trennung von Hohlkolben und Mutter werden die Zahnklauen freigegeben
und können in die Zahnstangen eingreifen.

Bei einer Reaktorschnellabschaltung wird der Steuerstab mit dem Hohlkolben hydraulisch in den Kern eingeschossen, indem aus Druckbehältern Wasser mit ca. 160 bar durch die Schnellabschaltleitung unter
den Hohlkolben gedrückt wird, so daß dieser sich nach oben bewegt. Am
Ende des Beschleunigungswegs wird der Hohlkolben durch ein Tellerfeder-
paket abgebremst. Die Beendigung der Schnellabschaltung wird durch die
Bewegung der Bremsfedern über einen Magnetschalter gemeldet. Dieser
wird durch einen Dauermagneten, der durch ein Gestänge mit dem Federpaket verbunden ist, dann betätigt, wenn das Federpaket durch Auf-
schlag des Hohlkolbens zusammengedrückt und damit der Dauermagnet auf
die Höhe des Magnetschalters gebracht worden ist. Noch vor Beendigung
des Schnellabschaltvorgangs wird die Gewindeumlaufmutter nachgefahren,
um in der obersten Position die Abstützung des Hohlkolbens zu übernehmen. Bis dahin steht der Druck noch an. Außerdem wird der Stab durch
zwei Zahnklauen, die in die Zahnstange einrasten, gegen Rückfallen gesichert.

Ob der Hohlkolben mit Steuerstab bei Normalbetrieb oder nach der
Schnellabschaltung auf der Gewindemutter aufsitzt, kann mit Hilfe eines Trennschalters am unteren Ende der Gewindespindel kontrolliert
werden. Beim Trennschalter wird das Prinzip der Federwaage ausgenutzt.
Sitzt der Hohlkolben mit Steuerstab auf der Mutter auf, wird eine Feder bis zum Anschlag zusammengedrückt und über die Bewegung ein Magnetschalter mit Riedkontakt betätigt. Bei Gewichtsentlastung, z.B.
durch Verklemmen des Steuerstabs, hebt sich die Spindel um einige Millimeter und der Magnetschalter wird geöffnet, wodurch beim Ausfahren
der Antriebsmotor sofort abgestellt wird.

19.8 Siedewasserreaktor mit Strahlpumpen

Der von General Electric gebaute Siedewasserreaktortyp [54] unterscheidet sich im wesentlichen durch die internen Jetpumpen von der
Bauweise der KWU. Ziel dieser Konstruktion war es, die in einem äußeren Kreislauf umzuwälzende Wassermenge deutlich zu reduzieren. Gleichzeitig mit der Reduktion des Durchsatzes auf etwa 1/3 konnte der Förderdruck erhöht werden, was für die Auslegung der Kreislaufpumpen vorteilhaft ist. Die Jetpumpen sind im Rückströmraum zwischen Kernmantel
und Reaktordruckbehälter angeordnet (Bild 19.6). Sie sind paarweise
je an einer Treibwasserleitung angeschlossen, die unterhalb des Kern-
randes von außen durch die Druckbehälterwand eintritt. Jeweils die
Hälfte der Pumpen wird von einem Treibwasserkreislauf versorgt. Beim
Typ BWR/6 mit 1290 MW$_e$ werden 24 Strahlpumpen benötigt. Die Jetpumpen
sind außerordentlich einfach und robust gebaut. Sie bestehen aus einem Strahlrohr mit Düsen, einem Mischrohr mit einer ringförmigen Eintrittsöffnung für den von oben kommenden Hauptkühlmittelstrom und dem
anschließenden Diffusor. Betrieb und Wirkungsweise der Pumpen werden
im Zusammenhang mit dem Kühlmittelkreislauf beschrieben.

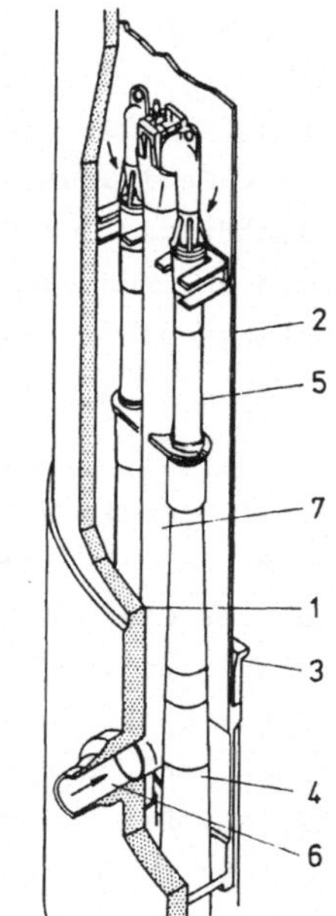

Bild 19.6. Eingebaute Jetpumpe im Reaktordruckbehälter

Für die Sicherheit ist wichtig, daß auch bei einem Bruch der unten angeschlossenen Rohrleitungen der Reaktorkern bis zur Höhe der Ansaugöffnungen der Strahlpumpen, das entspricht mindestens 2/3 der Kernhöhe, geflutet werden kann.

19.9 Siedewasserreaktor als graphitmoderierter Druckröhrenreaktor

Als Siedewasserreaktoren sind auch die in der Sowjetunion gebauten
graphitmoderierten Druckröhrenreaktoren anzusprechen. Der erste Reaktor dieser Art AM-1 mit 5 MW_e ging am 27.6.1954 in Obninsk, südwest-
lich von Moskau in Betrieb. Ihm folgten von 1958 bis 1963 sechs gleich-
artige Reaktoren mit je 100 MW_e im Kernkraftwerk Sibirien in Troitsk
[1]. Die nächste Entwicklungsstufe stellen die beiden Reaktoren AMB-1
und AMB-2 in Belojarsk dar. Der erste hat ebenfalls eine Leistung von
100 MW_e, der zweite bei gleicher Größe der Spaltzone und fast gleicher Anzahl von Arbeitskanälen die doppelte Leistung. Diese Entwicklungslinie mit nuklearer Überhitzung sollte fortgeführt werden mit einem 1000-MW_e-Reaktor. Das Projekt wurde jedoch nicht verwirklicht,
sondern als Grundlage für die Studie eines RBMK-P-2400 verwendet.
Stattdessen wurde eine neue Linie von Druckröhrenreaktoren des Typs
RBMK-1000 (1000 MW_e) ohne Zwischenüberhitzung gebaut, deren erste Anlage 1973 in Leningrad in Betrieb ging [55]. Weitere Anlagen dieser
Art werden in Tschernabyl, Kursk und Smolensk gebaut. Der Typ gehört
mit der Weiterentwicklung RBMK-1500 neben den beiden Druckwassertypen
WWER-440 und WWER-1000 zu den Serienausführungen der UdSSR (Tabelle
19.1).

Das Grundprinzip ist bei allen Ausführungen mit Ausnahme der RBMK-Ty-
pen im wesentlichen gleich. In einem Moderatorblock aus Graphit befinden sich in gleichmäßigen Abständen vertikale Kanäle zur Aufnahme
der Brennelemente sowie der Absorberstäbe und Meßkanäle auf Zwischen-
positionen. Die Brennelemente bestehen in der Spaltzone aus einem in
den Brennelementkanal passenden Graphitzylinder mit Längsbohrungen,
welche die innengekühlten Brennstoffhohlzylinder aufnehmen. Das Kühlwasser wird von oben entweder durch ein zentrales Rohr oder durch einen Teil der Brennstoffkanäle zugeführt und strömt nach einer Umlen-
kung am Fuß der Brennelemente durch die übrigen Brennstoffkanäle wie-

Tabelle 19.1. Kanalreaktoren [1,55-57]

Reaktortyp		AM-1	AMB-1	AMB-2	EPG-6	RBMK-1000	RBMK-1500	RBMK-P-2400
thermische Leistung	MW	30	285	530	62	3200	4800	6500
elektrische Leistung	MW_e	5	100	200	12	1000	1500	2400
Dampferzeugung	t/h				96	5800	8800	9600
Dampfzustand vor der Turbine								
Druck	bar	12,5	90	78	65	65	65	65
Temperatur	°C	270	512	520	280	280	280	450
Kernabmessungen	mm							
Höhe		1700	6000	6000		7000	7000	7000
Durchmesser		1500	7200	7200	4200	11800	11800	7500 × 2700
Verdampferkanäle		128	730	730	273	1693	1661	1920
Überhitzerkanäle		–	268	268	–	–	–	960
Uranbeschickung	t	0,55	90		7,2	192	189	293
Brennstäbe je Kanal		4	6	6		18		
Urananreicherung	% U-235	5	1,8	3	3,3	1,8	1,8	1,8/2,3
mittlerer Abbrand	MWd/kg	4,0	4,0	14,6	20,0	18,1	18,1	19,4
Regelstäbe		20	100	100	60			
Kühlmitteltemp. am Reaktoraustr.	°C		512	520	284	284	284	
Dampfgehalt am Austritt	Gew.-%		15,3	21,7	16,7	15	15	
Reaktorwasserdurchsatz	t/h		2400	3400	540	37500	29000	
max. Graphittemperatur	°C		725	735	700			
Turbinen, Anzahl × Leistung	MW	1 × 6	1 × 100	2 × 100	1 × 12	2 × 500	2 × 750	2 × 1200
Inbetriebnahme des ersten Blocks		1954	1964	1967	1973	1973	im Bau	Projekt

der nach oben, wobei es zum Sieden kommt. Bei den Typen mit Überhitzung durchströmt der Naßdampf nach der Wasserabscheidung in einer äußeren Trommel die nach gleichem Prinzip gebauten Überhitzerelemente. Der Druck, in der Regel unter 70 bar, bleibt auf die dünnen Kühlrohre (etwa 10 mm Durchmesser und 0,6 mm Wandstärke) beschränkt.

Die einzelnen Entwicklungsstufen sind durch folgende Merkmale gekennzeichnet: Beim AM-1 wird der Moderatorblock aus sechseckigen Säulen gebildet, die je ein Brennelement bzw. ein Absorberelement enthalten. Vier Regelstäbe befinden sich zusätzlich im äußeren Reflektor. Das Kühlmittel wird in jedem Element durch ein zentrales Rohr nach unten und durch vier Brennstoffsäulen nach oben geleitet. Der Brennstoff ist eine Uran-Molybdän-Legierung, auf 5 bis 6% angereichert. Die Druckrohre sind aus einem nichtrostenden Chrom-Nickel-Stahl gefertigt. Das auf 300°C erhitzte Wasser gibt die Wärme über einen Dampferzeuger an den Turbinenkreislauf ab.

Beim AMB-1 und -2 hat jedes Brennelement sechs Brennstoffsäulen. Die Brennelementkanäle sind in einem quadratischen Gitter mit 20 cm Gitterschritt angeordnet. Der Kern enthält 730 Verdampfer und 268 Überhitzerkanäle. Sechs bzw. vier Regelstäbe befinden sich auf Gitterpositionen, Trimm- und Abschaltstäbe sowie Meßkanäle werden auf Zwischengitterplätzen angeordnet. Der erste Block besitzt noch einen Dampferzeuger, während der zweite Block in direktem Kreislauf betrieben wird. Der Brennstoff besteht aus einer Uranlegierung mit 9% Molybdän in Form von Körnern, deren Zwischenräume zur Verbesserung des Wärmeübergangs mit Magnesium gefüllt sind.

Beim RBMK-1000 wird auf die Überhitzung verzichtet, weil sie offenbar nicht wirtschaftlich ist. Die gleiche Erfahrung wurde ja auch beim sog. Heißdampfreaktor, dem Prototyp eines Siedewasserreaktors mit Überhitzung in der Bundesrepublik Deutschland gemacht. Daher wurde diese Entwicklungslinie aufgegeben. Beim RBMK werden Brennelemente mit Brennstäben verwendet, die von außen gekühlt werden und sich in Druckröhren befinden. Der im Reaktor erzeugte Dampf wird in zwei Trommelseparatoren abgetrennt und als Naßdampf mit 65 bar zu den Turbinen geleitet. Das abgeschiedene Wasser wird nach Zumischung des Speisewassers von vier Umwälzpumpen zum Reaktor zurückgefördert.

Die Spaltzone des Reaktors hat einen Durchmesser von 11,8 m und eine
Höhe von 7 m. Der Moderatorblock aus Graphitsäulen ruht auf einem geschweißten Stahlbaurahmen. Er ist von einer Stahlblechhülle umgeben,
die ein Helium-Stickstoff-Gemisch als Schutzgas enthält. Die Hülle
wird von einer quaderförmigen Betonabschirmung umschlossen, deren Au-
ßenmaße $21,6 \times 21,6 \times 25,5$ m^3 sind.

Der RBMK-1500 unterscheidet sich nur unwesentlich vom RBMK-1000. Die
höhere Leistung soll durch eine Verbesserung des Wärmeübergangs durch
Drallgitter in den Brennelementen und durch eine Erhöhung des Dampfgehalts im Kühlkanal erreicht werden. In Tabelle 19.1 sind die wichtigsten Daten der verschiedenen Typen zusammengefaßt.

20 Schwerwasserreaktoren

Schwerwasser ist der beste für Leistungsreaktoren verfügbare Moderator. Er macht es möglich, Natururan als Brennstoff einzusetzen und erlaubt damit einen höheren Abbrand als ein Graphitmoderator. Voraussetzung dafür ist allerdings, daß ein relativ großes Moderator-Uran-Volumen-Verhältnis gewählt wird.

Es wäre unzweckmäßig, den Moderator unmittelbar wie bei Leichtwasserreaktoren auch als Kühlmittel zu verwenden. Vielmehr muß man das Kühlmittel durch Kühlkanäle von dem übrigen Moderatorvolumen trennen, um eine ausreichende Kühlmittelgeschwindigkeit an den Brennstäben zu erreichen. Dadurch kann der Moderator auch auf tieferer Temperatur gehalten werden, was zu einer besseren Wirksamkeit beiträgt. Das gilt sowohl für den Druckkessel- wie für den Druckröhrentyp. Beim Druckkesseltyp, der im Konzept große Ähnlichkeit mit einem Druckwasserreaktor hat, befinden sich Kühlmittel und Moderator auf gleichem Systemdruck und der gesamte Reaktor wird von einem Druckbehälter umschlossen. Beim Druckröhrentyp stehen nur die Druckrohre der Kühlkanäle, die den drucklosen Moderator durchsetzen, unter Druck. Der drucklose Moderatorbehälter hat zur Aufnahme der Kühlkanäle sogenannte Calandriarohre, die entweder vertikal oder horizontal angeordnet sein können.

Wenn man schon das Kühlmittel und den Moderator voneinander trennen muß, dann müssen sie auch nicht identisch sein und man hat die Wahl, auch andere Kühlmittel einzusetzen, die wesentlich billiger sind als D_2O. Typen mit CO_2, leichtem Wasser und Wasserdampf als Kühlmittel sind entwickelt worden. Bisher haben sich aber nur die schwerwassergekühlten durchgesetzt, und zwar in Form eines von Siemens entwickelten Druckkesselreaktors, der als MZFR mit 57 MW_e in Karlsruhe in Be-

trieb ist. Eine 367-MW_e-Anlage nach dem gleichen Konzept wurde von der
KWU in Argentinien errichtet und eine weitere mit einer Leistung von
745 MW_e ist dort im Bau. Die Druckröhrenversion ist bekannt als CANDU-
Reaktor und wird ausschließlich von den Kanadiern gebaut.

Der englische siedewassergekühlte SGHWR (Steam Generating Heavy Water
Reactor) ist als Prototyp mit 100 MW_e seit 1968 in Betrieb. Eine zeit-
lang bestanden in Großbritannien ernsthafte Absichten, diesen Typ als
Nachfolgelinie für die Gasgraphitreaktoren zu wählen. Inzwischen hat
man sich jedoch auf den Druckwasserreaktor geeinigt.

Ein CO_2-gekühlter Druckröhrenreaktor mit 100 MW_e wurde in der Bundesrepublik in Niederaichbach gebaut, aber schon bald nach der Inbetriebnahme stillgelegt. Ein ähnlicher Typ, nur mit horizontalen Kühlkanälen, wurde in Brennilis in der Bretagne von den Franzosen gebaut.

20.1 Der schwerwassermoderierte und -gekühlte Druckkesselreaktor

Wie bei allen Schwerwasserreaktoren erfordert die runde Form der
Brennelementkühlkanäle, die durch die Trennrohre bzw. Druckrohre gebildet werden, zylindrische Brennelemente. Im übrigen sind diese Elemente aber ebenso aus zylindrischen Stäben aufgebaut wie die der
Leichtwasserreaktoren. Ein Brennelementbündel besteht je nach Kühlka-
naldurchmesser aus 19, 37 oder 61 Stäben. Da die aktive Kanallänge 6 m
und mehr beträgt, befinden sich in der Regel mehrere Brennelemente hintereinander in einem Kanal. Sie können miteinander verkoppelt sein oder
aneinander stoßen. Die Endstücke, die für die einseitige oder beidsei-
tige Beladung unterschiedlich auszuführen sind, werden dem jeweiligen
Beladungskonzept angepaßt. Bei relativ kurzen Elementen können die
Brennstäbe mit Kopf- und Fußteil fest verbunden werden, weil sie nur
geringe Temperaturdifferenzen erfahren. Die Abstandshalter werden
teils, wie bei Leichtwasserelementen, aus Blechstreifen gebogen und
zusammengelötet, teils auch durch Elektroerosion oder elektrochemisches
Senken aus dem Vollen hergestellt. Bei kanadischen Reaktoren werden
auch um die Brennstäbe gewendelte Drähte als Abstandshalter verwendet.
Als Werkstoff dient durchweg Zircaloy. Die beiden schwerwassermoderier-
ten Druckkesselreaktoren in Atucha (Argentinien) entsprechen im Grund-

konzept dem in Karlsruhe errichteten MZFR (Mehrzweckforschungsreaktor) mit 57 MW$_e$, der im folgenden beschrieben wird [58].

In einem Druckbehälter ist ein zylinderischer, oben und unten mit einem Kümpelboden verschlossener Moderatorbehälter an einem oberen Flanschring aufgehängt. Der Flanschring wird vom aufgesetzten Druckbehälterdeckel niedergehalten. Die beiden Kümpelböden sind in regelmäßigem Gitterabstand mit Bohrungen von etwa 100 mm lichter Weite versehen, durch die sogenannte Trennrohre von oben eingeführt werden. Die Trennrohre sind in einem Dreiecksgitter angeordnet mit einem Abstand von 22 cm. Sie durchziehen den Moderatorbehälter in seiner ganzen Höhe von etwa 4,80 m und setzen sich nach oben fort bis zu den Flanschen der Druckbehälterstutzen des Deckels. In der Durchdringung des oberen Bodens haben sie einen Paßsitz, der das Moderatorvolumen möglichst dicht gegen das Austrittsplenum des Kühlmittels abschließt. Daran schließen sich nach oben Längsschlitze zum Austritt des Kühlmittels an. Durch einen Druckverschluß im Deckelstutzen werden die Trennrohre nach außen hin abgeschlossen. Am unteren Ende besitzen die Trennrohre einen Fuß mit einem Paßsitz, in dem sich die Einströmdrosseln befinden. Die Trennrohre bestehen aus Zircaloy und haben eine Wandstärke von 2 mm. Sie sind außen zur Wärmeisolierung mit zwei dünnen, genoppten Blechfolien umwickelt, zwischen denen sich stagnierende Wasserschichten befinden. Die in jedem Kanal eingesetzte Brennelementsäule besteht aus zwei aneinander gekoppelten Brennelementen von je 2,2 m Länge, die über ein Tragrohr am Druckverschluß des Dekkelstutzens hängen. Die ganze Säule kann während des Betriebs in die auf dem Deckelstutzen aufsetzende Lademaschine gezogen und durch eine neue ersetzt werden. Die Brennelemente bestehen aus 19 Stäben. Kopf- und Fußteil sind so ausgebildet, daß sie durch eine seitliche Verschiebung aneinander gekoppelt werden können. Die Abstandshalter bestehen aus wellenförmig gebogenen Blechstreifen. Die Regelstäbe werden in schräg gestellte Rohre eingefahren, die in den freien Gassen zwischen den Trennrohren angeordnet sind. Durch die Schrägstellung ist es möglich, die Regelstabantriebe am äußeren Rand auf dem Reaktordeckel aufzubauen, um die Lademaschine in ihrem Fahrbereich über dem Reaktorkern nicht zu behindern. Als Absorberstäbe dienen Rohre aus Silber-Indium-Cadmium-Legierung, die von einem magnetischen Schrittheber mit Reibungsschluß bewegt werden.

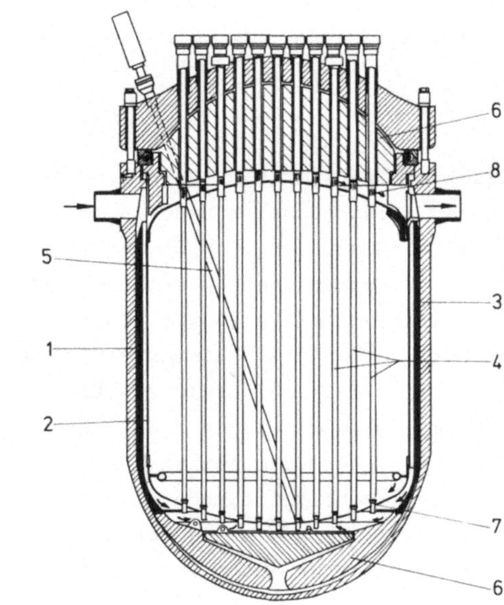

Bild 20.1. Querschnitt des MZFR-Reaktordruckbehälters

Das Reaktordruckgefäß (Bild 20.1) umschließt den in seinen wesentlichen Abmessungen durch die Leistungsgröße vorgegebenen Reaktorkern
mit einer druckfesten und dichten Behälterwand. Zusammen mit den Einbauten stellt der Druckbehälter eine konstruktive Einheit dar, die
die Strukturelemente des Reaktorkerns trägt und insbesondere die senkrechten Kühlkanäle und die schrägen Regelstabführungsrohre in ihrer
vorgeschriebenen Lage hält. Des weiteren muß die Kühlmittelströmung
zweckmäßig geführt und auf die Kühlkanäle verteilt werden. Die geforr-
derte Auswechselung der Brennelemente während des Betriebs beeinflußt
die gesamte Reaktorkonstruktion entscheidend, denn sie bedingt einen
Druckbehälterdeckel mit vielen Stutzen, die jeden Kühlkanal durch einen druckdichten Verschluß von außen zugänglich machen. Schließlich
dient der Reaktorbehälter noch als Festpunkt für die Primärkreisläufe
und muß über die Kühlmittelstutzen sämtliche Schubkräfte und Biegebe-
anspruchungen der Primärkreisrohrleitungen aufnehmen.

Die Druckbehälter für Schwerwasserreaktoren haben bedeutend größere
Dimensionen als die für Leichtwasserreaktoren. Der für Atucha mit
367 MW$_e$ hat z.B. 5,36 m Durchmesser und rd. 12 m Gesamthöhe. Der

745-MW$_e$-Reaktor mißt sogar 7,94 m im Durchmesser und 14,24 m in der
Höhe. Abgesehen davon unterscheiden sich die Probleme des Druckbehälters nicht wesentlich von denen der Leichtwasserreaktoren. Die größeren Abmessungen werden durch einen geringeren Auslegungsdruck im Gewicht kompensiert. Die Rolle des Kernbehälters wird im Schwerwasser-
reaktor vom Moderatorbehälter übernommen.

Die 18 Führungsrohre für die Absorberstäbe durchsetzen den Moderatorbehälter in ähnlicher Weise, wie die Trennrohre, allerdings schräg
mit einem Neigungswinkel von etwa 30°. In Gruppen zu je drei werden
sie durch die in sechs Richtungen vorhandenen freien Gassen zwischen
den Trennrohren geführt.

Eine Besonderheit stellen die Füllkörper aus plattiertem Stahl dar,
mit denen alle für die Strömungsführung nicht notwendigen freien Vo-
lumina ausgefüllt sind, um schweres Wasser zu sparen. Die Herstellung
dieser Füllkörper ist sehr teuer, doch kosten sie nur etwa 40% des ge-
sparten schweren Wassers, dessen Preis etwa 250,-- DM/kg beträgt. Die
Verminderung des Schwerwasserinhalts des Primärsystems reduziert außerdem die Sicherheitsforderungen für das Containment.

Da der Deckel für den Brennelementwechsel nicht abgenommen werden muß,
konnte für die Abdichtung zwischen Deckel und Unterteil eine Schweißlippendichtung verwendet werden, um die hohen Dichtheitsanforderungen
bei schwerem Wasser zu erfüllen. Sie besteht im wesentlichen aus zwei
flachen Schmiederingen, in welche die torusförmige Dichtmembrane der-
art eingebettet ist, daß sie vor Überdehnung geschützt wird. Durch den
Torus sind beide Ringe verschiebbar und druckdicht verbunden. Die beiden Ringe mit dem eingebetteten Torus werden als Einheit in der Werkstatt mit dem Deckel verbunden. Die letzte Dichtschweißnaht, die auf
der Baustelle durchgeführt werden muß, liegt zwischen unterem Dich-
tungsring und Behälterunterteil und wird nicht durch Verschiebung, sondern nur durch Innendruck belastet.

20.2 Schwerwassergekühlte Druckröhrenreaktoren

Dieser Reaktortyp [59] wird ausschließlich in Kanada gebaut. Der Kernaufbau des Druckröhrenreaktors entspricht im Prinzip dem des Druckkes-

selreaktors bis auf die Tatsache, daß die Trennrohre als waagerecht
angeordnete Druckrohre ausgebildet sind und die Funktion des Druckbehälters übernehmen. Ihre Wandstärke ist dementsprechend etwa 6 mm. Sie
bestehen ebenfalls aus Zircaloy. Der Moderatortank, auch Calandria genannt, ist ein in sich geschlossener Behälter aus Aluminium, das verwendet werden kann, weil der Moderator auf einer Temperatur unter
100 °C gehalten wird. Die Brennelemente von etwa 1 m Länge werden beim
Wechsel durchgeschoben. Während die eine Lademaschine ein neues Element einschiebt, nimmt die andere am gegenüberliegenden Ende ein ver-
brauchtes Element auf. Die Brennelemente liegen lose im Kanal, sie
brauchen keine seitliche Fixierung und keine Verkopplung aneinander.
Die Kühlmittelzufuhr erfolgt bei allen Druckröhrenreaktoren auf beiden
Seiten der Druckrohre durch seitliche Rohranschlüsse, die zu rings um
die Stirnfläche angeordneten Sammlern führen.

Die senkrechten Führungsrohre für die Regelstäbe durchdringen den
Reaktorkern im Moderatorbereich zwischen den Druckrohren. Die Druckröhrenreaktoren können zusätzlich mit Moderatorregelung fahren, da der
Moderator ja drucklos ist. Die Schnellabschaltung kann durch Schnell-
ablaß des Moderators bewirkt werden. Dazu hat der Calandriazylinder
unten einen über die ganze Länge offenen Schlitz, der in eine Wanne
mündet, die so ausgebildet ist, daß sie einen Siphon darstellt. Durch
Gasgegendruck kann der statische Druck des Wassers gehalten werden,
so daß es nicht ausläuft. Zur Schnellabschaltung wird der Gasraum des
Auffangtanks mit dem des Moderatortanks verbunden, und der Moderator
strömt in wenigen Sekunden durch den großen Querschnitt in den dar-
unterliegenden Auffangtank.

21 Gasgekühlte Reaktoren

Gasgekühlte Reaktoren verwenden CO_2 oder He als Kühlgas, sie können nicht die hohe Leistungsdichte der flüssiggekühlten Reaktoren erreichen, da sie in der Wärmeabfuhr begrenzt sind. Die niedrige spezifische Wärmekapazität des Gases muß durch einen erhöhten Druck, der bei laufenden Reaktoren zwischen 28 und 43 bar liegt, verbessert werden. Der schlechte Wärmeübergang an der Brennelementoberfläche läßt keine großen Wärmestromdichten zu. Deshalb kommen im allgemeinen dickere Brennstäbe zum Einsatz, und die Oberfläche wird häufig noch durch Finnen, Rippen oder Aufrauhung künstlich vergrößert. Dies ist nicht nötig, wenn der Hüllwerkstoff sehr hohe Temperaturen zuläßt, wie z.B. Graphit.

Graphitmoderierte Reaktoren haben ihre Ausprägung in drei Typen gefunden: dem Magnoxreaktor, dem Advanced Gascooled Reactor (AGR) und dem Hochtemperaturreaktor, von denen nur der letzte in Zukunft eventuell noch gebaut wird.

21.1 Magnoxreaktor

Von den graphitmoderierten Reaktoren ist nur der Magnoxreaktor ein echt heterogener Reaktor, in dem Natururan eingesetzt werden kann. Die einzelnen Brennelementkanäle haben einen Abstand von etwa 20 cm. Dadurch wird das gesamte Volumen des Reaktorkerns außerordentlich groß. Daraus resultiert das Hauptproblem dieses Reaktorkerns, nämlich der stabile Aufbau eines riesigen Graphitblocks.

Er wird aus einzelnen prismatischen Graphitblöcken zusammengesetzt, die jeweils den Querschnitt einer Einheitszelle haben mit dem Kühlka-

nal in der Mitte (Bild 21.1 [60,61]). Die Blöcke sind untereinander
durch Nuten und Keile so verbunden, daß sie sich bei Erwärmung aus-
dehnen können, aber doch ihre Position behalten. Das genaue Fluchten
der einzelnen Kühlkanalsäulen wird durch besondere Passungen an den
aufeinandersitzenden Stirnflächen der Blöcke erreicht. Der ganze Kern
mit einigen hundert Tonnen Gewicht ruht auf einem geschweißten Gitterrost, der die Eintrittsöffnungen für die Kühlkanäle freiläßt. Diese
werden durch senkrechte Bohrungen im Graphit gebildet, welche die
Brennelemente aufnehmen.

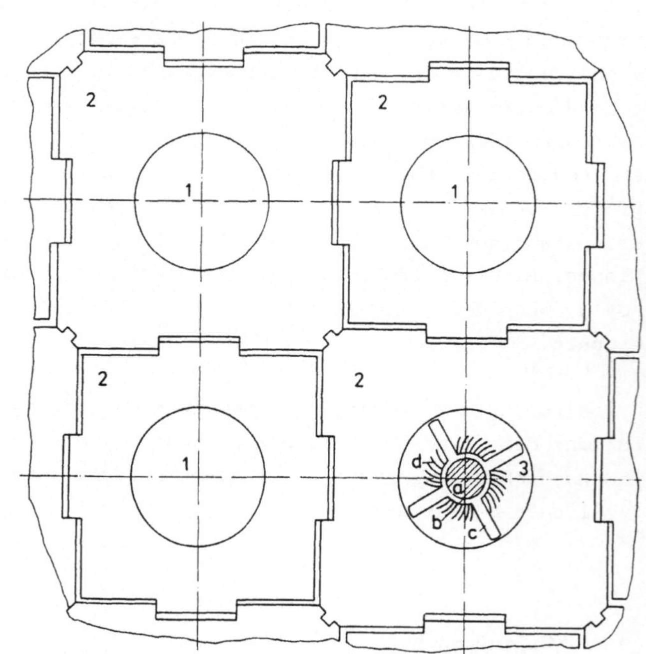

Bild 21.1. Teilausschnitt des Kernquerschnitts eines Magnoxreaktors

Die Brennelemente bestehen aus einem metallischen Natururanstab mit
einem Durchmesser von bis zu 29 mm [39]. Der Hüllrohrwerkstoff ist eine Magnesiumlegierung, genannt Magnox, die dem Reaktortyp den Namen
gegeben hat. Zur Verbesserung des Wärmeübergangs sind im Laufe der
Zeit eine ganze Anzahl verschiedener Formen der Oberflächenberippung
erfunden worden. In einigen Reaktoren wurden auch innen und außen ge-

kühlte, rohrförmige Elemente eingesetzt. Die einzelnen Elemente sind
meist kürzer als 1 m.

Die Brennelemente sitzen ohne Verbindung aufeinander und können während des Betriebs durch die Druckbehälterstutzen von oben mit Hilfe
eines Kabelzugs, an dem unten ein Greifer hängt, ausgewechselt werden. Die Brennelemente sind durch sternförmige Flügel an der Kanalwand
geführt. Zwischen den Brennelementkanälen sind zusätzliche Bohrungen
für das Einfahren der Absorberstäbe vorgesehen.

Der Kühlmitteldruck konnte von anfangs 8 bar auf etwa 28 bar gesteigert werden (Tabelle 21.1). Bei der verhältnismäßig großen Dimensionen des Reaktorkerns stellte die Herstellung eines Druckbehälters für
diesen Betriebsdruck ein besonderes Problem dar. Die ersten Einheiten
wurden sowohl in England wie in Frankreich noch mit kugelförmigen
Druckbehältern aus Stahl gebaut, die auf der Baustelle zusammenge-
schweißt werden mußten, was mit vielen Schwierigkeiten verbunden war.
Als erste haben die Franzosen damit begonnen, dafür Spannbetonbehälter zu entwickeln, bei denen der Beton die Funktion der tragenden
Druckbehälterwand und der Neutronen- und γ-Abschirmung gleichzeitig
erfüllt. Diese haben sich dann auch in England durchgesetzt und werden
heute für alle gasgekühlten Reaktoren verwendet. Für die Form, Bauweise und Spannmethode sind verschiedene Varianten entwickelt worden. Sie
stimmen alle darin überein, daß sie keinen abnehmbaren Deckel haben,
sondern individuelle Zugangsstutzen zu den einzelnen Brennelementkanälen. Ein begrenzter Zugang ist jedoch möglich durch die großen Querschnitte der Hauptkühlgasleitungen, soweit diese ausreichend gegen die
direkte Strahlung des Kerns abgeschirmt sind. Die radioaktiven Abla-
gerungen im Betrieb sind in der Regel nicht gravierend.

Der vorgespannte Beton muß auf einer Temperatur unter 80 °C gehalten
werden, was durch eine Innenisolierung, verbunden mit einer hinter
der Innenauskleidung aus Stahl liegenden Wasserkühlung erreicht wird.
Als Wärmeisolierung werden in mehreren Lagen auf definiertem Abstand
gehaltene dünne Blechfolien auf der Innenauskleidung angebracht. Wär-
medämmende Schichten aus keramischen Werkstoffen bzw. porösem Beton
waren vielfach Ziel der Entwicklung, sind aber bisher nicht zum Einsatz gekommen.

Tabelle 21.1. Entwicklung der CO_2-gekühlten, graphitmoderierten Reaktoren in Großbritannien [40,61-63]

Auftrags-erteilung Jahr	Standort	Anzahl Reaktor-blöcke	Thermische Leistung/ Block MW	Elektrische Nettolei-stung MW	Kühlgas-druck bar	Mittlere Kühl-mittelaustritts-temperatur °C	Druckbehälter
	Calder Hall	4	235	4 × 50	8	236	Stahl
	Chapelcross	4	235	4 × 50	8	336	"
1956	Berkeley	2	558	2 × 138	9,3	345	"
1956	Bradwell	2	531	2 × 150	10,1	390	"
1956	Hunterston-A	2	568	2 × 160	11,0	396	"
1957	Hinkley-Point-A	2	971	2 × 266	13,8	387	"
1959	Trawsfynydd	2	860	2 × 250	17,6	392	"
1960	Dungeness-A	2	840	2 × 275	19,6	410	"
1960	Sizewell	2	948	2 × 290	19,3	409,9	"
1962	Oldbury	2	892	2 × 360	25,1	412	Spannbeton
1964	Wylfa	2	1875	2 × 590	27,6	413,7	"
1965	Dungeness-B[a]	2	1405	2 × 625	34,3	675	"
1967	Hinkley-Point-B	2	1504	2 × 625	43	675	"
1967	Hunterston-B	2	1500	2 × 625	43	675	"
1968	Hartlepool[a]	2	1500	2 × 625			"
1970	Heysham-I[a]	2	1500	2 × 625			"
1980	Heysham-II[b]	2		2 × 611			"
1980	Torness Point[b]	2		2 × 611			"

[a] Inbetriebnahme 1983.

[b] Im Bau. (Ab Dugeness-B alles AGR-Kernkraftwerke)

Während bei den ersten Anlagen mit Stahl-Druckbehältern Gebläse- und
Wärmetauscher durch äußere Kreisläufe angeschlossen waren, hat sich
zum Schluß die integrierte Bauweise durchgesetzt, bei der Dampferzeuger, Überhitzer und Gebläse in den Betonbehälter eingebaut werden.
Die Gebläse ragen in der Regel mit ihrem Laufradteil in die Betonabschirmung hinein, während die Antriebe, meist Dampfturbinen, von außen zugänglich sind. Die Dampferzeuger sind bei einigen Ausführungen
um den Reaktorkern herum, bei anderen unterhalb des Reaktorkerns angeordnet. Der weitere Bau von Kernkraftwerken mit Magnoxreaktoren
ist seit einigen Jahren eingestellt. Die 26 in Betrieb befindlichen
Anlagen dieses Typs stellen jedoch heute noch mit etwa 5300 MW_e den
wesentlichen Teil der englischen Kernkraftwerkskapazität dar. Auch in
Frankreich wurden drei große Anlagen dieses Typs gebaut.

21.2 Advanced Gascooled Reactor (AGR)

Als Fortentwicklung der Magnoxreaktoren ist in Großbritannien der
fortgeschrittene, gasgekühlte Reaktor AGR entwickelt worden. Mit dem
Übergang auf UO_2-Pellets in Hüllrohren aus austenitischem Stahl war
es möglich, die Kühlmittelaustrittstemperatur auf 675 °C zu steigern.
Ebenso konnte der Kühlmitteldruck noch einmal auf etwa 43 bar erhöht
werden. Durch diese Veränderungen verbesserte sich der thermische
Wirkungsgrad der Dampfkraftanlage von zuletzt etwa 31% bei den Magnoxreaktoren auf jetzt ungefähr 41%. Aufgrund der Verwendung von Edelstahl als Hüllmaterial mit dem Vorteil höherer zulässiger Kühlgastem-
peraturen ist allerdings die Umstellung des Brennstoffs von metalli-
schem Natururan auf angereichertes UO_2 erforderlich gewesen, wobei
die Anreicherung an U-235 bei den AGR-Reaktoren zwischen 2 und 4%
liegt, da Edelstahl mehr Neutronen absorbiert als die Magnoxlegierung.

Die Brennelemente von etwa 1 m Länge bestehen aus einem Bündel von 36
Brennstäben, die in einem zylindrischen, doppelwandigen Graphitrohr
untergebracht sind. Die zentrale Position des Bündels nimmt ein Rohr
ein, durch das eine Führungsstange geschoben wird, auf der dann acht
bis zehn Brennelemente aufgereiht sind. Im Reaktorkern werden dann
derartige Brennelementeinheiten in die entsprechenden Kanäle der Graphitblöcke eingebracht.

Der Reaktorkern für einen Reaktor mit einer thermischen Leistung von
1643 MW besteht aus 15 übereinandergeschichteten Lagen verschiedener
Graphitblöcke von zusammen 1617 t Gewicht mit einer Gesamthöhe von
12,7 m und einem Durchmesser von 11,2 m [64,65]. Die obersten und un-
tersten zwei Lagen bilden den Decken- bzw. Bodenschild, während die
dritte Lage von oben und unten die Funktionen des Decken- und Bodenreflektors übernehmen.

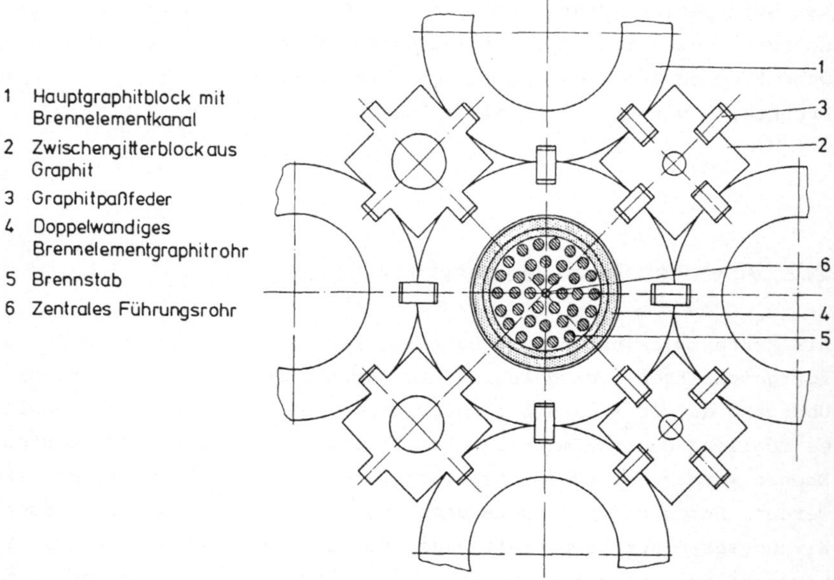

Bild 21.2. Teilausschnitt der Kernstruktur eines AGR-Kraftwerks

Bild 21.2 zeigt einen Teilquerschnitt der Graphitblöcke aus dem Kernbereich. Die großen zylindrischen Blöcke mit 456 mm Durchmesser nehmen in ihrer zentralen Bohrung von 270 mm Durchmesser die Brennelemente auf. Die quadratischen Zwischengitterblöcke besitzen Bohrungen zur
Aufnahme der Absorberstäbe, Meßkammern und Neutronenquellen. Die
Hauptblöcke mit den Brennelementkanälen sind durch Nuten mit Paßfedern
aus Graphit sowohl untereinander als auch über die Zwischengitterblök-
ke miteinander verbunden und werden so in ihrer Lage fixiert. Der
Seitenreflektor von ca. 1 m Dicke wird durch Hauptblöcke ohne Bohrungen gebildet.

7% der Reaktorleistung werden durch Absorption von Neutronen und
γ-Strahlung im Graphitmoderator und den Absorberstäben frei. Deshalb
wird das Kühlgas CO_2 so geführt, daß zunächst 30% im Bypass die Mode-
ratorstruktur kühlt, bevor dieser Teilstrom dem Hauptkühlgasstrom vor
Eintritt in die Brennelemente zugemischt wird. Acht auf dem Umfang
des Reaktors im Spannbetonbehälter verteilte Gebläse saugen das CO_2
aus den zugehörigen Dampferzeugerkammern an (Bild 21.3) und fördern
es in den Druckbehälter, von wo der Moderatorkühlgasstrom zunächst im
Ringraum zwischen Druckbehälterwand und Kernführungszylinder in den
Kaltgasraum oberhalb des Reaktors aufsteigt. Von dort strömt es zum
Teil zwischen den Graphitblöcken, zum Teil durch die Bohrungen der
Zwischengitterblöcke und teilweise im Ringraum zwischen dem äußeren
Graphitrohr der Brennelemente und der Brennelementkanalwand nach unten, um Graphitstruktur, die Regelstäbe und Kerninstrumentierung zu
kühlen. Im Ringspalt des Doppelgraphitmantels der Brennelemente bil-
det sich eine stagnierende Gasschicht zur Isolierung.

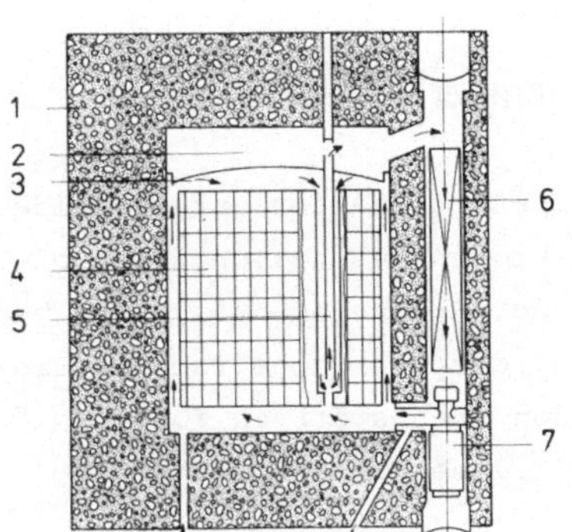

1 Spannbetonbehälter
2 Heißgasraum
3 Kaltgasraum
4 Reaktorkern
5 Brennelementkanal
6 Dampferzeuger
7 Kühlgasgebläse

Bild 21.3. Kühlgasführung im AGR-Druckbehälter

Der Hauptkühlgasstrom wird durch Blenden und Abschirmstopfen den 332
Brennelementsäulen nach Vereinigung mit dem Moderatorkühlgasstrom zugeführt, nimmt die in den Brennstäben erzeugte Wärme auf und tritt
aus den Kühlkanälen seitlich in den Heißgasraum aus, von wo es zu den
acht Dampferzeugern gelangt. Wie auch im Bodenschild befinden sich im
Deckenschild des Reaktors Abschirmstopfen, die das Kühlgas passieren
muß. Diese sind schneckenförmig aufgebaut, so daß das CO_2 zwar durchströmen kann, die Neutronenstrahlung aber abgeschirmt wird. Die Blen-

den am Fuß der Brennelementkanäle sollen den Kühlgasstrom in geeigneter Weise mengenmäßig in Moderator- und Hauptkühlgasstrom aufteilen.
Oberhalb des Abschirmstopfens im Deckenschild sitzt eine verstellbare
Kühlgasdrossel, durch die der Kühlgasstrom in jedem Kanal im Bereich
von 30 bis 100% der jeweiligen radialen Leistungsdichte angepaßt werden kann.

Die AGR-Reaktoren zeichnen sich durch einen kompakteren Reaktorkern
aus. Im Gesamtaufbau ist jedoch der zuletzt erreichte Stand der Magnoxreaktoren beibehalten worden. Er unterscheidet sich nicht wesentlich davon. Die integrierte Bauweise ist in der Art durchgeführt, daß
die Dampferzeuger und Überhitzer in besonderen Kammern in der Spannbetonbehälterwand sitzen. Auf diese Weise sind sie gegen die Reaktor-
strahlung abgeschirmt und gehören doch zu einem als Ganzes umschlos-
senen Druckraum. Die Gebläse sind unter den Dampferzeugern angeordnet.

21.3 Hochtemperaturreaktor

Der Hochtemperaturreaktor unterscheidet sich von den anderen gasgekühlten Reaktoren wesentlich durch die Brennstoffzusammensetzung und
den Aufbau der Brennelemente. Diese bestehen nur aus nichtmetallischen
Werkstoffen, die sehr hohe Temperaturen vertragen. Die Brennelemente
enthalten den Brennstoff in Form von "coated particles", wie sie in
Abschnitt 17.3 beschrieben werden.

Bei allen bisher entwickelten und gebauten Hochtemperaturreaktoren ist
als Brennstoff ein Gemisch aus etwa 90% Th-232 als Brutmaterial und
ca. 10% auf 93% mit U-235 angereichertes Uran eingesetzt bzw. vorgesehen. Man will durch Konversion des Th-232 zum thermisch spaltbaren
U-233 das Th-232 als Brennstoff nutzbar machen. Dieser Konversions-
prozeß bietet sich deshalb bei Hochtemperaturreaktoren an, weil einmal der Reaktorkern nur aus Brennstoff und Moderator und keinen weiteren neutronenabsorbierenden Strukturmaterialien besteht, dann der
Kern in der Regel so groß ist, daß die Leckverluste an Neutronen nied-
rig gehalten werden können, so daß bezüglich der Neutronenökonomie
günstige Verhältnisse herrschen. Zum anderen besitzt das U-233 von allen thermisch spaltbaren Isotopen die größte Neutronenergiebigkeit bei

der Spaltung im thermischen Energiebereich, was in Abschnitt 22.1
noch gezeigt wird.

Beim Hochtemperaturreaktor mit prismatischen Elementen, wie er von
Gulf-General Atomic entwickelt wurde, wird der Reaktorkern aus be-
arbeiteten Graphitblöcken aufgebaut [66] und hat im Aufbau noch große
Ähnlichkeit mit dem AGR-Typ. Die Graphitblöcke haben im Abstand von
etwa 39 mm Bohrungen mit etwa 16 mm Durchmesser, in die der Brennstoff
als "coated particles" eingepreßt wird. Jede Brennstoffüllung ist von
sechs Bohrungen umgeben, durch die Helium mit 40 bar als Kühlgas
strömt. Im Gegensatz zum AGR ist der ganze Graphitblock Bestandteil
des Brennelements und wird als Ganzes ausgewechselt.

Beim amerikanischen Prototyp-Kernkraftwerk Fort St. Vrain [3] sind die
Dampferzeuger unter dem Reaktorkern angeordnet. Zwischen Reaktor und
darunterliegendem Dampferzeugerraum muß eine dicke, abschirmende Be-
tondecke eingezogen werden, die das Gewicht des Reaktorkerns auf die
Zylinderwand abtragen kann. Der ganze Reaktorkern einschließlich Reflektor ruht auf einer unteren Tragplatte aus Stahl. Die Dampferzeuger haben die wasserseitigen Zuführungen von unten, und die Gebläse
sind in die Seitenwand des Betonbehälters eingebaut.

Auf eine eingehende Beschreibung dieses Typs kann hier verzichtet
werden, da bisher nur der Reaktor "Fort St. Vrain" nach diesem Konzept gebaut wurde. Mehrere Lieferverträge über 1200-MW-Einheiten wurden von der Firma Gulf-General Atomic vor einigen Jahren wieder zu-
rückgegeben und bisher ist nicht erkennbar, ob die Entwicklung ernsthaft weiterbetrieben wird. Auch die weitere Entwicklung des in der
Bundesrepublik Deutschland favorisierten Kugelhaufenreaktors ist dadurch in ernste Schwierigkeiten gekommen.

Der Kernaufbau des Hochtemperatur-Kugelhaufenreaktors ist besonders
einfach [4,68,69]. Er besteht aus einer Schüttung kugelförmiger Brennelemente, beim THTR mit 300 MW_e sind es 675000. Diese Kugelschüttung
befindet sich in einem aus einzelnen Graphitblöcken aufgebauten zylindrischen Behälter mit 5,6 m Innendurchmesser und 6 m hohem Innenraum. Der Behälter übernimmt die Aufgabe eines Reflektors (Bild 21.4).
Der Boden hat die Form eines Trichters mit einer Neigung von 30° zur
Horizontalen und mündet in ein zentrales Kugelabzugsrohr von 800 mm
Durchmesser, das im Bereich der Graphit- und Kohlenkonstruktion selbst

auch aus Graphit besteht, im Spannbetonbehälter aber als Stahlrohr
fortgeführt wird.

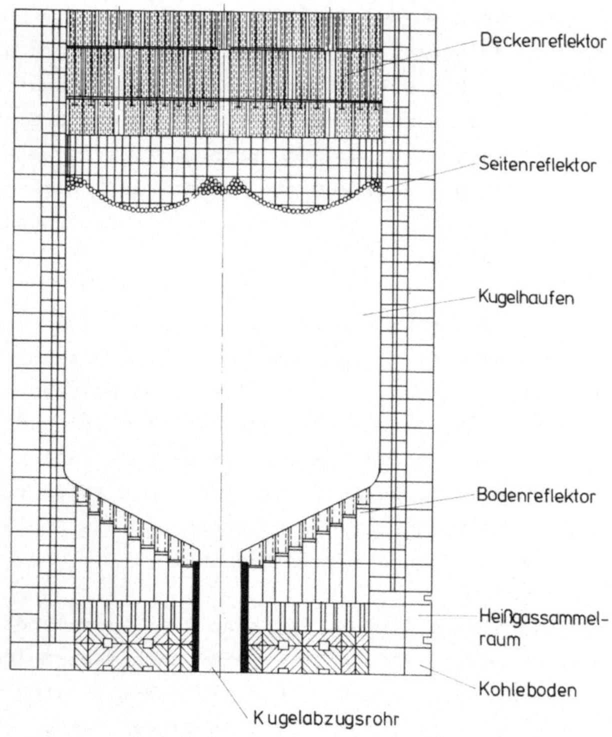

Bild 21.4. Querschnitt des THTR-Kugelhaufenreaktors

Bild 21.5b zeigt einen Teilausschnitt des Bodenreflektors mit an-
schließendem Seitenreflektor. Der Bodenreflektor wird aus sechseckigen Graphitblöcken aufgebaut, die axiale Bohrungen zum Kühlgasaustritt
aus der Kugelschüttung besitzen. Jede Graphitsäule wird von einer
500 mm hohen Stütze getragen, die ihrerseits mit der unteren Bodenplatte verbunden ist. Die Bodenplatte ist aus 25 cm starken Graphit-
platten in der oberen Lage und aus 50 cm starken Kohlesteinen darunter aufgebaut. Der freie Bereich zwischen den Stützen dient als Heißgassammelraum. Der Seitenreflektor hat eine Dicke von 50 cm und besteht aus 72 aus 250 mm hohen Graphitblöcken aufgebauten Säulen, die
zu einem geschlossenen Ring zusammengestellt werden. Radial nach au-

ßen schließt sich die äußere Wand aus 24 Säulen mit 50 cm breiten und
hohen Graphitblöcken an. Im Bodenreflektor sind innerhalb jeder Säule
die Graphitblöcke miteinander verdübelt, während die Säulen des Sei-
tenreflektors gleichzeitig auch untereinander noch verbunden sind. Die
äußere Wand ist durch verstellbare Stahlanker am thermischen Seiten-
schild befestigt.

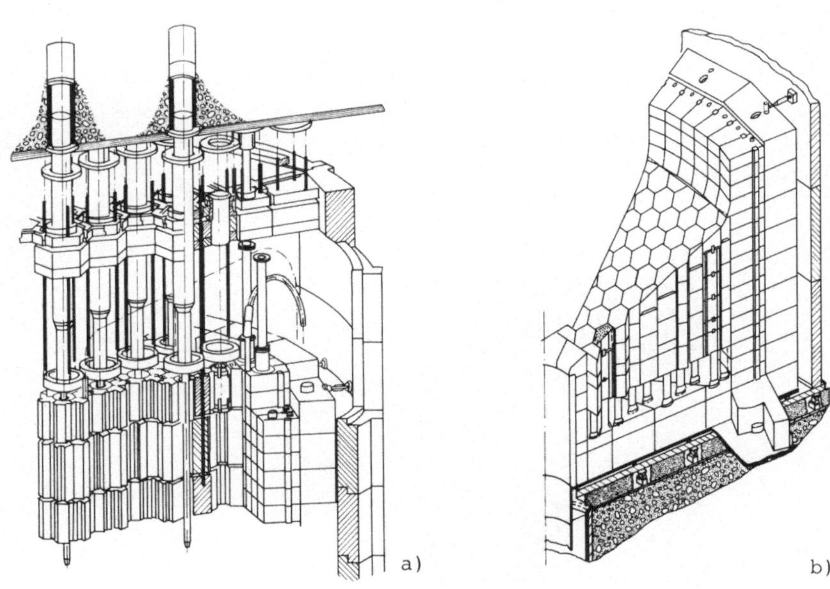

Bild 21.5. a) Tragestruktur mit Deckenreflektor des THTR;
           b) Boden- und Seitenreflektor des THTR

Nach oben ist der Reaktor durch den 2 m dicken Deckenreflektor abgeschlossen (Bild 21.5a). Dieser ist aus drei Lagen sechseckiger Graphitsäulen aufgebaut. Das Kühlgas kann durch Aussparungen in den
Blöcken in den Kern eintreten. Weiterhin enthält der Deckenreflektor
Bohrungen für die Abschaltstäbe und die Brennelementförderrohre. Der
Deckenreflektor ist mit Zugangkern am thermischen Deckenschild aufgehängt, der seinerseits durch den Spannbetonbehälter gehalten wird.

Beim THTR ist das Konzept der integrierten Bauweise mit sechs rings
um den Reaktor angeordneten Dampferzeugern in einem Spannbetonbehälter realisiert. Die Dampferzeuger sind durch Panzerrohre in der Decke

von 2,25 m Durchmesser zugleich auch auswechselbar (Bild 21.6). Zwischen den Dampferzeugern und dem Reaktor befindet sich der thermische Schild zur Abschirmung der Dampferzeuger gegen Neutronen- und γ-Strahlung. Die Kühlgasgebläse sind in horizontalen Panzerrohren im oberen zylindrischen Teil der Spannbetonbehälterwand eingebaut. Der Deckel des Behälters wird noch von zahlreichen kleineren Durchführungen durchsetzt, 55 für die Abschaltstäbe, die in den Kern einfahren, 36 für die Regelstäbe im Reflektor sowie drei Bohrungen für die Neutronenflußverteilungsmessung. Die zehn Rohre für die Brennstoffkugelbeschickungsanlage werden von unten hinter dem Reflektor entlang der Zylinderwand nach oben geführt und münden über den Querschnitt verteilt mit nach unten gerichteter Öffnung im Raum über der Kugelschüttung.

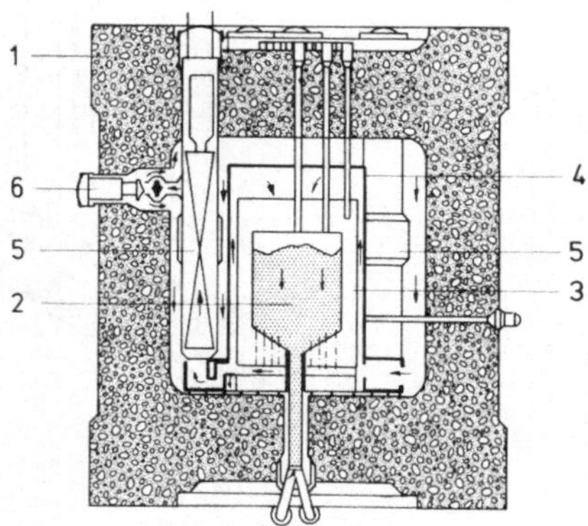

1   Spannbetonbehälter
2   Kugelhaufen
3   Reflektor
4   Thermischer Schild
5   Dampferzeuger
6   Kühlgasgebläse

Bild 21.6. Reaktoraufbau und Kühlgasführung des THTR

Der Spannbetonbehälter hat die Form eines stehenden Zylinders mit ebenen Böden. Die Spannglieder bestehen aus 145 Drähten von 7 mm Durchmesser. Die Spanndrähte werden in die einbetonierten Hüllrohre von 135 mm Durchmesser eingezogen und mit hydraulischen Pressen gespannt. Anschließend werden die Hüllrohre mit Zementmörtel ausgepreßt, um ei-

nen Korrosionsschutz zu erzielen. Die Spannkraft wird über die Anker-
körper der Spannglieder auf den Boden übertragen. Beim Vorspannen muß
eine vorher festgelegte Reihenfolge eingehalten werden. Es kann be-
ginnen, wenn der Beton mindestens 90 Tage alt ist. Die Zylinderwand
wird von horizontalen, bogenförmig verlaufenden und senkrechten gera-
den Spanngliedern vorgespannt. Die Boden- und Deckenplatten erhalten
ihre Vorspannung durch horizontale Ringspannglieder. An der Innenwand
übernimmt eine Stahlblechhaut von 20 mm Stärke, der sogenannte Liner,
zusammen mit den Panzerrohren und Behälterabschlüssen die Funktion
der Dichtheit und dient beim Betonieren als innere Schalung. Auf der
dem Beton zugewandten Seite des Liners sind Rohrschlangen aufgeschweißt,
die als Kühlsystem den Beton auf einer niedrigen Temperatur halten
sollen. Das Linearkühlsystem mit Wasser als Wärmeträger ist in zwei
unabhängige Systeme unterteilt. Auf der Linerinnenwand befindet sich
eine Isolierung aus mehreren Lagen von Metallfolien, die durch zwi-
schenliegende Drahtgitter voneinander getrennt sind. Der minimale Abstand zwischen den einzelnen Lagen muß so klein sein, daß Konvektions-
ströme sich nicht ausbilden können, denn sie würden die Isolierwirkung
stark vermindern.

Mit einem Druck von 40 bar und einer Temperatur von 257 °C strömt das
Helium nach Verlassen der Verdichter im freien Raum zwischen den
Dampferzeugern und dem thermischen Schild nach unten und kühlt hierbei den thermischen Schild und die Dampferzeugermäntel. Danach wird
der Hauptteil des Kühlgasstroms im Ringraum zwischen Seitenreflektor
und thermischen Schild nach oben gefördert, und durch den Deckenreflektor tritt das Helium zum größten Teil in den Reaktorkern ein und
nimmt dort die erzeugte Wärme auf. Beim Durchströmen des Reaktorkerns
wird die Gastemperatur von 260 °C auf 795 °C erhöht. Der in den Re-
flektorstabbohrungen im Bypass zum Hauptkühlgasstrom auf 400 °C erwärmte Teilstrom vermischt sich im Heißgassammelraum unterhalb des
Bodenreflektors mit dem Hauptstrom, und das Helium wird dann mit einer Temperatur von 750 °C über sechs Heißgaskanäle den Dampferzeugern
zugeleitet. In einem weiteren Bypassstrom werden die Heißgaskanäle
und die untere Bodenplatte sowie das Kugelabzugsrohr durch Spalte
entlang dieser Bauteile gekühlt, bevor auch dieser Teilstrom dem
Hauptstrom wieder zugemischt wird.

Unabhängig von dem vorgegebenen Kugeldurchmesser von 6 cm ergibt sich
bei der Kugelschüttung, die nicht der dichtesten Packung entspricht,

ein Leervolumen von etwa 39%, das die Strömungskanäle für das Kühlgas
bildet. Bei der Berechnung des Strömungsfeldes und der Druckverluste
kann man sich der Theorie der Strömung in Schüttungen bedienen, wobei
die Widerstandsbeiwerte experimentell zu ermitteln sind (s. hierzu Abschnitt 16.7). Um eine ausreichende Wärmeabfuhr zu erreichen, ist ein
erhöhter Druck zu wählen. Die Verbesserung der Leistungsdichte ist gegen den erhöhten Aufwand für das Drucksystem abzuwägen und führt zur
Festlegung eines optimalen Drucks, der meist bei 40 bar gewählt wird.
Der Heliumeinsatz und der Heliumverlust gehen ebenfalls in die Überlegungen mit ein.

Die Aufwärmspanne im Reaktorkern muß im wesentlichen mit der Gebläseleistung und der Strömungsgeschwindigkeit in den Dampferzeugern und
Überhitzern optimal abgestimmt werden. Beim THTR ist die Eintrittstemperatur auf 260 °C, die Austrittstemperatur auf 795 °C festgelegt.
Gegen lokale Temperaturspitzen ist der Reaktor sehr unempfindlich.
Versuche im AVR haben gezeigt, daß auch Austrittstemperaturen über
1000 °C vom Reaktorkern ertragen werden.

Die Regelung des THTR erfolgt mit 36 Stäben, die an Ketten hängen und
in Kanälen des Graphitreflektors verfahren werden. Für das An- und Abschalten des Reaktors und für Schnellabschaltung bei Störungen werden
42 Stäbe direkt in den Kugelhaufen von oben eingefahren. Führungsrohre
sind nicht erforderlich, da die Wahrscheinlichkeit, daß dabei eine
Brennstoffkugel zu Bruch geht, sehr klein ist. Jeder Absorber besteht
aus zwei konzentrischen Stahlrohren, zwischen denen 50 mm hohe und
9 mm dicke Ringe aus Absorbermaterial eingebettet sind. Als Antrieb
dient ein pneumatischer Schrittheber, der den Absorberstab mit einer
Schrittweite von 2 cm in den Kugelhaufen hineintreibt bzw. herauszieht.
Meßtechnische Einrichtungen enthält der Reaktorkern normalerweise
nicht.

22 Schneller Brutreaktor

22.1 Bedeutung der Brutreaktoren

In thermischen Reaktoren kann nur ein verhältnismäßig geringer Teil
des Urans zur Energieerzeugung ausgenutzt werden. Auch in thermischen
Reaktoren wird durch Umwandlung von U-238 Plutonium gebildet. Die mittlere Konversionsrate - das ist der neugebildete Spaltstoff im Verhältnis zum verbrauchten - beträgt etwa 0,6. Selbst wenn man das aus der
Aufarbeitung rückgewonnene Uran wieder zur Anreicherung zurückführt
und das gewonnene Plutonium in Brennelementen einsetzt, erreicht man
bestenfalls eine Nutzung von etwa 2% des Natururans in Leichtwasserreaktoren und vielleicht das Doppelte in Schwerwasserreaktoren. Ein
echtes Brüten mit Konversionsraten über 1, wenn der Reaktor also mehr
Spaltstoff erzeugt als er selber verbraucht, ist mit thermischen Reaktoren technisch nicht möglich. Dies kann anhand der Neutronenausbeute
η_{Sp} des Spaltstoffs gezeigt werden. Definiert man für die spaltbaren
Isotope die energieabhängige Neutronenausbeute je Spaltung durch

$$\eta_{Sp}(E) = \nu(E)\ \frac{\sigma_f(E)}{\sigma_a(E)} \tag{22.1}$$

mit $\nu(E)$ als der energieabhängigen Spaltneutronenausbeute und dem
energieabhängigen Verhältnis der Wirkungsquerschnitte von Spaltung zu
Absorption $\sigma_f(E)/\sigma_a(E)$ des Spaltstoffs, so muß, damit CR > 1 werden
kann, zusätzlich zum für die Spaltung verbrauchten Neutron mindestens
ein zweites Neutron für den Brutprozeß zur Verfügung stehen. Da aber
parasitäre Neutronenabsorption im Reaktor unvermeidlich ist, ist für
η_{Sp} ein Wert deutlich über 2 notwendig. Bild 22.1 [29] zeigt die Abhängigkeit der Neutronenausbeute von der Energie nach (22.1) für die
drei Isotope U-233, U-235 und Pu-239. Im thermischen Bereich kann al-
lenfalls für U-233 in Hochtemperaturreaktoren eine Brutrate über 1

erreicht werden, das aber auch nur bei geringem Brennstoffabbrand und
niedriger Neutronenflußdichte. Erst im schnellen Energiebereich oberhalb 10^4 eV erreicht η_{Sp} Werte über 2,4, wobei von den drei betrach-
teten Isotopen das Pu-239 das geeignetste für den Brütereinsatz ist.
Schnelle Brutreaktoren bieten deshalb theoretisch die Möglichkeit,
nicht nur das U-235 als Spaltstoff zu nutzen, sondern auch das gesamte U-238 in Plutonium zu verwandeln und als Spaltstoff einzusetzen.
Praktisch muß man jedoch die Verluste bei der mehrfachen Wiederaufbe-
reitung sowie durch (n,γ)-Absorption und radioaktiven Zerfall berücksichtigen und erreicht nur etwa eine 60%ige Ausnutzung des Natururans.

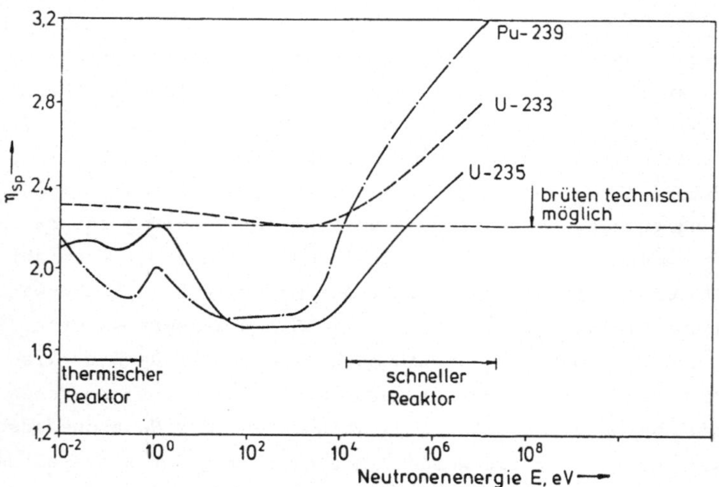

Bild 22.1. Energieabhängige Neutronenausbeute je Spaltung von U-233,
          U-235 und Pu-239

Man kann anhand der bekannten abbauwürdigen Uranvorkommen von rund
5 Mill. t [75] abschätzen, daß die Vorräte - je nach der Prognose
für den weiteren Ausbau der Kernenergie - in 50 bis 100 Jahren er-
schöpft wären, wenn nur thermische Reaktoren zum Einsatz kämen. Durch
den Einsatz von Schnellen Brutreaktoren könnte diese Zeitspanne auf
1000 bis 2000 Jahre verlängert werden. Dies ist mehr als mit allen
anderen fossilen Brennstoffen erreicht werden kann. Wenn man dazu noch
bedenkt, daß mehrere hunderttausend Tonnen abgereichertes Uran heute
schon in reaktorreiner Form verfügbar sind, die für die Brüterversor-

gung über mehr als 100 Jahre ausreichen würden, so erkennt man, daß die Brütertechnologie ein notwendiger Bestandteil der zukünftigen Kernkraftwerkstechnik sein muß. Es ist außerdem auf die Dauer die einzige sinnvolle Lösung zur Verwendung und Beseitigung von Plutonium, das notwendigerweise in allen Kernreaktoren anfällt.

Trotz der großen Attraktivität der Schnellen Brüter ist aus verschiedenen Gründen nicht mit einer schnellen Einführung in die Energiewirtschaft zu rechnen. Das Haupthindernis sind die hohen Anlagenkosten im Vergleich zu den eingeführten Leichtwasserreaktoren. Wegen der besonderen Anforderungen beim technischen Einsatz von Natrium, dem einzigen Kühlmittel, das praktisch in Frage kommt, liegen die Anlagenkosten bisher noch 20 bis 40% höher als bei vergleichbaren Leichtwasserkernkraftwerken. Es gibt jedoch hoffnungsvolle Ansätze, durch weitere Entwicklung die Kosten deutlich zu senken, wenn man die inzwischen erkannten positiven Eigenschaften dieses Reaktorsystems in technische Verbesserungen umsetzt. In diesem Zusammenhang sind zu nennen: Der Übergang zu offenen, kastenlosen Brennelementen, die Möglichkeit der passiven Nachwärmeabfuhr ohne forcierte Kühlmittelumwälzung, das geringere Risiko des Kernschmelzens, das es erlaubt, den Bethe-Tait-Störfall nicht mehr als Auslegungsstörfall einzustufen.

Es bleibt aber noch ein weiteres Problem, das einer schnellen Einführung der Schnellen Brutreaktoren im Wege steht, nämlich die Verdopplungszeit. Mit dem aus thermischen Reaktoren angesammelten Plutonium kann man den Kerneinsatz für eine gewisse Anzahl von Schnellen Brütern decken. Danach muß die Kapazitätserweiterung jedoch in erster Linie aus dem Brutgewinn der laufenden Brutreaktoren selbst bestritten werden, weil man etwa 20 Leichtwasserkernkraftwerke mit 1000 MW$_e$ betreiben müßte, um jährlich einen Schnellen Brüter gleicher Leistung zubauen zu können. Damit würde der Anteil der Schnellen Brüter wohl kaum über 10% der Gesamtkapazität hinauskommen. Man könnte auch Schnelle Brüter mit U-235 als Spaltstoff starten. Aber auch das würde dem Ziel, Natururan zu sparen, nicht gerecht werden, weil dafür zunächst wesentlich mehr Natururan verbraucht würde. Um in einigen Jahrzehnten eine effektive Entlastung des Natururanbedarfs zu erreichen, muß nach wenigen Jahrzehnten schon weit mehr als die Hälfte aller Kernkraftwerke durch Schnellbrüter gestellt werden. Das ist nur erreichbar, wenn die Verdopplungszeit deutlich unter zehn Jahren liegt. Unter der Verdopplungszeit versteht man die Zeit, die ein Brüter be-

trieben werden muß, um so viel Spaltstoff in Überschuß zu erzeugen,
daß man damit einen neuen Brüterkern gleicher Größe ausstatten kann.
Dabei muß auch das Spaltstoffinventar außerhalb des Reaktorkerns berücksichtigt werden.

Bezeichnet man das Kerninventar des Spaltstoffs in t/GW_e mit m_{Pu}, den
Anteil des Außeninventars zum Kerninventar mit γ und die pro $GW_e a$ im
Überschuß erzeugte Menge Plutonium in t mit q, so ergibt sich für die
Verdopplungszeit T_d die Beziehung

$$T_d = \frac{m_{Pu}(1 + \gamma)}{q} \ . \tag{22.2}$$

Definiert man die Konversionsrate CR als die Anzahl der erzeugten
Spaltstoffkerne je Anzahl der verbrauchten, so läßt sie sich durch
die nuklearen Parameter ν, α, β und a darstellen [76]:

$$CR = (\nu - a) \ \frac{1 + \beta}{1 + \alpha} - 1 \tag{22.3}$$

ν = Anzahl der pro Spaltung erzeugten Neutronen,

$\alpha = \sigma_c/\sigma_f$ = über das Neutronenspektrum gemitteltes Verhältnis
    von Einfang- zu Spaltquerschnitt,

β = Anteil der schnellen Spaltungen im Brutmaterial,

a = Anzahl der Neutronen pro Spaltung, die nicht im Brennstoff
    absorbiert werden.

Der Brutgewinn BG, der als Menge des neu erzeugten Spaltstoffs bezo-
gen auf die Gesamtmenge des gespaltenen Materials (= Masse der Spaltprodukte) definiert wird, errechnet sich daraus nach der Formel

$$BG = \frac{1 + \alpha}{1 + \beta} \ (CR - 1) \ . \tag{22.4}$$

Mit Hilfe des Brutgewinns läßt sich die pro $GW_e a$ erzeugte Menge Plutonium hinreichend genau ausdrücken durch

$$q = \xi \ \frac{\lambda}{\eta} \ BG \ . \tag{22.5}$$

Dabei bedeuten λ der Lastfaktor, η der thermodynamische Wirkungsgrad
der Anlage und ξ die Umrechnungskonstante für die Masse der gespaltenen Kerne pro erzeugte Wärmeenergie.

$$\xi = 0,37 \ \frac{t}{GW_{th}a} \approx 1 \ \frac{q}{MW_{th}d} \ . \tag{22.6}$$

Durch Einsetzen von (22.3), (22.4) und (22.5) in (22.2) erhält man
für die Verdcpplungszeit

$$T_d = m_{Pu}(1 + \gamma)\left[\xi\,\frac{\lambda}{\eta}\left(\nu - \frac{2(1 + \alpha)}{1 + \beta} - a\right)\right]^{-1}. \qquad (22.7)$$

Veränderbare Parameter, die durch die weitere Entwicklung verbessert
werden könnten, sind im wesentlichen nur der Spaltstoffeinsatz m_{Pu},
der parasitäre Neutronenverlust a und der Anteil des äußeren Inven-
tars γ, wodurch die Zielrichtung weiterer Entwicklungsanstrengungen
vorgezeichnet ist.

Schnelle Brutreaktoren sind nicht erst als Weiterentwicklung der thermischen Reaktoren in Angriff genommen worden, sondern haben ihre eigene Entwicklungsgeschichte, die bis in die Anfänge der Reaktortechnik
zurückreicht. Schon 1945 erklärte Enrico Fermi in Los Alamos [77]:
"Das Land, dem es gelingt, den ersten Brutreaktor zu entwickeln, wird
auch einen unschätzbaren Vorsprung auf dem Gebiet der Kernenergie haben." Nach einem kleineren physikalischen Experiment Clementine mit
Quecksilberkühlung wurde in Arco Idaho, USA, 1949 der NaK-gekühlte
EBR-I als Pilotanlage mit 1,2 MW Wärmeleistung gebaut. Er lieferte
schon 1951 als erster Reaktor der Welt 0,2 MW_e Stroms ins öffentliche
Netz und wurde 1963 stillgelegt. Im gleichen Jahr wurde der natriumgekühlte EBR-II mit 20 MW_e in Betrieb genommen und steht bis heute als
einziger Schneller Reaktor für Versuche in den USA zur Verfügung. Der
ebenfalls 1963 in Betrieb genommene und für 100 MW_e ausgelegte Fermi-
Reaktor hatte Schwierigkeiten mit den Dampferzeugern und wurde nach
einem Brennelementschaden 1972 stillgelegt. Das von 1969 bis 1972 be-
triebene SEFOR-Experiment war nicht zur Energieerzeugung, sondern für
spezielle physikalische und sicherheitstechnische Experimente gedacht.
Ein weiterer Versuchsreaktor FFTF mit 400 MW_{th} soll der Brennelement-
entwicklung und der Erprobung großer Komponenten dienen und ist z.Z.
noch im Bau.

Inspiriert durch die Entwicklung in USA wurde auch in der UdSSR von
1956 bis 1958 ein quecksilbergekühltes Experiment BR-2 durchgeführt.
Analog wie in den USA wurde anschließend ein Pilotreaktor BR-5 mit
5 MW in Betrieb genommen, dessen Leistung später auf 10 MW erhöht wurde. 1969 wurde der Prototyp BOR-60 kritisch und erzeugte mit einem
Versuchsdampferzeuger 30 MW_{th} bzw. 12 MW_e. BN-350, erbaut am Kaspi-
schen Meer, ging 1972 mit 1000 MW Wärmeleistung in Betrieb und wird

neben der Elektrizitätserzeugung zur Meerwasserentsalzung eingesetzt.
Der BN-600 mit 600 MW$_e$ ist 1980 in Betrieb genommen worden.

Gleichzeitig lief auch eine Entwicklung in Großbritannien, wo 1959
der DFR mit 15 MW$_e$ in Dounreay den Betrieb aufnahm. Der Nachfolgetyp
PFR wurde 1974 kritisch, konnte aber lange Zeit nicht die volle Leistung von 254 MW$_e$ erreichen.

Am intensivsten wurde die Entwicklung in Frankreich vorangetrieben.
Der Rapsodie-Reaktor, der 1967 in Betrieb genommen wurde, erreichte
schon bis zum Jahresende eine Wärmeleistung von 20 MW, die 1970 auf
40 MW gesteigert wurden. Er war der erste Reaktor der neuen Generation, der nicht mit metallischen, sondern mit UO_2-Brennelementen be-
stückt war. 1968 wurde mit dem Bau des Phénix in Marcoule begonnen,
der 1973 kritisch wurde und 1974 die volle Leistung von 250 MW$_e$ erreichte. Dieses Demonstrationskraftwerk erbrachte so gute Betriebser-
gebnisse, daß schon drei Jahre später der Auftrag für den ersten Lei-
stungsreaktor voller Größe, den Super-Phénix vergeben wurde. Der Bau-
zustand ist heute so weit fortgeschritten, daß voraussichtlich 1984
die ersten Teilsysteme den Betrieb aufnehmen können.

Die Entwicklung in der Bundesrepublik Deutschland ist zunächst durch
langjährige Vorstudien zur Kühlmittelauswahl verzögert worden und
dann nur sehr mühsam vorangekommen. Mit dem KNK-II in Karlsruhe, der
ursprünglich als thermischer Reaktor KNK-I gebaut worden war, konnte
nach dem Umbau 1977 wenigstens ein Schneller Reaktor mit 21 MW$_e$ in
Betrieb genommen werden, der gute Dienste für Brennelement- und Reak-
tortestversuche leistet. Der schon 1972 in Kalkar am Niederrhein be-
gonnene SNR-300 ist wegen vieler Schwierigkeiten, hauptsächlich im
Genehmigungsverfahren, auch heute, nach 12 Jahren erst zu 2/3 fertig-
gestellt und wird voraussichtlich 1985 in Betrieb gehen. Er ist nach
dem Loopkonzept gebaut, das sich von dem in Frankreich gebauten Pool-
typ im Primärsystem unterscheidet. Aktivitäten in Japan und anderen
Ländern stehen noch in den Anfängen.

Japan betreibt seit 1978 den Experimentierrekator Joyo, der von 50
auf 75 MW Wärmeleistung aufgestockt werden soll. Mit dem Bau eines
Prototypkraftwerks Monju für 300 MW$_e$ Stromerzeugung wird z.Z. begonnen.

22.2 Kernaufbau des Schnellen Brüters

Bei allen bisher gebauten Brutreaktoren besteht der zylindrische Reaktorkern aus einer Spaltzone und einer um die Spaltzone herum aufgebauten Brutzone.

Im Kern eines Schnellen Brutreaktors muß man versuchen, die dichtestmögliche Packung des Brennstoffs zu erreichen. Für das Kühlmittel Natrium, das als Moderator und Neutronenabsorber schädlich ist, soll nur so viel Volumen zur Verfügung gestellt werden, wie für die Kühlung unbedingt notwendig ist. Aus diesem Grunde wählt man eine Dreiecksanordnung für die Brennstäbe, die zu sechseckigen Brennelementen führt.

Aus konstruktiven Gründen benötigt man einen Mindestabstand zwischen den Stäben. Vergleicht man den Kühlkanalquerschnitt einer Dreiecksanordnung mit dem einer quadratischen Anordnung der Stäbe bei gleichem Stabdurchmesser und Stababstand, so sieht man, daß er etwa 20% kleiner ist. Dadurch wird die Neutronenökonomie und damit die Brutrate deutlich erhöht. Eine wesentliche Verbesserung der Brutrate würde man mit metallischen Brennelementen erreichen. Ursprünglich hat man es damit versucht, mußte es aber aufgeben, weil wegen des starken Wachstums unter Bestrahlung kein hoher Abbrand erreichbar war. Wegen der guten Erfahrungen mit Oxidelementen in Wasserreaktoren ist man bei der zweiten Generation der Schnellen Brüter zu stahlumhüllten Oxidelementen übergegangen. Während der prinzipielle Aufbau der Brennelemente den bei Wasserreaktoren gleicht, unterscheidet er sich neben der Stabanordnung auch im Stabdurchmesser. Die aus wirtschaftlichen Gründen geforderte hohe Leistungsdichte verlangt einen Brennstabdurchmesser von nur 6 mm, der sich als Optimum zwischen Spaltstoffeinsatzkosten und Fertigungskosten ergibt. Eine Verschiebung der Konstenstruktur läßt in neuerer Zeit eine Tendenz zu größeren Stabdurchmessern erkennen.

Zur Zeit werden in allen Prototypen Brennelemente mit geschlossenem sechseckigen Kasten verwendet, weil eine Strömungsdrosselung in den äußeren Kanälen notwendig ist. Das sechseckige Rohr, aus dem der Kasten gefertigt ist, muß für einen Außendruck ausgelegt werden, der dem Druckabfall über dem Reaktorkern entspricht, denn im Spalt zwischen den Kästen herrscht der Druck der Austrittskammer, während im unteren Teil der Elemente innen praktisch der Eintrittsdruck ansteht. Die erforderlichen Wandstärken liegen bei mindestens 3 mm und bewirken eine große

Steifigkeit des Brennelements, was einige mechanische Probleme verursacht.

Die Abstandshalter können an dem Kasten abgestützt werden. Der minimale Abstand von nur 2 mm zwischen den einzelnen Brennstäben erlaubt
keine Federkonstruktion wie bei den Leichtwasserreaktoren. Die Abstandshalter sind durchweg so konstruiert, daß jeder Stab von drei
Noppen gehalten wird, die mit definiertem Spiel anliegen. Für die Herstellung werden verschiedene Verfahren angewandt und zum Teil noch erprobt. Der SNR-300 hat Abstandshalter mit sechseckigen Maschen, die
aus dem Vollen durch Elektroerosion, bzw. elektrochemisches Senken
herausgearbeitet werden, [78].

Im Brutmantel, auch Blanket genannt, wo man dickere Stäbe und noch
kleinere Abstände haben möchte, verwendet man Wendelrippen von etwa
1 mm Rippenhöhe, mit denen die Brennstäbe schraubenförmig umgeben
sind.

22.2.1 Kernaufbau des SNR-300

Brenn- und Brutelemente sowie die Führungsrohre der Absorber stehen in
der Gitterplatte und werden in besonderen Fußhalterungen zentriert. Um
auch das Kopfende der Elemente in definierter Lage zu halten. werden
in Höhe der oberen und unteren Kernkante Distanzstücke angebracht, an
denen sich die Elemente bei Betriebstemperatur gegenseitig abstützen.
Im Beladezustand bei etwa 200 °C befinden sich die Brennelementköpfe
in einer reproduzierbaren Lage, so daß sie von der Lademaschine auch
unter Natrium gefunden werden können. Die gegenseitige Abstützung ist
dann gelockert, weil der äußere Spannring aus ferritischem Werkstoff
mit geringerer Wärmedehnung besteht.

Der Reaktorkern hat zwei radiale Zonen mit verschiedener Spaltstoffan-
reicherung und daran radial nach außen anschließend die Brutzone aus
abgereichertem Uran. Die Brennstäbe der Spaltzone enthalten nur im
950 mm hohen Kernbereich Spaltstoff, darüber und darunter auf einer
Länge von 400 mm Brutstoff, der den oberen und unteren Brutmantel bildet. Nach unten schließt sich noch eine 550 mm lange Spaltgaskammer an.
Die Längenangaben beziehen sich auf den SNR-300 und haben bei anderen
Reaktoren ähnliche Werte.

Bei natriumgekühlten Schnellen Brütern reicht das Eigengewicht der Brennelemente nicht aus, um sie gegen den Strömungsdruck niederzuhalten. Sie benötigen deshalb eine Niederhalterung, die entweder eine Verklinkung des Brennelementfußes mit der Bodenplatte oder eine hydraulische Niederhaltung sein kann. Die hydraulische Niederhalterung funktioniert im Prinzip so, daß der Brennelementfuß seitliche Einströmöffnungen hat, während der Bodenteil wie ein Kolben ausgebildet ist. Dieser sitzt in einem Zylinder, der über Entlastungsbohrungen mit dem Spalt zwischen den Brennelementen verbunden ist, der auf dem niedrigen Austrittsdruck liegt. Durch die Druckdifferenz, die immer ansteht, wenn Strömung vorhanden ist, wird der Kolben im Zylinder gehalten. Die seitliche Anordnung mehrerer Einströmöffnungen hat noch den zusätzlichen Vorteil, daß nicht die ganze Eintrittsöffnung etwa durch ein losgerissenes Blechteil plötzlich während des Betriebs abgedeckt werden kann. Solange der Durchsatz nicht unter 60% sinkt, kann im Kanal kein Sieden auftreten. Die Brennelementhandhabung wird in einem späteren Kapitel über den Brennelementwechsel beschrieben.

Beim SNR-300 enthält die Spaltzone insgesamt 169 Positionen, von denen 151 mit Brennelementen besetzt sind. 18 Positionen enthalten Absorberstäbe. Im Brutmantel sind 330 Positionen für Brutelemente gleicher Außenabmessungen vorgesehen (Bild 22.2). Jedes Brutelement besteht aus 91 Brutstäben mit 9,5 mm Durchmesser, die abgereichertes Uran enthalten.

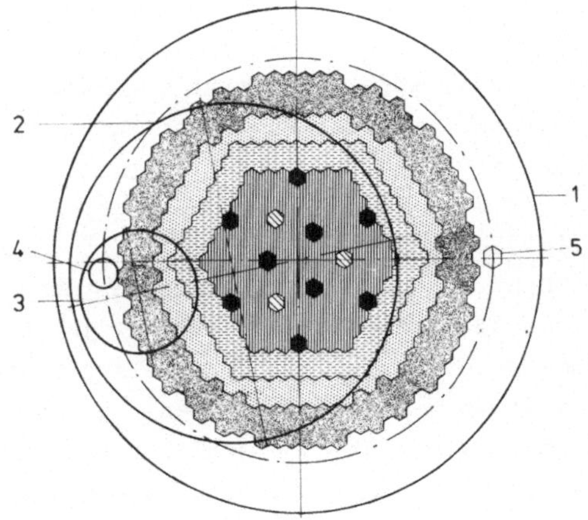

Bild 22.2. Querschnitt durch den Reaktorkern des SNR-300 mit Drehdeckelanordnung

Zur Führung der Absorber sind die sechseckigen Absorberelemente innen
mit runden Führungsrohren versehen. Für die 12 Trimm-Regelstäbe werden Tantalabsorber in Rohrform verwendet, während die sechs Abschaltstäbe aus Borcarbid hergestellt werden.

22.2.2 Kernaufbau des Super-Phénix

Bei dem Super-Phénix [79], einem 1200-MW$_e$-Reaktor, der bei Creys-
Malville (Frankreich) seit 1977 gebaut wird, befindet sich der gesam-
te Primärkreislauf zusammen mit dem Reaktor in einem natriumgefüllten
Tank. Der Reaktorkern hat einen ähnlichen Aufbau wie der beschriebene
SNR-300.

Die Brennelemente bestehen aus 271 Stäben in einem hexagonalen Rohr.
Die Stäbe sind unten an einem Gitter befestigt und werden durch Drähte von 1,2 mm Durchmesser, die um die Stäbe gewendelt sind, auf Abstand gehalten. Jeder Stab enthält unten eine Spaltgaskammer, im Bereich des unteren axialen Blankets (300 mm) ebenso wie im gleichhohen
oberen axialen Blanket, abgereichertes Uran, dazwischen in der Kernzone Plutonium-Uran-Mischoxidpellets, die innen hohl sind. Eine oben
angeordnete Feder hält die ganze Pelletsäule in ihrer Position. Der
Stab hat einen äußeren Durchmesser von 8,5 mm und eine Gesamtlänge
von 2700 mm.

Die maximale spezifische Stableistung ist auf 480 W/cm festgelegt. Die
höchstzulässige Temperatur der Hüllrohre, die aus rostfreiem Stahl 316
bestehen, ist auf 700 °C begrenzt. Im radialen Blanket haben die Stäbe
15,8 mm Durchmesser.

Bild 22.3 zeigt einen Querschnitt durch den Kern mit Angabe der Positionen für Kontrollstäbe, Meßkammern und Reserveelemente. 193 Brennelemente in der inneren und 171 in der äußeren Zone mit unterschiedlicher Anreicherung stellen die aktive Kernzone dar. Sie ist von 233
Brutelementen radial umgeben. Eine doppelte Reihe von 198 Reflektor-
elementen aus Stahl umschließt den Brutmantel und dient sowohl zur
Verminderung der Leckverluste als auch zur Abschirmung. Um die Neutronendosis und die γ-Bestrahlung der umgebenden Strukturen ausreichend
zu reduzieren, ist der Kern von einer dicken Schicht mit 1076 Stahl-
elementen umgeben. Dadurch wird die mögliche neutronenindizierte Akti-

vierung des Sekundärnatriums in den im Pool sich befindenden Zwischenwärmetauschern vermieden.

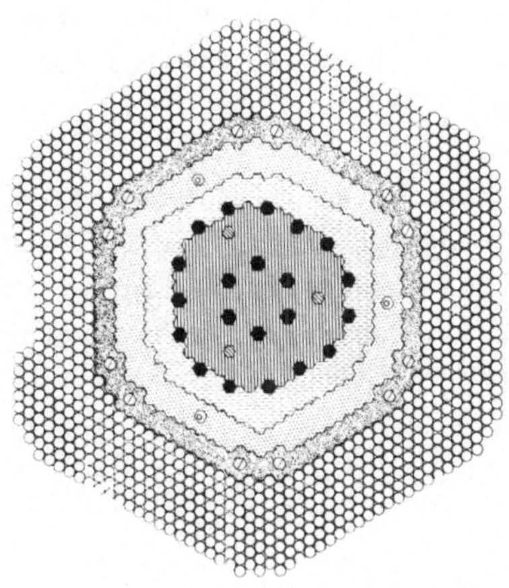

Bild 22.3. Kernquerschnitt des Super-Phénix

Von den 21 Kontrollelementen sind 6 in der inneren und 15 zwischen
innerer und äußerer Kernzone angeordnet. Weitere drei Abschaltorgane
in der Brutzone haben eine Back-up-Sicherheitsfunktion. Alle Elemente
haben die gleiche Schlüsselweite von 173 mm, das gleiche Kopfstück,
den gleichen Fuß und eine Gesamtlänge von 5400 mm. Um möglichst in allen Kanälen die gleiche Aufwärmspanne zu erreichen, wird der Kühlmitteldurchsatz in jedem Element durch die Drosselblenden im Fuß angepaßt. Es gibt elf Zonen mit unterschiedlichem Durchsatz, sechs im
Kernbereich, drei im radialen Blanket und zwei für die Kontrollele-
mente. Unterschiedliche Verriegelungen in den Fußpaßstücken verhindern
Verwechselungen beim Beladen. Die Aufwärtskraft wird durch eine hydraulische Niederhaltung kompensiert. Der Abstand zwischen den Elementober-

flächen beträgt 6 mm und wird durch Abstandsstücke etwa in Höhe der
Kernoberkante auf 0,4 mm bei Nulleistung reduziert. Im Leistungsbetrieb schließt sich dieser Spalt durch die unterschiedliche Wärmedehnung der Elementkästen und der Kernumfassung. Eine weitere Erwärmung
bei Transienten führt zur Ausdehnung des Kerns und bewirkt einen stark
negativen Reaktivitätskoeffizienten.

Schnelle Brüter werden in zwei Varianten gebaut. Bei der Loop-Bauweise stellt der Reaktortank mit Deckel und Einbauten, die den Reaktorkern umschließen, eine Einheit dar. Bei der Pool-Bauweise sind die
Pumpen und Wärmetauscher in den Tank mit eingebaut, so daß der gesamte Primärkreislauf sich im Natriumtank befindet.

22.3 Reaktoraufbau beim Loop-Typ

Der erste in der Bundesrepublik Deutschland in Auftrag gegebene Schnelle Brutreaktor SNR-300 ist vom Loop-Typ. Er wird bei Kalkar gebaut und
als Beispiel im folgenden beschrieben.

Der Reaktorkern einschließlich Halterung und Gitterplatte ist in einem
Reaktortank, einem zylindrischen Behälter von etwa 6,70 m Durchmesser
und 14,50 m Höhe angeordnet (Bild 22.4), der außerdem die zur Strömungsführung erforderlichen Einbauten sowie thermischen Schild und
Schockbleche zum Schutz der Tankwand enthält. Die Wandstärke beträgt
25 bis 40 mm.

Der Reaktortank enthält eine Natriumfüllung mit freier Oberfläche und
dient als gemeinsames Ausdehnungsgefäß für die Primärkreisläufe. Aufgrund des geschlossenen Eintrittsplenums unterhalb der Gittertragplat-
te wird der Reaktortank selbst nicht druckbelastet. Alle Rohrleitungen
sind oberhalb des für die Wärmeabfuhr erforderlichen Mindestfüllstands
(Notspiegel) am Tank angeschlossen. Er ist von einem zweiten Tank zur
Begrenzung der Kühlmittelleckage beim Bruch des inneren Tanks sowie
zur Abschirmung und Wärmeisolierung umgeben.

Nach oben wird der Tank durch den Reaktordrehdeckel, ein System von
drei drehbaren Deckeln, verschlossen. Durch die exzentrische Anordnung der beiden inneren Deckel kann eine Umsetzmaschine über jede Po-

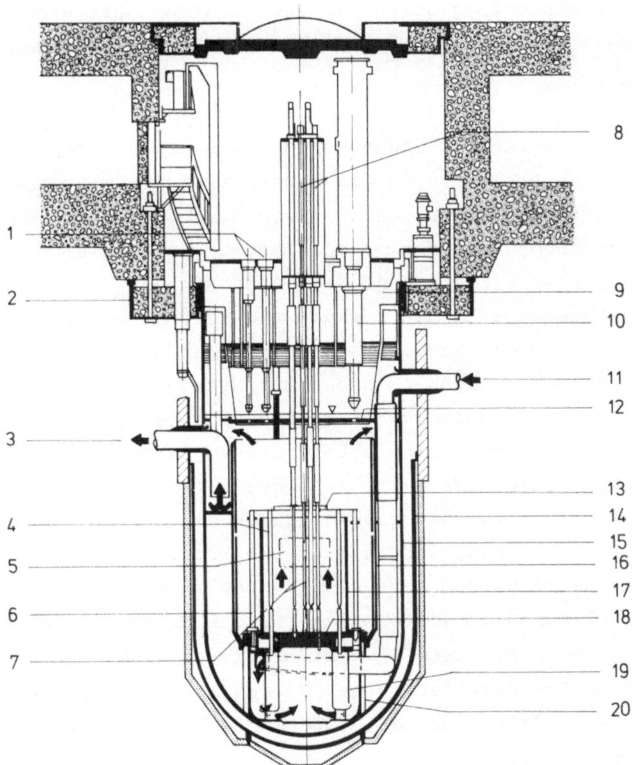

Bild 22.4. Reaktoraufbau des SNR-300.

1	Brennelement-Wechselkanal (tankinterne Operationen),	10	Brennelement-Wechselkanal (tankexterne Operationen),
2	Reaktortank-Auflageträger,	11	Natriumeintritt,
3	Natriumaustritt,	12	Tauchplatte,
4	Brutelement,	13	Instrumentierungsplatte,
5	Kernzone,	14	Doppeltank,
6	Brennelement-Umsetzposition,	15	Reaktortank,
7	Regelstäbe,	16	Schildtank,
8	Regelstabantriebe,	17	Kernmantel,
9	Reaktordrehdeckel,	18	Kerntragstruktur,
		19	Strömungseinbauten,
		20	untere Sammelbehälter

sition des Kerns und Auswechselpositionen außerhalb des Kerns gebracht werden, so daß die Brennelemente ohne Abheben des Deckels umgesetzt werden können. Der Deckel trägt die Absorberstäbe sowie die Kerninstrumentierung und übernimmt die Abschirmung und Wärmedämmung nach oben. Der Deckel wird durch Anblasen der Oberfläche mit Stick-

stoff gekühlt. Die Abdichtung gegen die Reaktoratmosphäre erfolgt im
oberen Bereich des Deckels durch doppelt ausgeführte Dichtungen mit
Sperrgasbeaufschlagung.

Die eintretenden Kühlmittelleitungen werden zwischen Kernbehälter und
Tank nach unten geführt, wo sie in das Eintrittsplenum mit einer
Schrägstellung zum Radius einmünden. Dadurch wird in der äußeren Kammer des Eintrittsplenums eine rotierende Strömung angetrieben, die
bewirken soll, daß etwa mitgerissene Gasblasen auf der Innenseite aufsteigen. Von da können sie in die Vorkammer des radialen Brutmantels
gelangen, aber nicht in die Kernzone, wo sie wegen des positiven Void-
Koeffizienten gefährlich werden könnten. Der Natriumstrom für die
Kernzone wird an der Außenseite der Kammer nach unten abgezogen und in
die innere Kammer des Plenums umgeleitet. Die Vorkammer des Brutmantels wird durch Einströmdrosseln auf herabgesetztem Druck gehalten,
damit nur noch ein kleinerer Druckabfall durch die Drosselblenden im
Fuß der Brutelemente abgebaut werden muß. Die Drosselblenden sind er-
roderlich, um den Natriumstrom dem Leistungsprofil anzupassen. Der Boden des Eintrittsplenums ist so konstruiert, daß er als erste Auffangwanne für geschmolzenen Brennstoff wirkt, falls es einmal durch einen
schweren Unfall zum Brennstoffschmelzen kommen sollte. Eine zweite,
besonders gekühlte Auffangwanne, der sogenannte "core catcher", ist
unter dem Reaktortank vorgesehen.

Das nach Durströmen des Kerns heiße Natrium gelangt aus dem Austrittsplenum oberhalb des Reaktorkerns durch Öffnungen in den Zwischenraum
zwischen Kernbehälter und Tank. Von dort tritt es in die Austritts-
rohrleitungen ein, deren Einströmöffnungen so tief nach unten gezogen
sind, daß sie unterhalb des Notspiegels liegen. In dem Zwischenraum
befinden sich außerdem noch Tauchkühler, die als Notkühlsystem dienen,
wenn die Hauptkreisläufe versagen sollten.

Der Drehdeckel ist eine schwere und komplizierte Konstruktion. Der
große Drehdeckel sitzt konzentrisch über dem Reaktortank und trägt an
einer starken Aufhängung eine in das Natrium eingetauchte Prallplatte
zum Dämpfen von Stoßwellen bei einem unterstellten Kernzerlegungsstör-
fall. Der mittlere Drehdeckel hat etwas mehr als den halben Durchmesser und sitzt exzentrisch, so daß er gerade noch den Kernbereich überdeckt. Auf ihm sind die Regelorgane montiert, deren Führungsgestänge
bis zur Oberkante des Kerns hinunterragen. Am unteren Ende ist die so-

genannte Niederhalteplatte montiert, die aber diese Funktion nur bei
Versagen der hydraulischen Niederhaltung der Brennelemente ausübt. Sie
dient vor allem als Träger für die Kerninstrumentierung.

Der kleinste Drehdeckel, der wiederum exzentrisch neben dem Kernbereich des mittleren Deckels sitzt, enthält die Zugangsöffnungen auf
denen die Brennelementwechsel- und Umsetzmaschine aufgesetzt wird. Natürlich kann sie auch für andere Zwecke als Zugangsöffnung dienen. Die
drei drehbaren Deckel laufen auf Rollenlagern und werden dabei durch
aufblasbare Dichtungen, die an teflonbeschichteten Flächen gleiten,
abgedichtet. Während des Reaktorbetriebs werden die Drehdeckel abgesenkt auf eine doppelte Anpreßdichtung mit Sperrgas im Zwischenraum.

22.4 Reaktoraufbau beim Pool-Typ

Der Natriumpool beim Super-Phénix [79] (Bild 22.5) ist unterteilt in
ein heißes und ein kaltes Plenum, durch die ringförmige Reaktortrag-
struktur und eine diese umgebende torusförmige sowie eine konusförmige Struktur. Die torusförmige Trennwand übernimmt die Druckdifferenz
zwischen beiden Räumen, während die konusförmige Struktur einen Schutz
gegen Thermoschock bietet. Das heiße Natrium strömt mit 545 °C aus den
Reaktorelementen in das obere heiße Plenum und tritt in die acht Wärmetauscher ein. Das auf 395 °C abgekühlte Natrium tritt in das kalte
Plenum aus, von wo es von vier Primärpumpen angesaugt wird, die es in
die Verteilerkammer unter der Reaktortragplatte fördern. Der größte
Teil durchströmt die Reaktorelemente, ein kleinerer Teil gelangt durch
eine kontrollierte Undichtheit der Fußstücke in die darunterliegende
Kammer und strömt von dort hinter einem Wärmeschutzmantel entlang der
Tankwand, die dadurch auf etwas tieferer Temperatur gehalten wird, in
das kalte Plenum.

Die feste Abdeckung und Abschirmung nach oben ist eine ringförmige
Stahlbetonplatte, die den Natriumtank trägt. Ferner sind daran die
Pumpen, die Wärmetauscher und zwei interne Reinigungsvorrichtungen
aufgehängt. Im mittleren Teil trägt die Platte zwei rotierende Blöcke,
deren Funktion mit der beim SNR beschriebenen übereinstimmt.

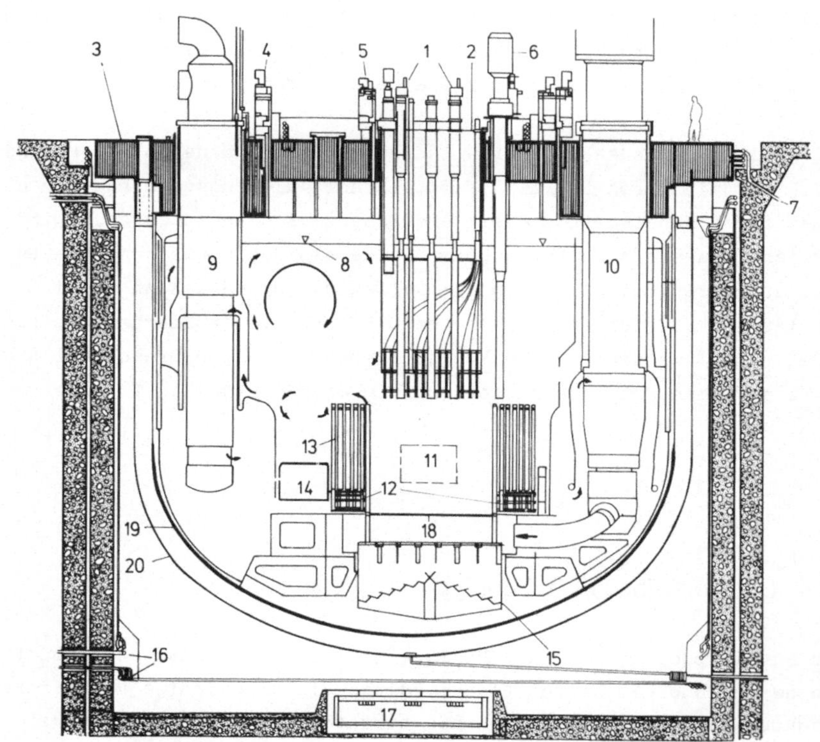

Bild 22.5. Reaktortank mit Einbauten des Super-Phénix.

1	Steuerstabantriebe,	11	Kern,
2	Kerndeckel,	12	Nebengitterplatte,
3	Deckel,	13	seitliche Neutronenabschirmung
4	großer Drehdeckel,	14	Füllkörper,
5	kleiner Drehdeckel,	15	Brennstoff-Auffangstruktur,
6	Lademaschine,	16	Sicherheitskühlkreislauf,
7	Deckelkühlkreislauf,	17	Neutronenmeßkammern,
8	Natriumspiegel,	18	Gitterplatte,
9	Zwischenwärmetauscher,	19	Reaktorbehälter,
10	Primärpumpe,	20	Sicherheitstank

Der den Reaktortank umschließende Sicherheitstank ist unten aufgestützt.
Die Abdeckplatte wird getragen von einem vorgespannten Betonzylinder,
der auf der Innenseite mit Kühlrohren belegt ist. Die Unterseite der
Abdeckplatte und der rotierenden Blöcke wird durch eine metallische
Wärmeisolierung geschützt, die sich im Argonschutzgas befindet.

Eine schräg angeordnete Schleuse ermöglicht das Ausschleusen der Brennelemente, die beim Brennelementwechsel zunächst auf inneren Positionen
abgestellt werden.

23 Reaktorkernauslegung

Die Auslegung des Reaktorkerns verlangt die Festlegung aller Parameter, die den Aufbau und die Betriebsweise wesentlich bestimmen. Ein
großer Teil davon wird durch technische Bedingungen eingeschränkt oder
eindeutig festgelegt. Soweit die technischen Forderungen noch einen
Spielraum lassen, wird die Entscheidung meist durch sicherheitstechnische, betriebliche oder wirtschaftliche Gesichtspunkte herbeige-
führt. Dabei handelt es sich um typische Optimierungsprobleme, bei
denen die Variation eines Parameters mindestens zwei gegenläufige Auswirkungen auf die Stromerzeugungskosten hat. Soweit sich solche Opti-
mierungsaufgaben ergeben, wird im folgenden nur auf die konkurrierenden Gesichtspunkte hingewiesen, die in die Optimierungsüberlegungen
eingehen. Die Optimierung selbst erfordert konkrete Kostendaten und
ist Bestandteil der Wirtschaftlichkeitsbetrachtung.

23.1 Kernauslegung des Druckwasserreaktors

Beim Druckwasserreaktor sind im wesentlichen folgende Parameter festzulegen: Leistung, Leistungsdichte, Abbrand, Reaktivitätsreserve,
Stabdurchmesser, Stababstand, Kerndurchmesser, Kernhöhe, Druck, Kühlmitteldurchsatz, Druckabfall, Eintritts- und Austrittstemperatur des
Kühlmittels, ferner die festigkeitsmäßige Dimensionierung der Hüllrohre der Brennelemente, des Kernbehälters und anderer Strukturen und die
zu verwendenden Werkstoffe.

Vorgegeben ist im allgemeinen die geforderte Nettoleistung N_e. Dazu
addiert man den Eigenverbrauch N_{eig}, der erfahrungsgemäß rund 6% beträgt, und dividiert durch den für Druckwasserreaktoren bei den orts-

gebundenen Kühlbedingungen etwa erreichbaren Wirkungsgrad $\eta = 0,31...0,33$, um die ungefähr benötigte Wärmeleistung zu erhalten. Zieht man davon noch die im Primärkreislauf zugeführte Pumpenleistung N_{Pump} ab, so erhält man die vom Reaktor zu erzeugende thermische Leistung N_{th}.

$$N_{th} = \frac{N_e + N_{eig}}{\eta} - N_p .$$
(23.1)

Etwa 98% davon müssen in den Brennelementen erzeugt werden. Die von den Brennstäben abzugebende Leistung ist also

$$N_{th,B} = 0,98 \, N_{th} .$$
(23.2)

Aus der Brennstabauslegung ist bekannt, daß die maximal zulässige Stableistung $q_{St,max}$ allein durch das Leitfähigkeitsintegral bestimmt wird und nicht vom Stabdurchmesser abhängt. Die höchstzulässige Stabbelastung, bei der in Stabmitte gerade noch kein Brennstoffschmelzen auftritt, liegt etwa bei 650 W/cm. Als maximal zulässige Stableistung wird jedoch im allgemeinen ein tieferer Wert, etwa 500 W/cm, gewählt. Dieser ist von der Brennstabauslegung abhängig und in der Regel aus Experimenten und Erfahrungen mit anderen Reaktoren bekannt. Das Verhältnis der maximal auftretenden Stableistung zur mittleren Stableistung im Reaktor bei Nennlast ist der sogenannte Heißkanalfaktor F_q, der im folgenden noch näher erläutert wird. Bei der Festlegung der mittleren Stableistung wird ferner noch berücksichtigt, daß infolge von Betriebsstörungen nicht auszuschließen ist, das der Reaktor kurzzeitig bei Überlast betrieben wird. Das Reaktorschutzsystem schaltet den Reaktor jedoch so rechtzeitig ab, z.B. bei 1,08facher Nennleistung, daß bei allen denkbaren Betriebsbedingungen das 1,15fache der Nennlast bei der Transiente nicht überschritten wird. Daraus ergibt sich für die mittlere spezifische Stableistung

$$\bar{q}_{St} = \frac{q_{St,max}}{1,15 \, F_q} .$$
(23.3)

Die insgesamt erforderliche Brennstablänge L_{BS} erhält man durch Division der thermischen Reaktorleistung durch die mittlere spezifische Stableistung.

$$L_{BS} = \frac{N_{th,B}}{\bar{q}_{St}} = \frac{1,15 \cdot 0,98 \cdot F_q \cdot N_{th}}{q_{St,max}} .$$
(23.4)

Der Stabdurchmesser ist zunächst noch offen. Er bestimmt die Wärmestromdichte an der Brennstaboberfläche. Sie ist umgekehrt proportional zum Stabdurchmesser. Für die Wärmestromdichte gibt es eine obere
Grenze, da der "Burn-out-Punkt" hauptsächlich von der Heizflächenbelastung abhängt. Hat man für die im Kühlkanal geltenden Bedingungen
die kritische Heizflächenbelastung ermittelt, so errechnet man die maximal zulässige Heizflächenbelastung durch Division mit einem Sicherheitsfaktor gegen burn-out, der in der Regel mindestens 1,4 betragen
sollte. Daraus ergibt sich eine untere Grenze für den Stabdurchmesser.
Der tatsächliche Stabdurchmesser ist jedoch größer und wird unter Ein-
halten der vorgegebenen Grenze durch eine wirtschaftliche Optimierung
festgelegt. Dabei sind die Fertigungskosten eines Brennstabs, die vom
Durchmesser fast unabhängig sind, gegen die Brennstoffeinsatzkosten
abzuwägen, die mit zunehmendem Stabdurchmesser steigen. Der Brennele-
mentpreis pro kg Brennstoff geht in die Brennstoffkostenrechnung ein.
Die Fertigungskosten pro kg Brennstoff sinken mit zunehmendem Durchmesser fast umgekehrt proportional zum Quadrat des Durchmessers. Die
Einsatzkosten werden aber höher mit zunehmendem Durchmesser, da wegen
der niedrigeren Leistungsdichte mehr Brennstoff eingesetzt werden muß
und dieser länger im Reaktor bleibt, bis er den Endabbrand erreicht
hat. Die geringere Leistungsdichte würde auch zu einem größeren Kernvolumen führen, was stark kostenerhöhend wirkt. Die Optimierungsrechnung zeigt ein sehr deutliches Kostenminimum, so daß der Stabdurchmesser in allen Druckwasserreaktoren praktisch gleich ist, etwa 10 bis
11 mm.

Durch den Stababstand, der als nächstes festzulegen ist, wird das Mo-
derator/Uran-Verhältnis, der Strömungswiderstand des Kühlkanals und
das gesamte Volumen des Reaktorkerns bestimmt. Das Moderator/Brenn-
stoff-Verhältnis beeinflußt die Neutronenökonomie und vor allem den
Reaktivitätskoeffizienten der Moderatortemperatur. Trägt man für vorgegebene Anreicherung mit dem Stabradius r als Parameter den Multiplikationsfaktor k_∞ als Funktion des Moderator/Brennstoff-Verhältnisses
auf [80], so erhält man eine zunächst monoton ansteigende und dann
wieder abfallende Kurve mit einem Maximum bei einem optimalen Modera-
tor/Uran-Verhältnis (Bild 23.1). Diese Kurve ist abhängig von der Borkonzentration im Moderator. Besonders zu berücksichtigen ist, daß ja
die Reaktivität des Druckwasserreaktors mit Borsäure getrimmt werden
soll. Für höhere Borkonzentration wird das Maximum niedriger und wan-
dert zu kleinerem Stababstand.

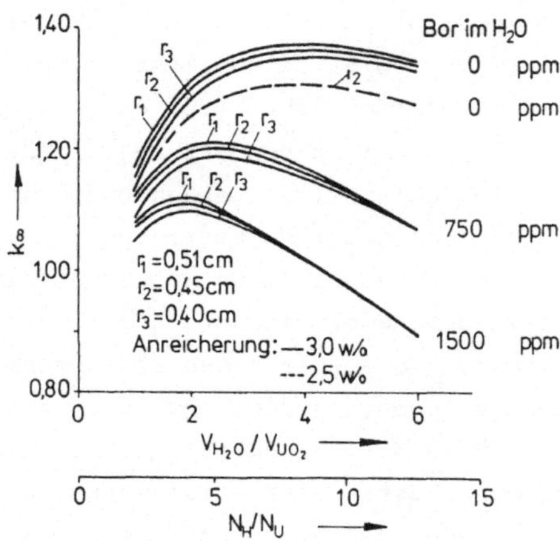

Bild 23.1. k_∞ in Abhängigkeit vom Moderator/Brennstoff-Verhältnis,
           dem Stabdurchmesser, der Anreicherung und dem Borgehalt
           des Moderators

Die Vermeidung eines positiven Temperaturkoeffizienten des Moderators
verlangt, daß man bei der Auslegung links des Maximums bleibt, denn
eine Erwärmung vermindert die Moderatordichte und verschiebt deshalb
den Abszissenwert nach links. Danach muß also die Auslegung getroffen
werden. Beim neubeladenen Reaktor, der die höchste Borkonzentration
erfordert, kann man kleine, positive Temperaturkoeffizienten bei Temperaturen unter 100 °C zulassen. Man wählt die Auslegung in der Nähe
des Maximums dieser Kurve, etwa bei einem Moderator/Brennstoff-Volu-
men-Verhältnis 2, was einem Wasserstoff/Uran-Atom-Verhältnis von etwa
4 entspricht. Ein kleines Volumenverhältnis ist auch mit Rücksicht
auf die Größe des Reaktorkerns vorteilhaft. Mit dem Moderator/Brenn-
stoff-Verhältnis ist bei einem Brennstabradius r der Stababstand s
und der Kühlkanalquerschnitt für quadratische Brennstabgitter festgelegt durch die Gleichung

$$\frac{V_{H_2O}}{V_{UO_2}} = \frac{s^2 - \pi r^2}{\pi r^2} = 2 \rightarrow s^2 = 3\pi r^2, \tag{23.5}$$

$$s = \sqrt{3}\,\pi r. \tag{23.6}$$

Mit dem Zellenquerschnitt pro Brennstab s^2 und der gesamten Brennstablänge L_{BS} ist das Volumen des Reaktorkerns V_C mit dem Radius R
und der Höhe H

$$V_c = \pi\, R^2\, H = L_{BS}\; s^2 \tag{23.7}$$

gegeben. Das Verhältnis H/2R sollte für eine optimale Reaktivität bei
ungefähr 0,9 liegen (s. Abschnitt 11.4.3, Band 1). Aufgrund einer Optimierung, die neben der Reaktivität den Druckabfall des Kühlmittels
über die Kernhöhe und die Kosten des Druckbehälters berücksichtigt,
erweist sich ein größeres Verhältnis als wirtschaftlich optimal. Es
liegt zwischen 0,9 und 1,1.

Die Anreicherung mußte für diese Überlegung zunächst einmal angenommen werden. Wie Bild 23.1 zeigt, ist zwar die Größe von k stark von
der Anreicherung abhängig, nicht aber die Lage des Maximums. Über die
Anreicherung kann also noch in einem gewissen Bereich verfügt werden,
ohne die bisherigen Festlegungen zu beeinflussen.

Nachdem die Größe und die Struktur des Reaktorkerns festliegen, kann
die neutronenphysikalische Berechnung in Angriff genommen werden, um
die notwendige Anfangsreaktivität für den angestrebten Abbrand über
die Anreicherung einzustellen.

Man geht davon aus, daß der Reaktor jedesmal vor dem Brennelementwechsel, wenn die Beladung erneuert werden muß, den Reaktivitätszustand
Null unter normalen Betriebsbedingungen erreicht hat. Da der Brennelementwechsel aus wirtschaftlichen Gründen im jährlichen Rhythmus bevorzugt in der Schwachlastzeit durchgeführt wird, muß die Anfangsreaktivität also so eingestellt werden, daß sie für eine vorgesehene Betriebsperiode etwa von 340 Vollasttagen ausreicht. Die Kritikalitäts-
berechnung muß für diesen Abbrandzustand durchgeführt werden. Sie
setzt gewisse Annahmen über den Umsetzplan voraus, die in die Element-
anordnung eingehen. Als offener, noch zu bestimmender Parameter ist
die Anfangsanreicherung der neu einzusetzenden Brennelemente zu betrachten.

Die Kritikalität wird durch neutronenphysikalische Berechnungen für
einen Mehrzonenkern, der verschiedene Anreicherungsstufen bzw. Elemente verschiedenen Abbrands enthält, bestimmt. Rechnet man dann den Abbrandzustand der Brennelemente auf die Anfangskonzentration zurück und
führt die Kritikalitätsrechnung mit diesen Daten durch, so erhält man
eine Anfangsreaktivität, die größer als Eins ist. Der Multiplikationsfaktor kann z.B. k_{eff} = 1,20 betragen, beim Erstkern liegt er in der

Regel noch höher. Diese Überschußreaktivität muß durch Absorber wegge-
trimmt werden. Beim Druckwasserreaktor wird dafür dem Kühlmittel so
viel Borsäure zugemischt, daß auch schon am Anfang der Reaktor bei
Vollast ohne eingefahrene Absorberstäbe gefahren werden kann. Das verlangt etwa eine Borkonzentration von 1500 ppm, die dann im Laufe eines
Abbrandzyklus auf Null abgesenkt wird. Die Abschaltreaktivität der Absorberstäbe muß ausreichend für eine kalte Abschaltung bemessen werden. Dabei ist z.B. die in der Tabelle 23.1 aufgeführte Reaktivitätsbilanz [42] aufzustellen.

Tabelle 23.1. Reaktivitätsbilanz des Erstkerns eines Druckwasserreaktors

Reaktivitätsänderung durch	Kernzustand	Reaktivität	Kontrolliert durch
Brennstoff, Moderator	kalt auf heiß bei Nullast	- 0,03	Steuerstäbe und Borsäure
Brennstoff	heiß, Nullast auf Vollast	- 0,017	Steuerstäbe und Borsäure
Xenon, Samarium	Gleichgewichts-vergiftung bei Vollast	- 0,03	Borsäure
Brennstoffabbrand	nach 1. Ab-brandzyklus	- 0,13	Borsäure
Reaktivitätsüberschuß des kalten Erstkerns		0,207	
zu kompensieren durch Steuerstabreaktivität:			
Leistungsänderungen		0,022	
Stabversagen		0,015	
Abschaltreserve		0,010	
Meßungenauigkeiten		0,003	
notwendige Steuerstabreaktivität		0,050	
tatsächliche Steuerstabreaktivität		0,075	

Die neutronenphysikalische Rechnung ergibt neben der Anfangsanreicherung gleichzeitig auch die Neutronenfluß- und die Leistungsdichteverteilung für die verschiedenen Belade- und Abbrandzustände, die für die
thermohydraulische Auslegung wichtig sind.

Nachdem so die Geometrie, die neutronenphysikalische Auslegung und die
Leistungsdichteverteilung des Reaktorkerns in wesentlichen Zügen fi-

xiert sind, bleibt noch die wärme- und strömungstechnische Auslegung, die folgenden Forderungen genügen soll:

- Die Maximaltemperatur im Hüllrohr soll bei Normalbetrieb unter der Grenztemperatur von etwa 350 °C bleiben.

- Die kritische Heizflächenbelastung gegen Filmsieden darf mit Sicherheit an keiner Stelle erreicht werden.

- Im Normalbetrieb soll an keiner Stelle Blasensieden auftreten.

Limitiert ist zunächst nur die maximal zulässige Hüllrohrtemperatur, die im allgemeinen im oberen Drittel der Kernhöhe auftritt. Praktisch ist dadurch auch die Austrittstemperatur in engen Grenzen festgelegt. Die Eintrittstemperatur liegt bei festgehaltener Austrittstemperatur um so höher, je größer der Durchsatz ist. Die damit verbundene Anhebung der mittleren Temperatur, bei der die Wärme vom Kühlmittel aufgenommen wird, bedeutet eine Verbesserung des thermischen Wirkungsgrades. Der höhere Durchsatz verlangt einerseits größere Pumpleistung und größere Rohrquerschnitte, andererseits aber eine kleinere Wärmetauscherfläche im Dampferzeuger (Bild 23.2 [81]). Der Kompromiß muß durch eine Optimierungsrechnung gefunden werden. Er liegt bei Strömungsgeschwindigkeiten im Kern von etwa 4 m/s, was bei einem 1300-MW_e-Reaktor etwa einem Durchsatz von 60000 t/h entspricht.

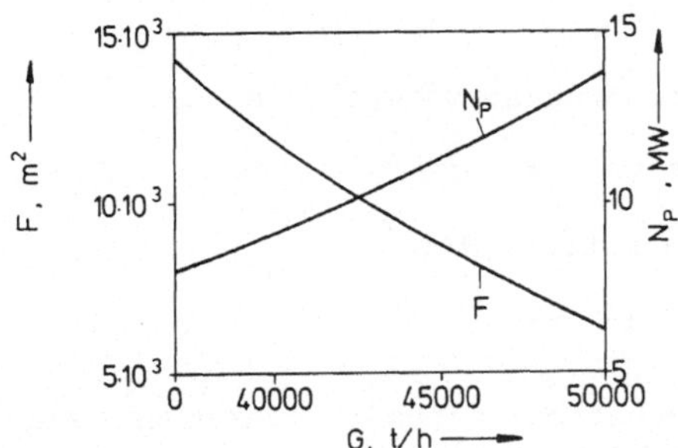

Bild 23.2. Wärmeaustauschfläche F der Dampferzeuger und Pumpenleistung N_P in Abhängigkeit vom Kühlmitteldurchsatz

Der daraus resultierende Druckabfall über dem Reaktorkern beträgt etwa 4 bis 6 bar und liegt in technisch vernünftigen Grenzen. Die Optimierung des Durchsatzes ist durchzuführen unter der Randbedingung,

daß der Sicherheitsfaktor gegen Filmsieden den geforderten Wert 1,4
nicht unterschreitet.

Sowohl zur Berechnung der mittleren spezifischen Stableistung als
auch des Sicherheitsfaktors gegen Filmsieden werden die sogenannten
Heißkanalfaktoren benötigt. Als Formfaktor mit Sicherheitszuschlag
wurde F_q schon ganz zu Anfang für die Auslegungsrechnung benutzt. Der
Heißkanalfaktor ist eine fiktive Vorstellung, die dazu dienen soll,
eine sichere obere Grenze für die wärmetechnische Belastung zu finden.
Er ist folgendermaßen definiert: "Der Heißkanal ist ein Brennstab-
Unterkanal, der sich im Maximum der Leistungsdichteverteilung befindet und bei dem gleichzeitig die ungünstigsten strömungs- und fertigungstechnischen Voraussetzungen vorliegen."

Man unterscheidet zwei Heißkanalfaktoren: F_q für die Wärmebelastung
im Brennstoff und $F_{\Delta h}$ für die Aufwärmspanne im Kühlkanal. F_q berücksichtigt die Schwankungen der Leistungsdichte, $F_{\Delta h}$ die der Wärmeabfuhr. Sie sind definiert durch das Verhältnis der Maximalwerte zu den
über den ganzen Reaktorkern gemittelten Werten.

$$F_q = \frac{q_{max}}{\bar{q}} \approx \frac{q_{St,max}}{\bar{q}_{St}} = \frac{L_{max}}{\bar{L}} , \qquad (23.8)$$

$$F_{\Delta h} = \frac{\Delta h_{max}}{\Delta \bar{h}} \qquad\qquad\qquad (23.9)$$

q = Wärmestromdichte an der Brennstaboberfläche, W/cm^2;

q_{St} = spezifische Stableistung, W/cm;

L = Leistungsdichte im Brennstoff, W/cm^3;

Δh = Enthalpieerhöhung im Reaktor, kJ/kg.

F_q und $F_{\Delta h}$ sind jeweils das Produkt aus einem nuklearen und einem
technischen Unterfaktor. Während der nukleare Unterfaktor, auch Formfaktor genannt, die Leistungsdichteverteilung einschließlich der lokalen Leistungsspitzen beschreibt, werden durch den technischen Unterfaktor die Einflüsse von Fertigungsschwankungen, Brennstabdeformatio-
nen und ungleichmäßiger Strömungsverteilung, also alle Abweichungen
von den Nenndaten, berücksichtigt. Ein ungefähres Bild über die für
einen Druckwasserreaktor typischen Verhältnisse vermittelt die in Tabelle 23.2 gezeigte Aufschlüsselung der Heißkanalfaktoren [42].

Tabelle 23.2. Zusammensetzung der Heißkanalfaktoren eines Druckwasserreaktors

Heißkanalfaktor	F_q	$F_{\Delta h}$
radiales Leistungsdichteverhältnis	1,45	1,45
axiales Leistungsdichteverhältnis	1,535	–
Leistungsdichteverschiebung durch Regelstäbe		–
Leistungsspitzen durch lokale Übermoderation	1,08	1,08
nuklearer Unterfaktor (Formfaktor)	2,40	1,566
statistischer Anteil (Fertigungsschwankungen und Stabverbiegung)	1,04	1,04
ungleichförmige Kühlmittelzufuhr	–	1,05
Kühlmittelverdrängung im Heißkanal	–	1,05
Temperaturglättung durch Vermischung	–	0,835
technischer Unterfaktor	1,04	1,0532
Gesamtfaktor	2,50	1,65

Die Werte der nuklearen Unterfaktoren gelten für den frischbeladenen
Kern und verringern sich mit zunehmendem Abbrand infolge der Lei-
stungsprofilabflachung und des Abbrennens lokaler Leistungsspitzen.
Den Vermischungseffekt durch einen Heißkanalfaktor kleiner als Eins
zu berücksichtigen, ist nicht ganz einwandfrei, denn die Größe der
Wirkung ist von anderen Faktoren abhängig. Nur wenn sich Temperatur-
ungleichmäßigkeiten ausgebildet haben, können diese geglättet werden.
Wären alle technischen Unterfaktoren gleich Eins, könnte auch der Ver-
mischungsfaktor nur gleich Eins sein. Der Wert entspricht aber wohl
der Erfahrung aus Versuchen und soll zum Ausdruck bringen, daß die
normalerweise vorhandenen Temperaturspitzen im Verhältnis zum Mittelwert um den Faktor 0,835 abgebaut werden.

Eine plötzliche und gefährliche Überschreitung der zulässigen Hüllrohrtemperatur tritt dann auf, wenn die kritische Wärmestromdichte
überschritten wird. Bei der Auslegung muß deshalb, wie schon erwähnt,
ein angemessener Sicherheitsabstand eingehalten werden. Praktisch
geht man so vor, daß man die aufgrund der Optimierungsrechnung er-
wünschten Werte für Durchsatz und Eintrittstemperatur vorgibt und den
Temperaturverlauf im Heißkanal für die bekannte Leistungsdichteverteilung L(z) nach (16.36) bis (16.40) berechnet.

Wie man in Bild 23.3 [42] sieht, wird Oberflächensieden über einen
großen Teil der Brennstablänge zugelassen. Es tritt ein, sobald die
Hüllrohraußentemperatur die Siedetemperatur erreicht hat.

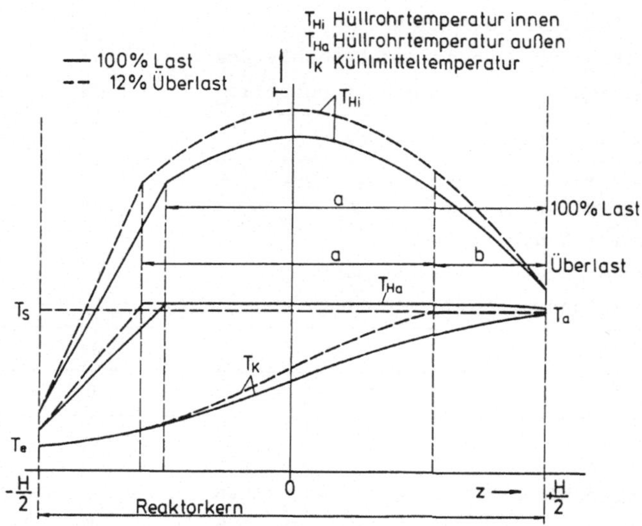

Bild 23.3. Axiale Temperaturverteilung im Heißkanal eines Druckwasser-
          reaktors

Dann ermittelt man die für jede Stelle des Heißkanals gültige kriti-
sche Stromdichte $q_{krit}(z)$. Dafür gibt es keine allgemeingültige Theo-
rie, sondern man ist auf empirische Beziehungen angewiesen, die den
Durchsatz, den Betriebsdruck, die Dampfqualität und den hydraulischen
Durchmesser mit der kritischen Wärmestromdichte in Beziehung setzen.
Im allgemeinen verwendet man die sogenannte W-3-Beziehung (16.69).

Das Verhältnis $q_{krit}(z)/q(z)$ ergibt den Sicherheitsfaktor als Funktion
von z, wie er in Bild 23.4 aufgetragen ist [81]. Unterschreitet er an
einer Stelle den geforderten Wert 1,4, so muß der Durchsatz erhöht
oder die Eintrittstemperatur gesenkt werden. Den Zusammenhang zwischen
Kühlmitteleintrittstemperatur, Reaktorleistung und Sicherheitsfaktor
gegen Filmsieden bei vorgegebenem Durchsatz zeigt Bild 23.5 [42].

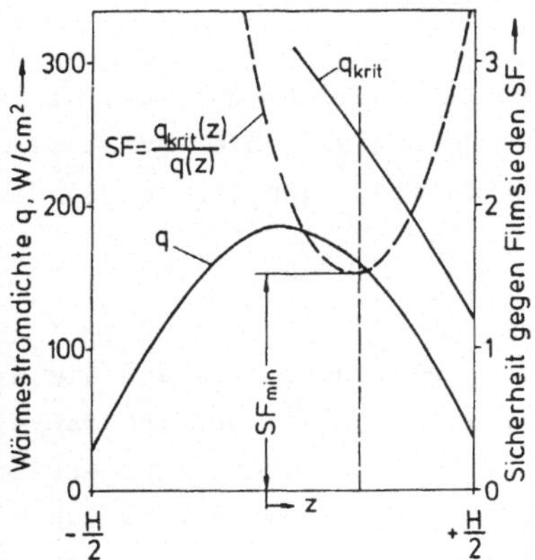

Bild 23.4. Kritische Wärmestromdichte und Sicherheit gegen Filmsieden
im Heißkanal eines Druckwasserreaktors

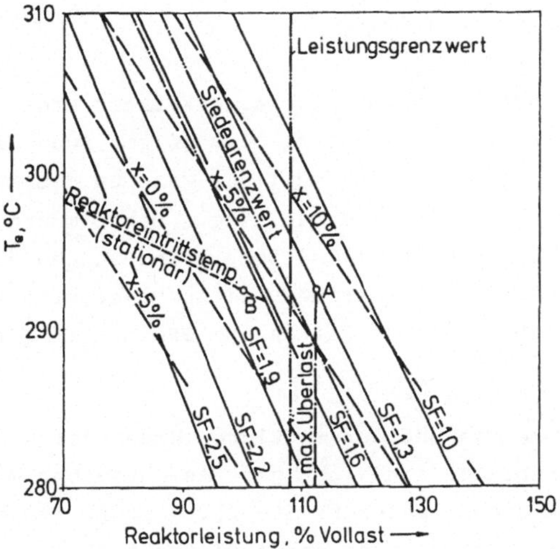

Bild 23.5. Zusammenhang zwischen Kühlmitteleintrittstemperatur T_e,
Sicherheit gegen Filmsieden SF, Dampfgehalt x und Reaktorleistung; A Auslegungspunkt, B Betriebspunkt 100% Last

Der hier skizzierte Gang der Auslegungsrechnung läßt sich natürlich
in einem Programmsystem zusammenfassen, das eventuell nach mehrfacher
Iteration eine optimale und den technischen Bedingungen entsprechende
Auslegung ermöglicht.

23.2 Kernauslegung des Siedewasserreaktors

Der Gang der Auslegung läuft in wesentlichen Zügen ähnlich, wie er
für Druckwasserreaktoren skizziert wurde und soll hier nicht wiederholt werden, soweit nicht abweichende Überlegungen für den Siedewasserreaktor anzustellen sind.

Wegen des dominierenden Einflusses der Leistungsdichte auf die Wirtschaftlichkeit sollte der Betriebsdruck so gewählt werden, daß eine
möglichst hohe Wärmestromdichte an der Brennstaboberfläche erreichbar
ist. Die kritische Heizflächenbelastung ist vom Verhältnis des Betriebsdrucks zum kritischen Druck abhängig und hat für Wasser ein Maximum bei 70 bar. Deshalb wird dieser Druck in der Regel für das Reaktorkühlmittel festgelegt. Ferner sollte aus Gründen der Strömungssta-
bilität der Dampfgehalt am Austritt 20% nicht überschreiten. Aus beiden Einschränkungen resultiert eine um etwa 30% geringere Leistungsdichte des Brennstoffs als beim Druckwasserreaktor.

Wegen der geringen Leistungsdichte beim Siedewasserreaktor ergibt sich
ein etwas größerer optimaler Stabdurchmesser, etwa 14 mm. Auch das Mo-
derator/Uran-Verhältnis kann größer sein, weil das Maximum des Multiplikationsfaktors ohne Bor bei höheren Werten liegt. Bortrimmung kann
bei Siedewasserreaktoren wegen der Konzentrationsveränderungen durch
Ausdampfen nicht verwendet werden. Die erforderliche Reaktivitätstrim-
mung wird durch Zusatz von abbrennbaren Giften zum Brennstoff erreicht.

Nach der Festlegung der Geometrie und der mittleren Brennstoffanrei-
cherung ist die Reaktivitätsbilanz ein wichtiger Gesichtspunkt einerseits für die Betriebsbedingungen, andererseits für weitere Ausle-
gungsentscheidungen. Wichtige Größen sind dabei die größtmögliche Überschußreaktivität und die für eine Betriebsperiode verfügbare Reaktivität.

Der Einfluß der verschiedenen physikalischen Effekte auf die Änderung
des Multiplikationsfaktors k ist für Siedewasserreaktoren oberhalb
600 MW_e praktisch unabhängig von der Kerngröße [85]. Tabelle 23.3 gibt
die Bilanz für den Erstkern des Kernkraftwerks Würgassen wieder.

Tabelle 23.3. Neutronenbilanz für den Erstkern eines Siedewasserreaktors

Reaktivitätsänderung durch	Kernzustand	Δk	Kontrolliert durch
Moderator	kalt-heiß auf Betriebsdruck	+ 0,011	Steuerstäbe $\Delta k = 0,173$
Brennstoff	auf Betriebstemperatur	− 0,011	
Dampfblasen	Vollast	− 0,040	
Xenon, Samarium	Gleichgewichtsvergiftung bei Vollast	− 0,040	Gadolinium- bzw. Borvergifungsbleche $\Delta k = 0,119$
Abbrand	nach 1. Abbrandzyklus	− 0,175	$\Delta k_{ges} = 0,292$
Überschuß des kalten Erstkerns		0,255	

Bei der Auslegung des Siedewasserkerns ist die durch das Sieden verursachte ungünstige Leistungsdichteverteilung berücksichtigt. Sie weicht von einer Cosinusverteilung stark ab und hat ihr Maximum im unteren Drittel. Auch hier gelten, wie beim Druckwasserreaktor, die beiden Forderungen, daß der Brennstoff nirgends die vorgegebene Grenztemperatur überschreiten soll, und daß der Sicherheitsfaktor gegen Filmsieden nirgends unterschritten wird. Anstelle der dritten Forderung beim Druckwasserreaktor, daß kein Blasensieden im Kühlmittel auftreten soll, tritt beim Siedewasserreaktor die Forderung auf, daß der Dampfblasengehalt im Kern nicht mehr als ein Drittel des Moderatorvolumens ausmachen soll, um unerwünschte Auswirkungen auf die hydraulische Stabilität und die Reaktivitätsbilanz des Kerns zu vermeiden. Dies entspricht einem Dampfgehalt $x < 0,19$ am Austritt

In Bild 23.6 [82] sind die Heizflächenbelastung und die kritische Heizflächenbelastung sowie der Sicherheitsfaktor in Abhängigkeit vom Dampfgehalt x aufgetragen. Der Sicherheitsfaktor soll den Wert 1,9 nicht unterschreiten. Diese thermohydraulische Auslegung bezüglich der Sicherheit gegen kritische Heizflächenbelastung (SKHB) wurde bisher analog zum Druckwasserreaktor durchgeführt.

Neuerdings wird eine andere Auslegungsmethode empfohlen und praktiziert [83,84]. Sie verwendet als Kenngröße den "Minimalen Abstand zur Siedeleistung", als MASL bezeichnet. Während bei der bisher zugrunde

gelegten kritischen Heizflächenbelastung im wesentlichen die lokalen
Bedingungen eingehen, geht man bei der neuen Modellvorstellung davon
aus, daß das Siedeübergangsereignis, das durch den Abriß des flüssig-
keitsreichen Gemischfilms von der benetzten Hüllrohroberfläche gekennzeichnet ist, wesentlich von der Vorgeschichte des Kühlmittels
stromaufwärts abhängt. Diese wird charakterisiert durch die Parameter
Siedelänge L_s, Dampfgehalt x_s, Massenstromdichte und Druck. Der Dampfgehalt beim Siedeübergang als Funktion der Siedelänge wird durch die
sogenannte "XL-Korrelation" dargestellt. In Bild 23.7 [83] ist diese
Korrelation (durchgezogene Linie) im Vergleich zu Meßdaten mit stark
unterschiedlicher axialer Wärmestromdichteverteilung eingetragen. Es
zeigt, da diese Korrelation eine bemerkenswerte Unempfindlichkeit gegen die axiale Leistungsdichteverteilung aufweist, daß sie für die
Reaktorkernauslegung besonders geeignet ist.

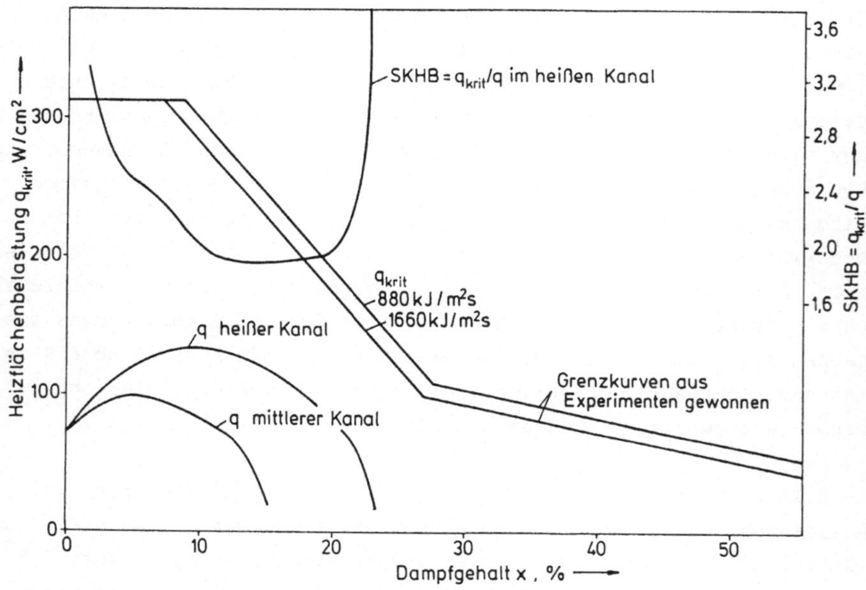

Bild 23.6. Thermohydraulische Verhältnisse im Heißkanal eines Siede-
          wasserreaktors

Zur Bestimmung der XL-Korrelation wurden im ATLAS-Test-Loop der General
Electric mehrere Versuchsreihen mit original 9 × 9 Brennelementen ge-

fahren. Bild 23.8 [84] zeigt, daß die gemessene Siedeübergangsleistung
in Abhängigkeit von der Eintrittsunterkühlung bei einem Druck von
70 bar und verschiedenen Massenstromdichten sehr gut durch die berechneten Kurven wiedergegeben wird.

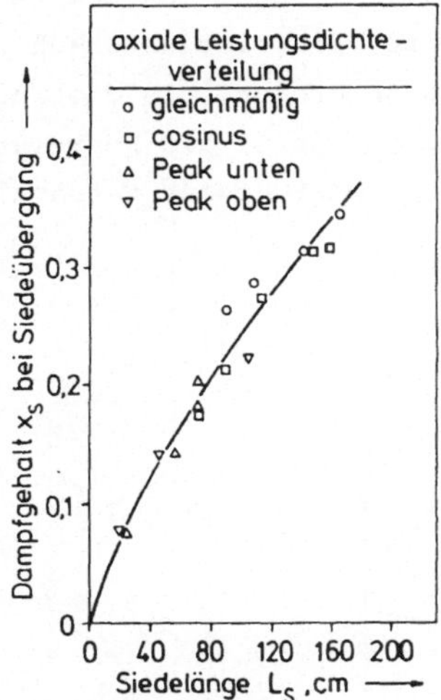

Bild 23.7. Dampfgehalt x_s in Abhängigkeit von der Siedelänge L_s

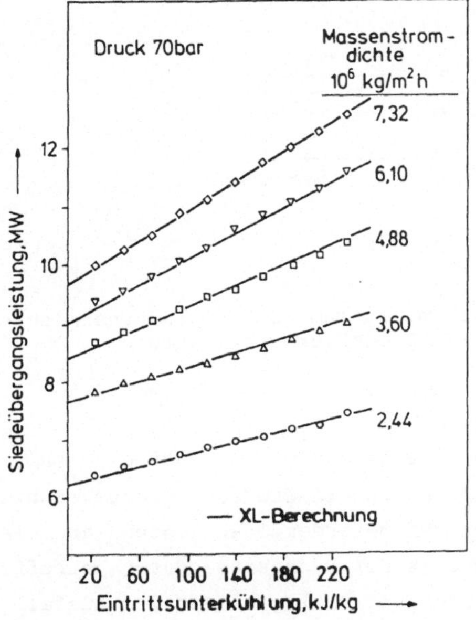

Bild 23.8. XL-Korrelation im Vergleich zu gemessenen Werten

Zur Beurteilung des Sicherheitsabstands gegen Siedeübergang wird, wie
in Bild 23.9 [83] gezeigt, die Funktion des tatsächlichen Dampfgehalts
x_Q über der Siedelänge L_S im Brennelement ermittelt, und mit der kritischen Qualität x_C nach der "XL-Korrelation" verglichen. Der Abstand
gegen Siedeübergangsleistung ASL wird bestimmt, indem man bei festge-
haltenen Werten für Druck, Massenstromdichte, Eintrittsunterkühlung
und Leistungsverteilung die Leistung so lange erhöht, bis die Kurve
des berechneten Dampfgehalts x_{Qc} als Funktion von L_S die Korrelations-
kurve tangiert. Durch das Verhältnis dieser Leistung zur tatsächlichen
Leistung ist ASL definiert.

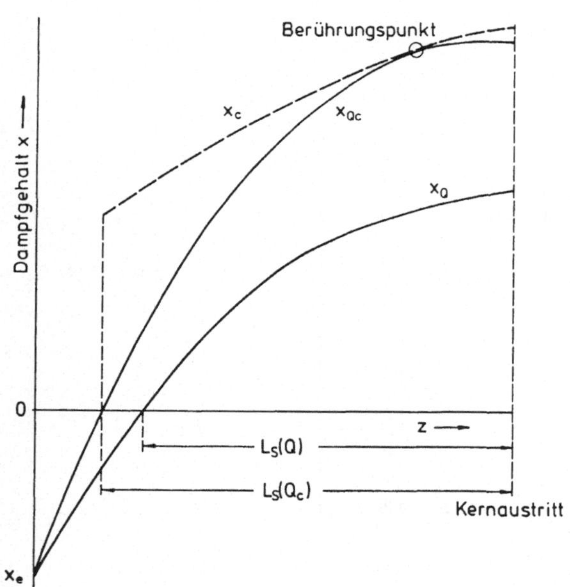

Bild 23.9. Zusammenhang zwischen minimalem Abstand und thermischem
            Sicherheitsabstand zur Siedeübergangsleistung

Der Minimale ASL (MASL) soll so festgelegt werden, daß einerseits bei
Normalbetrieb praktisch kein Brennstab ein Siedeübergangsereignis er-
fährt, und daß andererseits bei auftretenden Transienten (anomaler
Betrieb) statistisch höchstens 0,1% der Brennstäbe davon betroffen
sind. Die ungünstigste Transiente ist im allgemeinen der Ausfall der
Hauptwärmesenke. Bild 23.10 zeigt das Ergebnis einer solchen Analyse

für 8 × 8 bzw. 9 × 9 Brennelemente, ausgedrückt durch die Siedeübergangswahrscheinlichkeit für einen Stab.

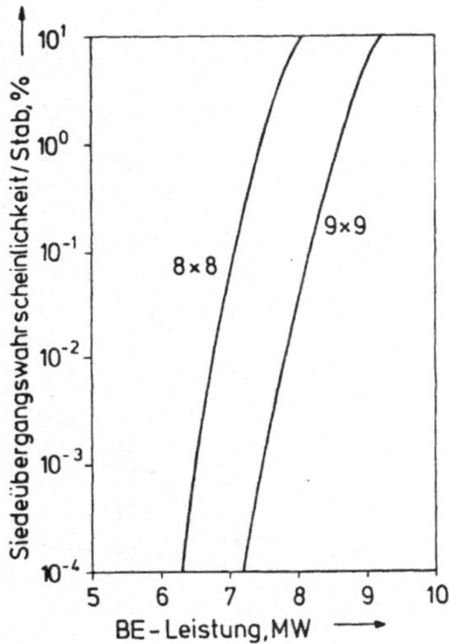

Bild 23.10. Siedeübergangswahrscheinlichkeit je Stab in Abhängigkeit
            von der Leistung eines 8 × 8- bzw. 9 × 9-Brennelements

Einen Vergleich der beiden Kenngrößen MSKHB und MASL zeigt Bild 23.11
für drei verschiedene Annahmen über die Anregung der Reaktorschnellabschaltung. Die Kurven zeigen jeweils einen ähnlichen Verlauf. Allerdings wird bei dem früher verlangten Sicherheitsfaktoren MSKHB $\geq$ 1,9
bei Ausfall der Hauptwärmesenke im Normalbetrieb der Wert 1,0 bei ver-
zögerter Abschaltung unterschritten, während MASL $\geq$ 1 durchgehend eingehalten wird.

Parallel geschaltete Strömungskanäle, in denen Sieden auftritt, zeigen ohne besondere Maßnahmen eine Strömungsinstabilität, weil der
Strömungswiderstand mit zunehmendem Dampfgehalt steigt. Eine Stabilisierung wird durch Drosselung im Brennelementfuß erreicht. Gleichzeitig wird der Durchsatz der einzelnen Brennelemente durch die Drosselung im Brennelementfuß, zonenweise an die Kanalleistung angepaßt,
eingestellt. Die thermisch-hydraulischen Verhältnisse werden für jeden Kanaltyp berechnet und überprüft. Bild 23.12 [82] zeigt das typische Ergebnis einer solchen Rechnung für den Massendampfgehalt x, den

volumetrischen Dampfgehalt α, den Druckverlust Δp, die Heizflächenbelastung q, die kritische Heizflächenbelastung KHB und für die Sicherheit gegen die kritische Heizflächenbelastung SKHB.

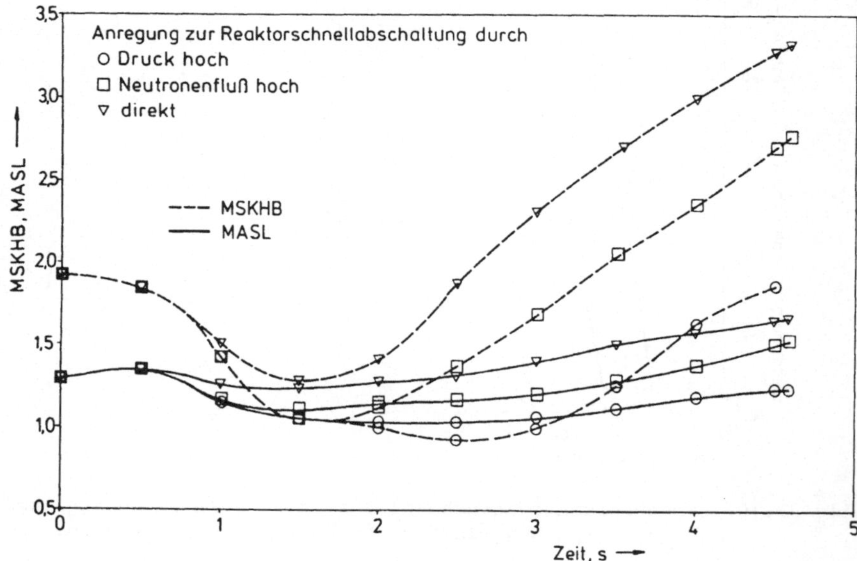

Bild 23.11. Zeitlicher Verlauf der Größen MSKHB und MASL bei Ausfall
            der Hauptwärmesenke

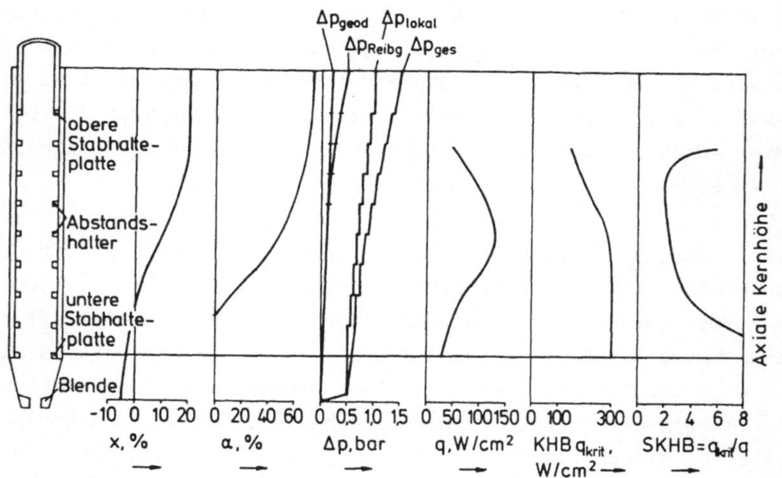

Bild 23.12. Überblick über die thermohydraulischen Verhältnisse in
            einem Siedewasserreaktorbrennelement

23.3 Auslegung eines gasgekühlten Hochtemperaturreaktors

Als Beispiel für die zur Reaktorauslegung eines gasgekühlten Reaktors notwendigen Überlegungen wird der Hochtemperaturreaktor betrachtet. Die Überlegungen gehen von folgenden Vorgaben aus: Die Brennelemente sind Kugeln, die nur aus nichtmetallischen Werkstoffen bestehen, und als Kühlmittel wird Helium verwendet. Als Ergebnis der Entwicklung und aufgrund der Erfahrung mit anderen gasgekühlten Reaktoren wird die integrierte Bauweise mit Spannbetonbehältern angewandt.

Ausgehend von einer geforderten Leistungsgröße kann wie bei Leichtwasserreaktoren die notwendige Anzahl der Kugeln bestimmt werden, wenn die maximal zulässige Leistung einer Brennstoffkugel bekannt ist. Diese wird bestimmt durch die maximale Temperatur im Brennstoff und die Oberflächentemperatur. Begrenzend für die zulässige Temperaturdifferenz ist nicht in erster Linie der Schmelzpunkt des Brennstoffs oder der Graphitmatrix, sondern die Temperaturspannungen. Damit ist auch das Leitfähigkeitsintegral festgelegt. Hat man für die Leistung pro Kugel eine Festlegung getroffen, so ergibt sich der minimale Kugeldurchmesser aus der zugelassenen Wärmestromdichte an der Kugeloberfläche. Diese ist allerdings nicht scharf begrenzt, da einerseits der Wärmeübergang stark von Kühlmitteldichte und -geschwindigkeit abhängt und andererseits ein relativ großer Temperatursprung an der Oberfläche zugelassen werden kann, da der Brennstoff nicht temperaturempfindlich ist. Der Wahl eines größeren Durchmessers steht entgegen, daß bei festgelegtem Leitfähigkeitsintegral die maximale Leistungsdichte mit dem Quadrat des Durchmessers abfällt. In dem so eingegrenzten Durchmesserbereich hat man eine gewisse Freiheit der Optimierung, wobei auch der Druckabfall des Kühlmittels beachtet werden muß. Die Wahl des optimalen Kühlmitteldrucks muß die technischen Möglichkeiten des Druckbehälters, besonders der Durchdringungsabschlüsse, Konstruktionsprobleme der Gebläse, der Dampferzeuger und der Rohrleitungen sowie die damit verbundenen Kosten berücksichtigen. Auch die mit dem Systemdruck ansteigenden Heliumverluste spielen dabei eine Rolle.

Das Kernvolumen bestimmt sich aus der ermittelten Anzahl von Kugeln über den experimentell zu bestimmenden Füllfaktor, der bei einer Kugelschüttung etwa 0,61 beträgt. Das Verhältnis Höhe zu Durchmesser hat bei gasgekühlten Reaktoren einen stärkeren Kosteneinfluß als bei

wassergekühlten, da die Gebläseleistung und der Durchmesser des Spannbetonbehälters davon abhängen, beides Komponenten mit hohem Kostenan-
teil.

Für das Temperaturniveau, d.h. die Festlegung von Ein- und Austrittstemperatur des Kühlgases, gilt in noch stärkerem Maße als für die
Brennstofftemperatur, daß keine maßgeblichen Grenzen durch die werkstofftechnischen Eigenschaften des Kernmaterials gesetzt werden. Lediglich die den Reaktor umgebenden Strukturen und die Werkstoffe des
Primärkreislaufs begrenzen die maximale Austrittstemperatur. Die Festlegung des Temperaturniveaus innerhalb dieses durch technische Randbedingungen weit gesteckten Rahmens sind ausschließlich eine Frage
der wirtschaftlichen Optimierung. Hierbei gehen besonders stark die
Kosten der Wärmetauscher ein, deren erforderliche Heizfläche dem verfügbaren Temperaturgefälle umgekehrt proportional ist. Je nach dem
nachfolgenden Prozeß muß man davon ausgehen, daß die dafür zweckent-
sprechende Temperatur vorgegeben ist.

Die Anreicherung ergibt sich durch die erforderliche Überschußreaktivität für einen angestrebten Abbrand, der seinerseits wieder zwecks
einer Optimierung der Brennstoffkosten variiert wird.

Wegen der relativ großen Zahl freier Parameter, die mit dem Ziel einer wirtschaftlichen Optimierung variiert werden können, geht man
zweckmäßigerweise bei der Auslegung so vor, daß man den Vektor der zu
variierenden Optimierungsparameter vorgibt und unter Beachtung der
technischen Vorgaben und Randbedingungen das absolute Minimum der
Stromerzeugungskosten sucht. Die Optimierungsparameter sind im wesentlichen die mittlere Leistungsdichte, der Abbrand, das Höhen/Durchmes-
ser-Verhältnis des Kerns, die Ein- und Austrittstemperatur, der Heliumdruck sowie die Bestimmungsparameter der Dampferzeuger.

Wird der Hochtemperaturreaktor nicht oder nicht nur für die Stromerzeugung, sondern auch für die Erzeugung von Prozeßwärme eingesetzt,
so ergeben sich natürlich entsprechend der veränderten Zielsetzung
andere Optimierungskriterien und damit auch ein anderes Auslegungs-
optimum, insbesondere z.B. eine wesentlich höhere Austrittstemperatur.

23.4 Auslegung eines natriumgekühlten Schnellen Brutreaktors

Auch die Auslegung eines Schnellen Brutreaktors beginnt mit der Festlegung der maximalen Stableistung, die in gleicher Weise wie bei den UO_2-Stäben der Leichtwasserreaktoren durch die zulässige Zentraltemperatur begrenzt wird. Die Oberflächentemperatur der Brennstäbe liegt einerseits höher als bei Wasserkühlung, andererseits ist der Temperatursprung beim Wärmeübergang an der Oberfläche etwas geringer. Die maximale spezifische Stableistung kann etwa in gleicher Höhe wie bei wassergekühlten Stäben festgelegt werden. Der optimale Stabdurchmesser ergibt sich aus dem Kompromiß zwischen Spaltstoffeinsatz und Fertigungskosten. Der Stababstand wird durch die Forderung bestimmt, daß das Natrium/Brennstoff-Verhältnis möglichst klein sein soll, da die bremsende und absorbierende Wirkung des Natriums zu einem weicheren Neutronenspektrum führt, was für den Bruteffekt nachteilig ist. Man wählt deshalb eine Dreiecksanordnung und reduziert den engsten Stababstand auf den kleinsten Wert, der konstruktiv und vom Strömungswiderstand her noch annehmbar ist.

Die Vorausschätzung des Formfaktors macht bei einem Schnellbrüterkern mehr Mühe als bei anderen Reaktoren, weil es sich um einen Mehrzonenkern handelt und der Leistungsanteil des Brutmantels im Laufe der Einsatzzeit stark variiert. Eine iterative Korrektur ist deshalb unerläßlich. Läßt man zunächst einmal sogenannte heterogene Kerne - das sind solche mit inneren Brutzonen - außer acht, so ist die Festlegung der Kernkonfiguration dennoch nicht für eine wirtschaftliche Optimierung frei. Vielmehr muß man in erster Linie den Einfluß des Durchmesser/Höhen-Verhältnisses auf den Void-Koeffizienten berücksichtigen. Der Void-Koeffizient ist bei einem natriumgekühlten Schnellen Reaktor grundsätzlich positiv, d.h. bei Veränderung des Natriums durch Dampf- oder Gasblasen steigt die Reaktivität stark an, bei großem Void unter Umständen sogar über den promptkritischen Wert. Der dadurch ausgelösten rasanten Leistungsexkursion kann man nur durch den stets negativen Doppler-Effekt entgegenwirken, der durch die stark zunehmende Absorption bei Temperaturerhöhung des Brennstoffs bewirkt wird. Deshalb darf der Void-Koeffizient nur so groß zugelassen werden wie er durch den Doppler-Effekt noch sicher beherrscht werden kann. Durch das Verhältnis von Durchmesser zu Höhe kann man den Void-Koeffizienten beeinflussen, da nur die zentralen Kernbereiche eine positi-

ven, die oberflächennahen Bereiche jedoch einen negativen Reaktivitätsbeitrag liefern. Für einen sehr flachen oder sehr schlanken Kern
erhält man kleinere Void-Koeffizienten als für das bezüglich der Kritikalität optimale Durchmesser/Höhen-Verhältnis. Allerdings wird auch
der Doppler-Koeffizient dadurch etwas vermindert [91], jedoch nicht
in gleichem Maße wie der Void-Koeffizient. Mit Rücksicht auf die Pumpleistung kommt ein schlanker Kern nicht in Frage, sondern ein flacher
sogenannter "Pfannkuchenkern".

Die Anreicherungsstufung der Kernzonen ergibt sich aus der Forderung,
daß die maximale Austrittstemperatur in jeder Zone etwa den gleichen
Wert erreichen soll. Bei den stark unterschiedlichen Leistungen der
einzelnen Brennelemente kann ein einigermaßen ebenes Austrittstempera-
turprofil bei längsdurchströmten Brennelementen durch angepaßte Durch-
sätze in den einzelnen Kanälen erreicht werden. Dazu ist eine Drosselung notwendig, die voneinander getrennte Kühlkanäle erforderlich
macht. Deshalb wird jedes Brennelement mit einem Kasten umgeben. Dies
ist zwar nicht die einzige Möglichkeit der Durchsatzanpassung, wenn
auch bisher noch keine andere Variante praktisch angewandt wurde. Bild
23.13, [92], zeigt das Ergebnis einer Untersuchung für den SNR-300.

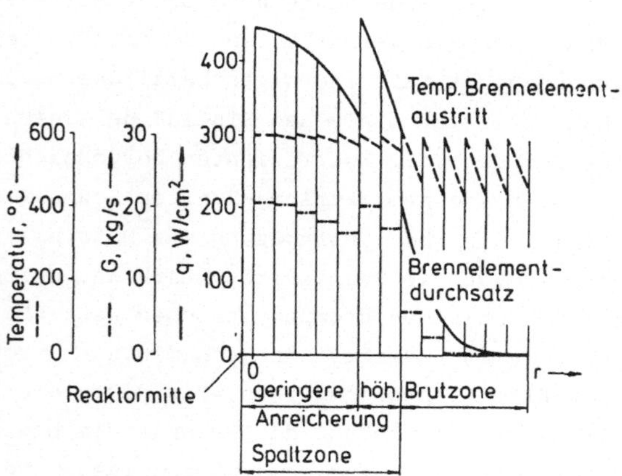

Bild 23.13. Radialer Verlauf der Wärmestromdichte an der Brennstaboberfläche und Anpassung des Natriumdurchsatzes zur Er-
zielung einer gleichmäßig verteilten Austrittstemperatur
im SNR-300

Für die thermohydraulische Auslegung bleibt nur noch die Ein- und Austrittstemperatur festzulegen. Selbstverständlich wird man den Systemdruck praktisch auf Umgebungsdruck wählen, sonst würde man den Vorteil der Drucklosigkeit des Natriums vergeben. Für die Austrittstemperatur ist einerseits das Verhalten der Hüllrohre aus ferritischem Stahl, andererseits die zweckmäßige Werkstoffwahl für die Hauptkreisläufe maßgeblich. Für den Dampfkreislauf lohnt es sich erfahrungsgemäß nicht, über die Temperaturen hinauszugehen, die noch mit ferritischen Werkstoffen erreichbar sind, d.h. maximal 560 °C. Über das Temperaturgefälle in den primären und sekundären Natriumkreisläufen baut sich darauf die maximale Austrittstemperatur auf, wobei natürlich die optimale Größe der Wärmetauscherfläche Gegenstand einer wirtschaftlichen Optimierung ist.

Die Eintrittstemperatur hängt nach Festlegung von Austrittstemperatur und Reaktorleistung ausschließlich vom Kühlmitteldurchsatz ab. Größerer Durchsatz hebt das mittlere Temperaturniveau des Reaktorkerns an und verbessert dadurch den thermischen Wirkungsgrad, erfordert aber eine größere Pumpleistung und dickere Rohrleitungen. Die Verbesserung des Wärmeübergangs in den Wärmetauschern ist bei Natrium kein gravierender Gesichtspunkt. Ein Optimum der Eintrittstemperatur muß unter Berücksichtigung dieser konkurrierenden Gesichtspunkte ermittelt werden.

Durch die neutronenphysikalische Berechnung bleibt dann schließlich noch die Anreicherung und die Einsatzzeit der Brennelemente zu bestimmen. Alles in allem muß man feststellen, daß bei einem natriumgekühlten Schnellen Brutreaktor die meisten Parameter technisch bestimmt sind, und nur wenige - im wesentlichen nur der Stabdurchmesser und die Eintrittstemperatur - für eine wirtschaftliche Optimierung offen sind. Deshalb ist eine wirtschaftliche Verbesserung nur durch veränderte Kernkonzepte zu erzielen. Da gibt es allerdings noch einige Möglichkeiten, z.B. das schon erwähnte heterogene Kernkonzept oder ein Kern mit offenen Brennelementen und einem anderen Konzept der Strömungsführung.

24 Primärkühlkreislauf des Druckwasserreaktors

Das Primärkühlsystem hat die Aufgabe, den Reaktorkern zu kühlen und
die aufgenommene Wärme zum Dampferzeuger zu transportieren, wo sie
zur Energieumwandlung an den Dampfkreislauf abgegeben wird. In der
Regel besteht das Primärkühlsystem aus zwei bis vier Kreisläufen. Beim
Druckwasserreaktor handelt es sich um einen geschlossenen Kreislauf.
Er wird auf so hohem Druck gehalten, daß bei Normalbetrieb keine Dampf-
entwicklung im Reaktorkern auftreten kann. Die Umschließung des Primärkreislaufs muß den Überdruck gegen die Umgebung aufnehmen und stellt
zugleich eine Barriere für die Radioaktivität des Primärkreislaufs dar.
Daraus resultiert ihre außerordentliche Bedeutung für die Sicherheit.
Sämtliche Komponenten einschließlich der Rohrleitungen unterliegen
deshalb den gleichen Bedingungen in der Qualitätssicherung, wie der
Reaktordruckbehälter. D.h., daß sie "basissicher" ausgelegt und gefertigt werden müssen (s. hierzu Abschnitt 18.7), denn ein Versagen
primärdruckführender Anlagenteile stellt einen schweren Störfall dar,
der nur noch durch Schnellabschaltung, Notkühlung und Sicherheitshülle beherrscht werden kann. Der schwerste Störfall, der im Abreißen
einer Hauptkühlmittelleitung gesehen wird, der sogenannte größte an-
zunehmende Unfall (GAU) stellt in der Tat die Auslegungsgrundlage für
Notkühlsystem und Containment dar, was im Zusammenhang mit der Sicherheit noch eingehend behandelt wird.

Jeder Hauptkreislauf besteht aus einer Förderpumpe, einem Dampferzeuger und den verbindenden Rohrleitungen mit der zugehörigen Instrumentierung. Im allgemeinen kommen in den Hauptkühlmittelleitungen keine
Armaturen zur Anwendung. An der heißen Leitung eines Kreislaufs ist
der Druckhalter angeschlossen, der die Funktion hat, den Druck während des Betriebs konstant zu halten und das bei Temperaturschwankun-

gen veränderliche Wasservolumen aufzunehmen. Auf dem Druckhalter befinden sich die Sicherheitsventile.

24.1 Hauptförderpumpen

Für die Anforderungen der Reaktortechnik mußten Pumpen entwickelt werden, die in vieler Hinsicht neuartig waren. Vorher gab es sowohl För-
derpumpen mit ähnlich großem Durchsatz als auch Pumpen mit der gleichen Förderhöhe bzw. hohen Überdruck des Fluids. Das Ungewöhnliche bei
den Hauptkühlmittelpumpen für Druckwasserreaktoren war, daß sie gleichzeitig für hohen Druck, großen Durchsatz und verhältnismäßig große
Förderhöhe bei extremen Dichtheitsforderungen gebaut werden mußten.
Die größten, heute eingesetzten Hauptkühlmittelpumpen haben einen Auslegungsdruck von 176 bar, einen Durchsatz bis zu 23 000 m^3/h und eine
Förderhöhe bis zu 93 mWS bzw. 9,2 bar [42].

Die Hauptkühlmittelpumpen für KWU-Druckwasserreaktoren der Firma KSB
sind vertikale, einstufige Kreiselpumpen mit halbaxialem Laufrad (Bild
24.1). Dieses ist auf der Welle fliegend gelagert. Die Pumpenwelle
wird radial direkt oberhalb des Laufrads durch ein wassergeschmiertes
Gleitlager geführt. Am oberen Teil der Welle sitzt ein ölgeschmiertes,
in beiden Richtungen wirkendes Axiallager zwischen zwei ölgeschmierten radialen Gleitlagern. Das Öl wird über ein Ölversorgungssystem,
bestehend aus Ölbehälter, Kühler, Filter und Pumpe, zu den Bedarfs-
stellen gefördert.

Im mittleren Teil der Welle zwischen den beiden Lagern befindet sich
die Dichtung, die zur Wartung nach Herausnahme eines Ausbaustücks der
Welle ohne Demontage der Pumpe ausgebaut werden kann. Bei neueren
Pumpen wird diese Maßnahme wegen der durch Erfahrung bestätigten Zu-
verlässigkeit der Dichtungen allerdings meist nicht mehr für notwendig gehalten. Die Dichtung besteht aus drei Stufen, der Hochdruckdichtung, der Niederdruckdichtung und der Stillstanddichtung, Bild 24.2
[49]. In der Hochdruckdichtung wird der Systemdruck bis auf einen
Rückstau von wenigen bar abgebaut. Sie ist als berührungsfreie Spalt-
ringdichtung mit kontrollierter Leckage zum Teil zweistufig ausgelegt.
Die Leckmenge dieser Dichtung beträgt nur einige hundert Liter pro
Stunde.

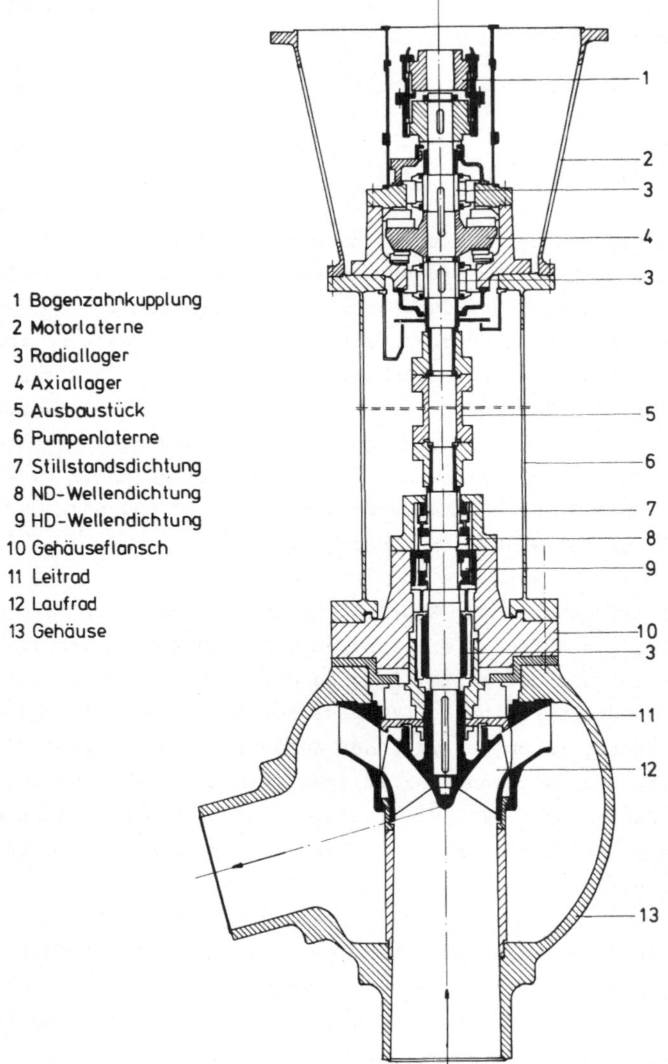

Bild 24.1. Hauptkühlmittelpumpe für einen DWR der Firma KSB

Die nachgeschaltete Niederdruckdichtung ist als Gleitringdichtung ausgeführt und kann bei Versagen der Hochdruckdichtung den vollen Druck
übernehmen. Im Stillstand wird die Pumpe durch eine weitere Gleitringdichtung bzw. Rückschlagdichtung gegen den vollen Systemdruck abge-

dichtet, wobei die übrigen Dichtungen nicht am Druckabbau beteiligt
zu sein brauchen.

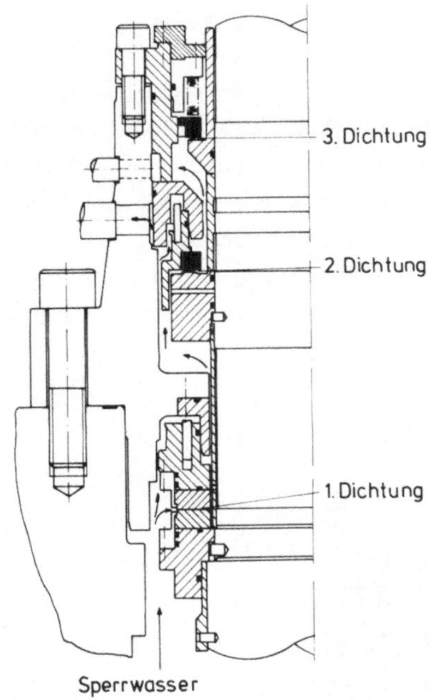

Bild 24.2. Gleitringdichtungen einer Hauptkühlmittelpumpe für einen
Westinghouse-Druckwasserreaktor

Zur Kühlung und Schmierung des unteren Lagers und der Hochdruckwellen-
dichtung wird gereinigtes, kaltes Sperrwasser vor der Hochdruckdichtung eingespeist. Ein Teil fließt durch das Gleitlager in das Pumpengehäuse ab, der andere Teil als kontrollierte Leckage durch die Hoch-
druckwellendichtung. Das Leckwasser wird im Raum zwischen Hochdruck-
und Niederdruckdichtung gesammelt, gekühlt und im Volumenregelsystem
wieder auf Sperrwasserdruck gebracht. Bei Sperrwasserausfall wird zur
Lager- und Dichtungskühlung Hauptkühlmittel aus der Pumpe entnommen
und über einen Hochdruckkühler und einen Zyklonabscheider zur Rückhaltung eventueller Verunreinigungen vor der Dichtung eingespeist.

Das geschmiedete Pumpengehäuse ist in die Rohrleitung fest eingeschweißt. Welle und Laufrad sind zusammen mit den Lagern und Dichtun-

gen auf dem Gehäusedeckel aufgebaut und können nach Lösen der Flansch-
verbindung nach oben aus dem Gehäuse herausgezogen werden. Sämtliche
Teile der Pumpe, die mit dem Kühlmittel in Berührung kommen, sind aus
rostfreiem Stahl hergestellt bzw. austenitisch plattiert.

Die Pumpenwelle wird über eine Bogenzahnkupplung von einem Hochspan-
nungsasynchronmotor angetrieben. Zur Erhöhung des Trägheitsmoments ist
ein Schwungrad auf die Welle aufgesetzt, damit durch den verlangsam-
ten Auslauf der Pumpe auch bei Ausfall der Stromversorgung die Nachkühlung sichergestellt ist. Der Motor stützt sich über eine Laterne
auf dem Pumpengehäuse ab, das seinerseits an Pratzen in Pendelstützen
aufgehängt ist, um die Wärmedehnungen der relativ kurzen Hauptleitun-
gen aufnehmen zu können.

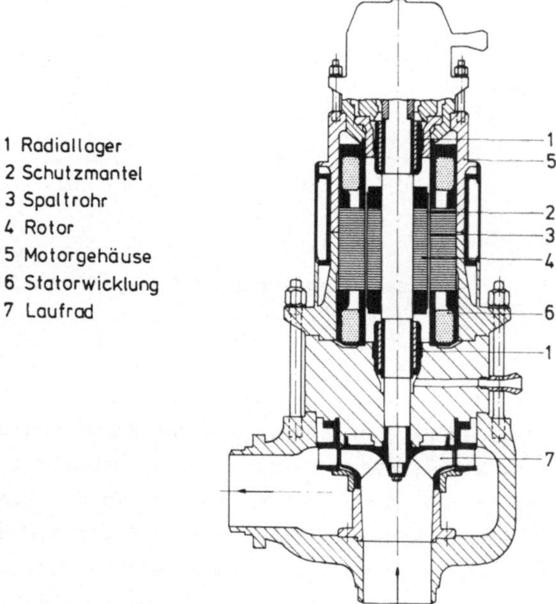

Bild 24.3. Querschnitt durch eine Spaltrohrpumpe

Bei Schwerwasserreaktoren, wo die Dichtheitsanforderungen noch höher
sind, werden vielfach Spaltrohrpumpen eingesetzt [86], die aus der
chemischen Industrie bekannt sind und auch bei den U-Boot-Reaktoren
durchweg angewandt werden (Bild 24.3). Diese Pumpen haben keine be-

wegliche Durchführung, sondern die gesamte Pumpenwelle mit dem Motor-
läufer befindet sich im wassergefüllten Druckraum. Die Druckraumbe-
grenzung verläuft durch den Spalt zwischen Rotor und Stator des An-
triebsmotors und wird durch ein dünnes Rohr, das sogenannte Spaltrohr,
gebildet. Die Druckkräfte werden vom Stator aufgenommen, an dem das
Spaltrohr fest anliegt. Auch der Rotor wird mit einem dünnen Rohr zum
Schutz gegen das Eindringen von Wasser umhüllt (daher die englische
Bezeichnung "canned rotor pump"). Diese Pumpen laufen völlig wartungs-
frei und haben sich im Betrieb sehr bewährt. Für große Leistungen sind
sie aber nicht mehr einsetzbar und vor allem auch zu teuer.

24.2 Dampferzeuger

Für Druckwasserreaktoren großer Leistung werden heute von den großen
Herstellern dieser Kernkraftwerke Dampferzeuger verschiedener Bauart
eingesetzt. KWU, Westinghouse und Combustion Engineering bauen die
Dampferzeuger als U-Rohrbündel-Wärmetauscher, während Babcock & Wilcox
einen Geradrohr-Dampferzeuger entwickelt haben [42,49,50,67]. Die
Dampferzeuger der genannten Hersteller sind senkrecht angeordnet. Die
russischen WWER-Reaktoren werden mit liegenden Dampferzeugern betrie-
ben. Allerdings sind auch hier neue, vertikale Dampferzeuger in der
Entwicklung, die sich nur in der Anordnung der Rohrbündel von den
U-Rohr-Dampferzeugern unterscheiden.

Der U-Rohr-Dampferzeuger der KWU-Reaktoren (Bild 24.4) besteht im wesentlichen aus einem waagerechten Rohrboden mit daraufstehendem U-Rohr-
bündel, einer halbkugelförmigen, durch eine Trennwand unterteilten
primärseitigen Sammelkammer unter dem Rohrboden und einem zylindrischen Behälter auf dem Rohrboden, der das Rohrbündel umgibt und sich
darüber zu einem Dampfdom erweitert, der die Wasserabscheider und
Dampftrockner enthält.

Die Hauptkühlmittelleitungen sind an Ein- und Austrittsstutzen der
beiden Sammelkammern angeschlossen. Das Reaktorkühlmittel strömt von
der Eintrittskammer durch die U-Rohre in die Austrittskammer und gibt
die Wärme an das die Wärmetauscherrohre umgebende Sekundärwasser ab.
Dieses wird vorgewärmt über einen seitlichen Eintrittsstutzen und einen anschließenden Ringverteiler eingespeist. In der Vorwärmstrecke

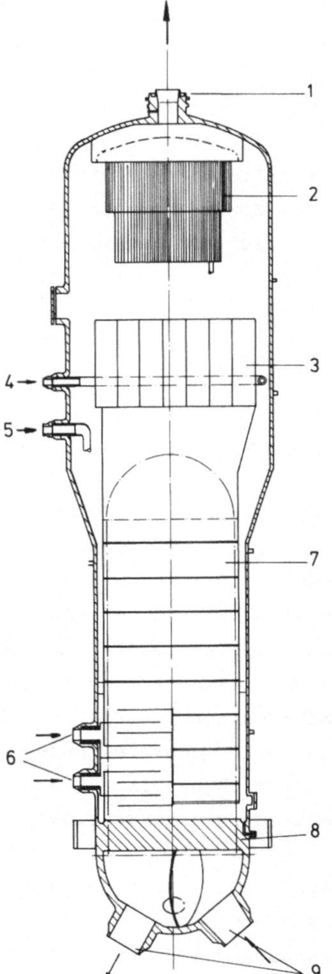

Bild 24.4. U-Rohr-Dampferzeuger mit Vorwärmkammer der KWU

wird das Wasser durch Schikanen im Kreuzstrom zu den Rohren hin- und
hergeführt und kommt dann unter Naturumlauf zum Sieden. Der Führungsmantel um das Rohrbündel schließt oben mit einem Wasserabscheider ab.
Zwischen Führungsmantel und Behälterwand strömt das rücklaufende Wasser wieder nach unten, wobei das Speisewasser aus dem Ringverteiler
zugemischt wird. Der bis auf etwa 0,25% Restnässe getrocknete Dampf

wird über einen Austrittsstutzen am Dampfdom abgeleitet. Für primär-
seitige und sekundärseitige Abschlämmung und für die Wasserstandsmes-
sung der Sekundärseite sind verschiedene kleine Stutzen mit Schweiß-
anschlüssen vorgesehen. Zur Aufhängung des Dampferzeugers an Pendel-
stangen sind am Umfang des Rohrbodens zwei Konsolen angeschweißt.

Sowohl die Primärsammelkammern als auch der Dampfdom sind mit Mannlö-
chern ausgestattet, um Zugang für Reparaturen, vor allem zum Verstop-
fen undichter Wärmetauscherrohre, zu haben. Außerdem sind im Behäl-
termantel über dem Rohrboden mehrere Handlöcher vorgesehen, die eine
Besichtigung des Rohrbündels und des Rohrbodens ermöglichen.

Der Dampferzeugerbehälter und der Rohrboden werden aus den ferritischen Druckbehälterstählen 20MnMoNi55 oder 22NiMoCr37 hergestellt. Alle mit Primärwasser in Berührung kommenden Wandungen werden deshalb mit
einer austenitischen Schweißplattierung aus Inconel 606 versehen. Dies
sind primärseitig der Rohrboden und die Sammelkammer. Die Trennwand
der Sammelkammer besteht aus nichtrostendem Stahl. Die Dampferzeuger-
rohrbündel, die auch mit dem Sekundärwasser in Berührung kommen, werden aus Incoloy 800 (X10 NiCrTiAl 32 20) hergestellt, das unempfindlich gegen Spannungsrißkorrosion ist. Bei früher hergestellten Dampferzeugern mit austenitischen Rohren hat man häufig die Erfahrung gemacht, daß durch die aus dem Flußwasser in das Sekundärwasser gelan-
genden Halogenionen Spannungsrißkorrosion ausgelöst wurde, die zu
Leckagen führte.

Der von Babcock entwickelte Dampferzeuger (Bild 24.5) ist ein senkrecht stehender Geradrohr-Wärmetauscher [50]. Er hat zylindrische Form
und ist unten und oben durch je eine halbkugelförmige Kammer abgeschlossen. Vom Innenraum werden die beiden Sammelkammern für das Primärkühlmittel durch die beiden Rohrböden abgeteilt, in die die Wärmetauscherrohre eingewalzt und dichtgeschweißt sind.

Das Primärwasser tritt, vom Reaktor kommend, über den heißen Rohrleitungsstrang in die obere Kammer ein, durchströmt die Wärmetauscherrohre, tritt in die untere Kammer aus und verläßt den Dampferzeuger durch
zwei Austrittsstutzen, die je zu einer Umwälzpumpe führen. Auf der
kalten Seite ist jeder der beiden Hauptkreisläufe auf zwei Pumpensträn-
ge aufgeteilt.

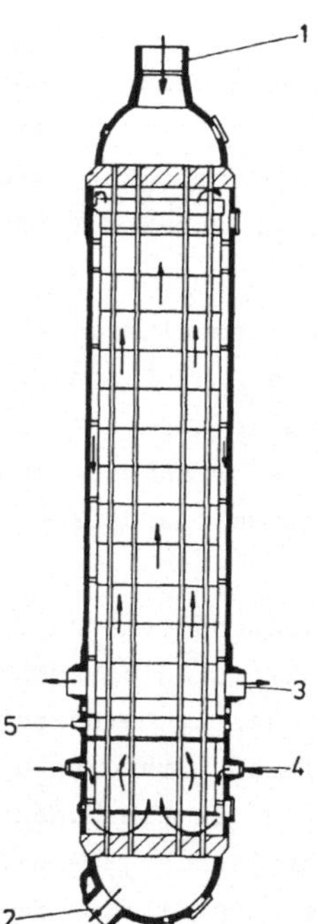

1 Einlaßstutzen
2 Auslaßstutzen
3 Dampfanschlußstutzen
4 Speisewasser Einlaß
5 Zusatzspeisewasser

Bild 24.5. Geradrohr-Dampferzeuger von Babcock & Wilcox

Die Dampferzeuger arbeiten im reinen Zwangsdurchlauf nach dem Gegenstromprinzip. Das vorgewärmte Speisewasser tritt im unteren Bereich
des zylindrischen Behälters ein und wird beim Aufsteigen restlos verdampft. Im oberen Teil wird die Wärme an den Naßdampf abgegeben, wodurch dieser getrocknet und leicht überhitzt wird (28 bis 37 °C). Mann-
löcher, Handlöcher, Entwässerungs- und Entlüftungsleitungen sowie Meß-
anschlüsse sind in entsprechender Weise vorgesehen wie beim U-Rohr-Typ.

Die Wärmetauscherrohre sind in Dreiecksteilung angeordnet und auf der
ganzen Länge durch Rohrführungsplatten gegen Schwingungen abgestützt.
Das Rohrpaket ist von einem zweiteiligen Strömungsmantel umgeben, der
gegen den Druckbehälter abgestützt ist und sicher in seiner Lage gehalten wird. Der oben aus dem Rohrbündel austretende leicht überhitzte
Dampf wird durch den oberen Ringraum zwischen Druckbehälter und Strömungsmantel nach unten zu den beiden Dampfaustrittsstutzen geleitet.
Diese Dampfführung dient dem Zweck, die Temperaturdifferenz zwischen

Rohrbündel- und Druckbehälterwand zu vermindern und damit die axialen
Rohrspannungen zu begrenzen.

Der untere Ringraum bildet die Speisewassereintrittskammer, in den
das Speisewasser über wärmeschocksichere Stutzen eintritt. Im Raum
zwischen dem oberen und dem unteren Teil des Strömungsmantels ist eine Ringleitung für die Zuführung des Hilfs- bzw. Notspeisewassers angebracht.

Die Werkstoffauswahl für den Geradrohr-Dampferzeuger ist vergleichbar
mit der für den U-Rohr-Dampferzeuger, bis auf die Wärmetauscherrohre,
die bei Babcock & Wilcox aus Inconel 600 (NiCr15Fe) bestehen.

24.3 Druckhalter

Der Druckhalter [42] dient dazu, den zur Unterdrückung des Siedens im
Primärkühlmittel erforderlichen Druck zu erzeugen, die bei Laständerungen des Reaktors durch Änderung der Systemtemperatur hervorgerufe-
nen Volumenschwankungen des Kühlmittels auszugleichen und die Druck-
abweichungen vom Sollwert zu begrenzen.

Der Druckhalter ist ein stehendes Druckgefäß, bestehend aus einem zylindrischen Mantel mit Halbkugelboden oben und unten (Bild 24.6). Im
unteren Boden befinden sich die Stutzen für die Druckhalterheizung.
Jeder Stutzen ist verschlossen durch einen Deckel mit einem Bündel
von eingeschweißten Heizstäben, die nach oben in den Behälter ragen.
Die Volumenausgleichsleitung, die den Druckhalter mit einer heißen
Hauptkühlmittelrohrleitung verbindet, mündet durch einen Stutzen etwas oberhalb der Heizstäbe ein. An die Volumenausgleichsleitung
schließt ein Krümmer an, der die Strömung nach unten umlenkt. Durch
diese Anordnung werden die Heizstäbe gegen Trockenfahren und Überhitzung geschützt. Ferner wird das eintretende kältere Wasser gleich in
den Bereich der Heizstäbe gebracht. Etwa in der Höhe des Volumenaus-
gleichsstutzens ist auch ein Mannloch vorgesehen.

Im oberen Boden befinden sich Stutzen für die Abblase- und Sicherheitsventile sowie in der Mitte der Stutzen für das Sprühsystem. In
den Deckel dieses mittleren Stutzens sind die Anschlüsse für mehrere

Sprühleitungen eingeschweißt, an die Verteilerkästen mit Sprühdüsen
angeschlossen sind. Der obere Teil des Behälters wird durch ein Schutzhemd vor Thermoschocks durch kaltes Sprühwasser geschützt. Die Stutzen
der Sprühleitungen und der Volumenausgleichsleitungen sind mit Wärme-
fallen ausgerüstet.

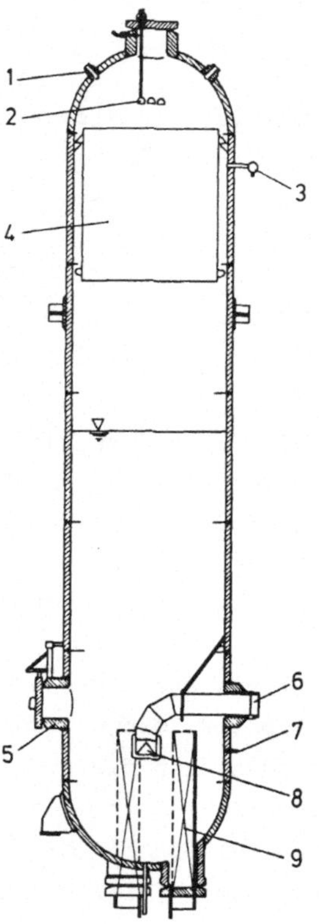

1   Stutzen für Sicherheitsventil
2   Verteilkasten mit Sprühdüsen
3   Meßstutzen
4   Schutzhemd gegen Sprühwasser
5   Mannloch
6   Volumenausgleichsleitung
7   Meßstutzen
8   Mischkegel
9   Heizstabbündel

Bild 24.6. Druckhalter für KWU-Druckwasserreaktoren

Der Druckhalter ist etwa zur Hälfte mit Wasser auf Siedetemperatur gefüllt. Darüber befindet sich ein Dampfpolster. Der Druck wird mit Hilfe der elektrischen Heizung oder der Sprüh- und Abblaseeinrichtungen
geregelt. Bei Abfallen des Drucks wird durch stufenweises Einschalten
der elektrischen Heizung Wasser verdampft, um den Druck wieder auf
seinen Sollwert zu bringen. Bei Ansteigen des Drucks wird durch Ein-
sprühen von kälterem Wasser in den Dampfraum Dampf kondensiert und so

der Druck wieder gesenkt. Das Sprühwasser wird der Hauptkühlmittelleitung hinter der Pumpe entnommen. Kann der Druckanstieg auf diese Weise
nicht abgefangen werden, so wird durch Öffnen der Abblaseventile Dampf
in den Abblasebehälter abgelassen, wo er in einer kalten Wasservorlage
kondensiert wird.

Einen unzulässig hohen Druckanstieg im Primärkreis über den Berechnungsdruck, der nur bei Annahme mehrerer gleichzeitiger Störungen
denkbar ist, verhindern die am Druckhalter angebrachten Sicherheitsventile. Zum Abblasen werden hilfsgesteuerte Ventile benutzt, deren
magnetbetätigte Steuerventile durch elektrische Impulse geöffnet werden. Die Sicherheitsventile haben je zwei absperrbare Hilfssteuerun-
gen, die, den Vorschriften entsprechend, plombierte Spindelblockierun-
gen besitzen, so daß nur eine der beiden Leitungen geschlossen werden
kann. Zur Erhöhung der Dichtkraft sind die federbelasteten Sicherheitsventile mit einer magnetischen Zusatzbelastung ausgerüstet.

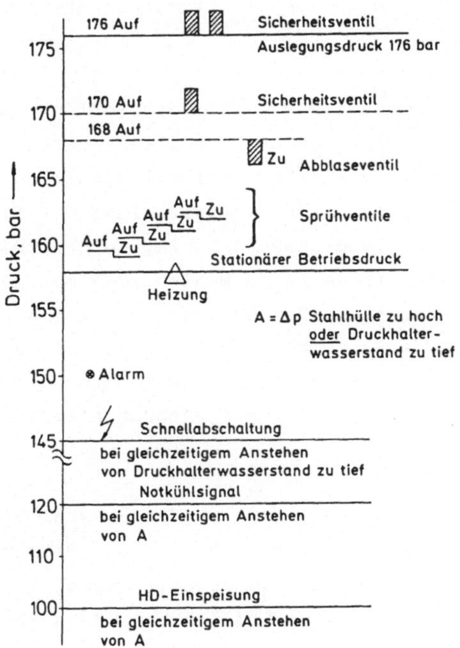

Bild 24.7. Druckskala des Druckhalters

Die Einschaltung der Heizung bzw. die stufenweise Auslösung der Sprüh-
Abblase- und Sicherheitsventile bei den verschiedenen Druckstufen zeigt
das in Bild 24.7 gezeigte Schema. Ferner sind auch die verschiedenen
Signale, die bei starkem Druckabfall ansprechen und die Reaktorschnellabschaltung bzw. Notkühlung auslösen, eingetragen. Der von Babcock &
Wilcox eingesetzte Druckkahlter unterscheidet sich nur sehr unwesentlich dadurch, daß die Heizstabbündel von der Seite waagerecht eingesetzt sind. Die Abschlußleitung mündet von unten ein, und die Stutzen
für die Sprühleitungen sind nicht durch einen besonderen Deckel geführt. In der Betriebsweise gibt es keinen nennenswerten Unterschied.

24.4 Rohrleitungen

Der gesamte Primärkreislauf muß als ein geschlossener Druckbehälter
betrachtet werden, von dessen Integrität die Sicherheit des Reaktors
sehr wesentlich abhängt. Daher muß für die Rohrleitungen die gleiche
Sorgfalt bei der Berechnung, Materialauswahl, Werkstoffprüfung und
Bauüberwachung angewandt werden, wie für den Reaktordruckbehälter und
die übrigen Primärkreiskomponenten.

Die Rohrleitungen werden wegen des großen Durchmessers ähnlich wie
Behälter gefertigt, nämlich im allgemeinen aus gerollten Blechen mit
Längsnahtschweißung. Innen werden sie mit Chrom-Nickel-Stahl schweiß-
plattiert. Die Verbindungsnähte müssen nach Fertigstellung der ferritischen Schweißung von innen durch Handschweißung plattiert werden.
Es ist deshalb wichtig, die Montagefolge so zu wählen, daß man zu der
letzten Schweißnaht immer noch ausreichenden Zugang hat. In die Rohrleitung hineinragende Meßsonden, z.B. Temperaturmeßfühler, müssen
strömungsgünstig geformt und robust genug ausgeführt werden, um den
Strömungskräften standzuhalten, denn die Strömungsgeschwindigkeit
kann bis zu 10 m/s betragen.

Die Wärmedehnung darf auf keinen Fall behindert werden. Deshalb muß
der Spielraum der beweglich aufgehängten Komponenten unter Betriebstemperaturen sehr sorgfältig überprüft und eingestellt werden. Sie
dürfen jedoch wiederum nicht zu viel freies Spiel haben, denn für den
Fall eines Rohrbruchs muß sichergestellt sein, daß durch Schlagen der
Rohrleitungen nicht andere, sicherheitstechnisch wichtige Anlagentei-

le beschädigt werden. Überall, wo es notwendig ist, müssen deshalb
Ausschlagsicherungen vorgesehen sein, um die Rohrleitung im wesentlichen in ihrer Lage zu halten. Diese Forderung gilt auch für die Dampf-
und Speisewasserleitung. Auch Dampferzeuger und Pumpen müssen gegen
Kippen und Verdrehen gesichert werden.

Die Wärmeisolierungen müssen wenigstens an allen Schweißnähten und
hochbeanspruchten Stellen abnehmbar sein, um Inspektionen und Wieder-
holungsprüfungen mit Ultraschall in möglichst kurzer Zeit durchführen
zu können.

24.5 Kreislaufauslegung

Für die strömungstechnische Auslegung der Primärkreisläufe werden die
Bedingungen in erster Linie durch die Verhältnisse im Reaktorkern vorgegeben. So ist der erforderliche Durchsatz und der daraus resultierende Druckverlust weitgehend durch die neutronenphysikalisch bedingte
Struktur des Reaktorkerns festgelegt. Der Durchsatz kann noch in gewissen Grenzen unter gleichzeitiger Variation der Aufwärmspanne optimiert
werden, wobei Pumpenleistung und Primärkreiskosten gegenüber thermischem Wirkungsgrad der Anlage abzuwägen sind. Der Druckverlust in
Dampferzeuger und Rohrleitungen sollte möglichst nicht größer sein als
der über den Reaktorkern. Ihn wesentlich kleiner zu machen, bedeutet
aber einen großen technischen Aufwand ohne nennenswerten Gewinn. Er
wird also in der Regel etwa von gleicher Größenordnung sein. Dabei
nimmt man eine relativ hohe Strömungsgeschwindigkeit in den Rohrleitungen in Kauf, da sonst vor allem die Stutzen an den Behältern zu
große Durchmesser haben müßten und konstruktive Schwierigkeiten be-
reiten würden. Eine Verengung im Wanddurchbruch des Reaktorbehälters
ist vorteilhaft, da sie gleichzeitig im Falle eines Rohrbruchs als
Strömungsbegrenzer wirkt.

Für die festigkeitsmäßige Auslegung reichen die für konventionelle
Druckbehälter bestehenden Regelwerke nicht aus. Für die Beurteilung
der Spannungszustände und der Materialbeanspruchung müssen sie durch
spezielle Berechnungsmethoden, wie die Stufenkörpermethode oder die
Methode Finiter Elemente, ergänzt werden. Dabei sind sämtliche stationären und instationären Belastungen zu berücksichtigen, so z.B. auch

die Belastung unter der Einwirkung eines Erdbebens unter Betriebsbedingungen. Für Teile, die einer häufigen Wechselbelastung ausgesetzt
sind, ist eine Ermüdungsanalyse durchzuführen. Alle Vorschriften bezüglich der Auslegung des Primärkühlkreislaufs sind in der "Sicher-
heitstechnischen Regel des KTA 3201" [47] zusammengefaßt.

Der gesamte Primärkreislauf ist im Betrieb wegen der radioaktiven
Strahlung, insbesondere wegen der harten γ-Strahlung von N-16 mit 7 s
Halbwertszeit nicht zugänglich. Er muß von einer Betonabschirmung umgeben sein. Darüber hinaus muß damit gerechnet werden, daß sich vor
allem in Totwasserbereichen radioaktive Korrosions- und Spaltprodukte
absetzen, die die Zugänglichkeit auch nach längerer Abschaltung erheblich erschweren. Es ist deshalb wichtig, zu allen wesentlichen Teilen
einen möglichst freien Zugang zu schaffen, der auch mit schwerem Atem-
gerät passiert werden kann.

Zuverlässige Meßmethoden zur Auffindung eventueller Lecks sind bisher
noch nicht entwickelt. Am sichersten sind Leckstellen an der überhöh-
ten Temperatur der Isolierung zu erkennen. Bisweilen werden auch fei-
ne Drähte in die Wärmeisolierung gewickelt, die von Strom durchflos-
sen sind und sofort ein Signal geben, wenn sie bei einem Rohrschaden
durchgerissen werden.

Die wichtigsten Daten des Primärkühlsystems und der Komponenten sind
in Tabelle 24.1 für drei Typen der bedeutendsten Hersteller vergleichs-
weise zusammengestellt. Die Leistungsgröße von etwa 1300 MW_e kann heute als Standard gelten.

Tabelle 24.1. Technische Daten des Druckwasserreaktors [42,49,50]

		KWU	Westinghouse	Babcock
Wärmeleistung des Reaktors	MW	3765	3425	3740
Gesamtkühlmitteldurchsatz	t/h	62550	62500	68380
Eintrittstemperatur am Reaktor	°C	292,5	291,4	296,1
Austrittstemperatur am Reaktor	°C	329,6	325,4	329,3
mittlere Aufwärmspanne im Reaktor	°C	37,1	34,0	33,2
Betriebsdruck	bar	158	155,1	155
Dampferzeuger	Anzahl	4	4	2
Wärmeübertragung je Dampferzeuger	MW	944	856	1870
Druckabfall im Dampferzeuger	bar	2,15		2,67
Frischdampfmenge	t/h	1845	1720	3593
Frischdampfdruck am Austritt	bar	68,5	68,7	70
Frischdampftemperatur	°C	284,5	284,5	312
Speisewassertemperatur	°C	218	226,4	236
Abmessung der Rohre (D · s)	mm	22 · 1,2	19 · 1,09	16 · 0,87
äußerer Behälterdurchmesser	mm	3615/4615	3429/4464	
Kühlmittelpumpen	Anzahl	4	4	4
Nenndurchsatz	t/h	15640	15625	17095
Förderhöhe	m Fl.S.	ca. 73	90,1	114
Sperrwassermenge	t/h	1,5	1,8	–
Motorleistung	kW	5670		6410
Drehzahl	min^{-1}	1490	1885	1500
Druckhalter				
freies Volumen	m^3	65	50,9	66
Betriebstemperatur	°C	345	344,6	344
Betriebsdruck	bar	158	155,1	155
installierte Heizleistung	kW	2000	1800	1760
Primärrohrleitung				
Innendurchmesser	mm	750	736/787/698	965/712
Wanddicke	mm	42	59/ 63/ 56	73/54
Armaturen				
Sicherheitsventil Anzahl · Durchsatz	kg/s	2 · 83,5	3 · 53	2 · 354
Sprüh (Abblase-)ventile Anzahl · Durchsatz	kg/s	2 · 20 1 · 16,5	3 · 26,45	1 · 46,4

25 Hauptkreislauf des Siedewasserreaktors

Siedewasserreaktor-Kraftwerke werden heute nach dem Konzept der beiden Firmen General Electric und KWU gebaut. Seit etwa zehn Jahren kommt nur noch der direkte Kreislauf mit Zwangsumwälzung des Kühlmittels und interner Dampftrocknung zur Anwendung. Der im Reaktor erzeugte Dampf wird nach Passieren des Wasserabscheiders und des Dampftrockners direkt zur Turbine geleitet. Das vorgewärmte Speisewasser wird wieder in den Reaktorbehälter eingespeist. Das nicht verdampfte Kühlmittel wird im Reaktor intern umgewälzt. Hier bestehen zwischen den beiden Typen wesentliche Unterschiede. Während General Electric interne Jetpumpen mit zwei äußeren Umwälzschleifen benutzt, verwendet KWU interne Axialpumpen ohne äußere Umwälzschleife. Siedewasserreaktoren aus der Entwicklungsperiode der ersten zwanzig Jahre verwendeten zum Teil andere Kreislaufkonzepte. Die ersten Anlagen in USA (EBWR, VBWR) und Japan (JPDR) wurden mit direktem Kreislauf und Naturkonvektion gebaut. Andere Anlagen hatten einen indirekten Kreislauf (Kahl), vor allem, wenn der Dampf noch fossil überhitzt wurde (Lingen). Dabei war der Primärkreislauf abgeschlossen durch einen Dampfumformer. Das Zweikreis-Konzept fand bei den ersten größeren Anlagen wie Dresden Anwendung. Dabei wird der Dampf direkt zur Turbine geleitet, während das Wasser in einem Dampferzeuger von Siedetemperatur weiter heruntergekühlt wird. Der dabei erzeugte Dampf wird der Niederdruckstufe der Turbine zugeleitet (Bild 25.1).

Ein wichtiger Entwicklungsschritt war auch die Verlagerung der Dampfabscheider in den Reaktordruckbehälter. Das Kernkraftwerk Dresden I hatte noch einen äußeren Behälter zur Dampfabscheidung, während in Gundremmingen I schon die interne Dampfseparation verwirklicht wurde. Das rückgeführte Wasser mußte aber immer noch durch einen äußeren Kreislauf mit Umwälzpumpen gefördert werden.

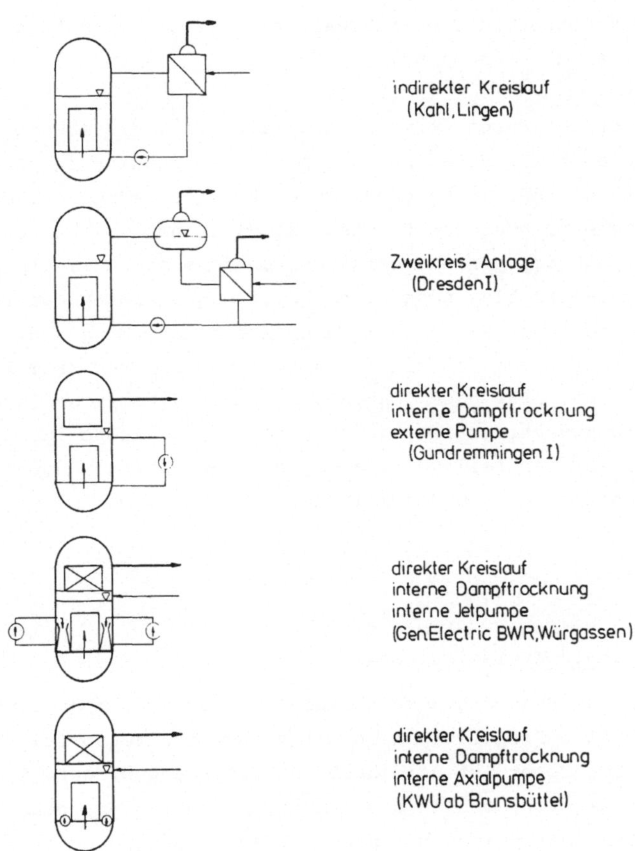

Bild 25.1. Schaltung der Kühlkreisläufe in Siedewasserreaktoren

25.1 Kühlmittelumwälzpumpen

Das wesentliche Problem bei dieser schrittweisen Entwicklung war die Umwälzung des primären Kühlmittels, um eine forcierte Strömung mit gutem Wärmeübergang im Kern zu erreichen. Da das Siedewasser durch das zugemischte Speisewasser nur wenig unterkühlt werden kann, muß auf die Vermeidung von Kavitation an den Pumpen besonders geachtet werden. Ausgesprochenes Ziel der Entwicklung war es, die Wasserumwälzung im äußeren Kreislauf zu reduzieren oder, wenn möglich, ganz zu

vermeiden, da der Rohrbruch dieser Umwälzschleife sicherheitstechnisch
die größten Schwierigkeiten macht.

Die Einführung der Jetpumpen durch General Electric, die ebenso wie
in allen neueren amerikanischen Anlagen auch in Würgassen zur Anwendung kommen, hat zwar die außen umgewälzte Kühlmittelmenge auf etwa
ein Drittel reduziert, aber das Problem ist damit noch nicht aus der
Welt geschafft. Auch die von AEG entwickelten internen Kreiselpumpen
konnten zunächst das Problen noch nicht befriedigend lösen, da für die
hydrostatischen Lager der Pumpenwelle eine erhebliche Menge an Lager-
druckwasser benötigt wird, das ebenfalls in einem äußeren Kreislauf
umgepumpt werden muß. Erst nach Übergang auf hydrodynamische Lager,
wobei man die Druckwasserversorgung der Lager in die Pumpe integrieren kann, ist dieser Nachteil vollständig behoben. Solche Pumpen kommen erstmals in Krümmel und Gundremmingen II zum Einsatz.

25.1.1 Interne axiale Kreiselpumpen

Die von unten in den Reaktordruckbehälter eingebauten Pumpen sind
vertikale, einstufige Propellerpumpen mit nachgeschaltetem Leitrad,
Bild 25.2 [87]. Der Motor ist unterhalb der Pumpe angeordnet. Das
Laufzeug wird direkt von oben in das Reaktordruckgefäß eingebaut. Die
drehzahlgeregelten Axialpumpen bestehen aus sechs Baugruppen:

- Hydraulik mit Lauf- und Leitrad,

- Lagertragrohr mit dem Radiallager und der Pumpenwelle,

- Wellenabdichtung mit Dichtungsgehäuse,

- Axial- und Radiallagerpartie und Bogenzahnkupplung,

- elektrischer Antrieb,

- Hilfssysteme für Öl, Sperr- und Kühlwasserversorgung.

Die Hydraulik, bestehend aus Lauf- und Leitrad, ist in dem Ringraum
zwischen Kernmantel und Reaktordruckgefäßwand am Reaktordruckgefäß-
boden angeordnet. Die Trennung zwischen Saug- und Druckseite der Pumpen wird durch die Ringraumabdeckung erreicht. Das Kühlmittel strömt
der Axialpumpe von oben aus dem Ringraum zu und wird nach unten in
die Einlaufkammer des Reaktors gefördert.

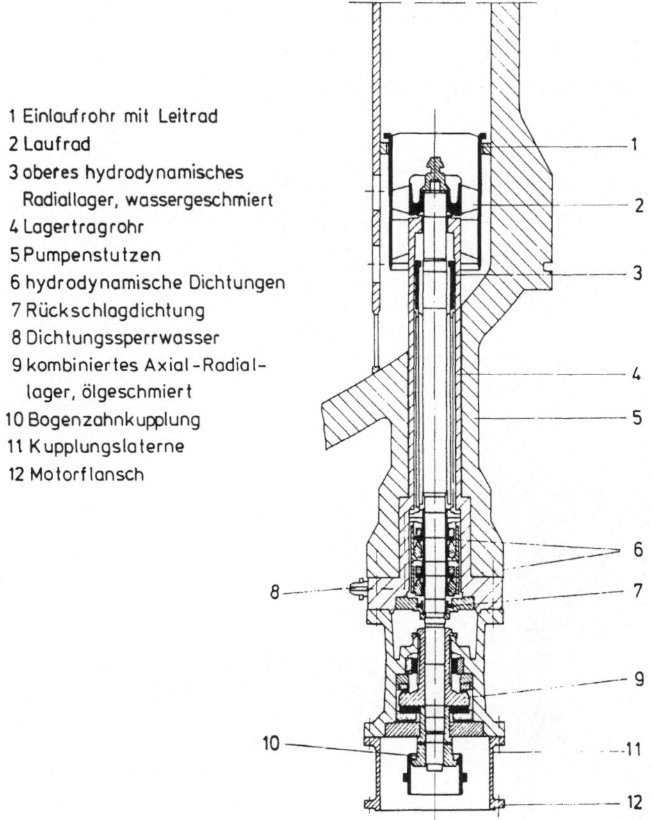

Bild 25.2. Interne Axialpumpe (KSB) für KWU-Siedewasserreaktoren

Das Lagertragrohr ist über den angesetzten Flansch mit dem Pumpenstutzen verbunden. Es ragt in den Reaktordruckbehälter hinein und
trägt am oberen Ende das angeschraubte Leitrad. Das hydrodynamische
Radiallager ist so angeordnet, daß es nach unten ausbaubar ist. Es
wird durch Montagehülsen, die gleichzeitig der Wärmedämmung dienen,
in seiner Lage gehalten. Die Wärmespannungen im Pumpenstutzen werden
dadurch reduziert. Zur Kühlung des oberen Radiallagers wird ein Teilstrom des Dichtungssperrwassers verwendet. Trotz der verschieden großen Wärmedehnung des hochlegierten CrNi-Stahls des Lagertragrohrs und
des schwachlegierten plattierten C-Stahls des Druckgefäßes darf weder
zu großes Spiel im kalten Zustand noch zu hohe Wärmespannung bei Betriebstemperatur auftreten. Die Abdichtung des auf den Reaktordruck-

gefäßflansch aufgesetzten Dichtungsgehäuses erfolgt durch eine Spiral-
asbestdichtung. Wie üblich, hat man noch eine zweite Dichtung mit einer Leckageüberwachung zwischen den beiden Dichtungen.

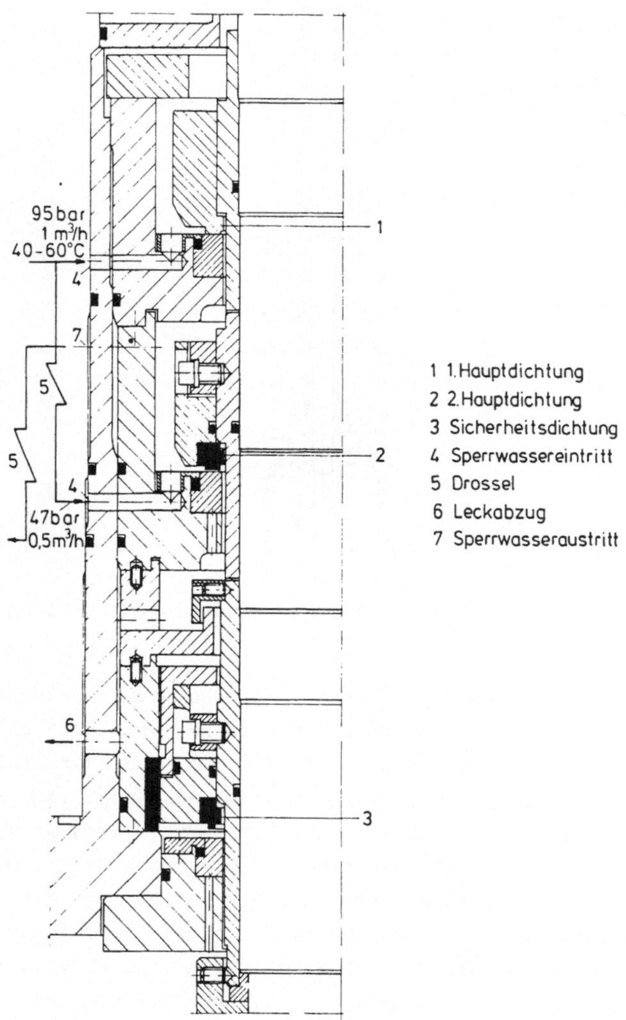

Bild 25.3. Dichtungskombination für KSB-Axialpumpen im Siedewasserreaktor Krümmel

Die Wellendurchführung wird durch zwei hydrodynamische Gleitringdichtungen abgedichtet, über die der Systemdruck in zwei Stufen abgebaut
wird, Bild 25.3 [88]. Die Druckstufung wird über zwei parallel geschaltete Drosseln gesteuert. Eine zusätzliche Gleitringdichtung, die
als Rückschlagdichtung ausgebildet ist, sorgt bei Ausfall der zwei
Betriebsdichtungen im Stillstand für eine Abdichtung der Pumpenwelle.
Das Sperrwasser führt die im Dichtungssystem übertragene Wärme ab und
verhindert das Eindringen von Heißwasser aus dem Lagerbereich. Die
Temperatur wird im übrigen überwacht.

Die Pumpenwelle ist zweifach radial gelagert. Die wellenkritische
Schwingung liegt bei 45 Hz und damit ausreichend hoch über dem Dreh-
zahlregelbereich der Pumpe. Die gehäusekritische Frequenz von 15 Hz
wird dabei jedoch ohne negative Rückwirkung auf den Reaktordruckbehälter durchfahren. Das untere ölgeschmierte Radiallager ist zusammen mit
dem Axiallager in einem Lagergehäuse untergebracht.

Der Axialschub der Pumpe wird von einem Kippsegmentlager unterhalb der
Spurscheibe aufgenommen und über die Laterne auf den Pumpenstutzen
übertragen. Zur Aufnahme des Propellerschubs bei niedrigem Systemdruck,
bei dem sich der Axialschub nach oben umkehren kann, dient ein zweites
Kippsegmentlager oberhalb der Spurscheibe. Das Drehmoment wird vom Motor auf die Pumpenwelle über eine Bogenzahnkupplung übertragen. Die
Versorgung und die Überwachung der Pumpe ist ziemlich umfangreich. Die
Kaltsperrwassermenge zur Kühlung der Gleitringdichtungspartie wird
durch Mengen- und Temperaturmeßstellen überwacht. Widerstandsthermometer im Dichtungsraum zeigen die Betriebstemperaturen der Dichtungen
an. Bei Störungen in der Sperrwasserversorgung wird die Zeitspanne für
das Umschalten auf die Reservepumpe durch ein Kaltwasserreservoir über-
brückt. Die Leckmenge der hydrodynamischen Dichtung gibt eine sichere
Aussage über deren Funktion und wird deshalb direkt gemessen. Bei erhöhter Mengenanzeige wird ein Ventil in der Leckageleitung geschlossen
und die Pumpe abgeschaltet.

Bei niedrigem Speisewasserstrom und relativ hoher Pumpendrehzahl besteht die Gefahr der Kavitation. Um solche Betriebszustände zu vermindern, wird der Speisewasserstrom kontinuierlich überwacht, mit der
Pumpendrehzahl verglichen und gegebenenfalls reduziert. Der Ausfall
einer Speisewasserpumpe führt noch nicht zur Kavitation, da die kalo-
rische Zulaufhöhe noch hinreichend ist.

Axialpumpen haben eine steiler abfallende Kennlinie als Radialpumpen,
Bild 25.4 [89]. Sie zeigen deshalb eine größere Stabilität des Durchsatzes gegen Schwankungen der Förderhöhe. Bemerkenswert ist, daß bei
konstanter Drehzahl die Erhöhung des Durchsatzes ein Absinken der Leistung bewirkt, umgekehrt wie bei Radialpumpen.

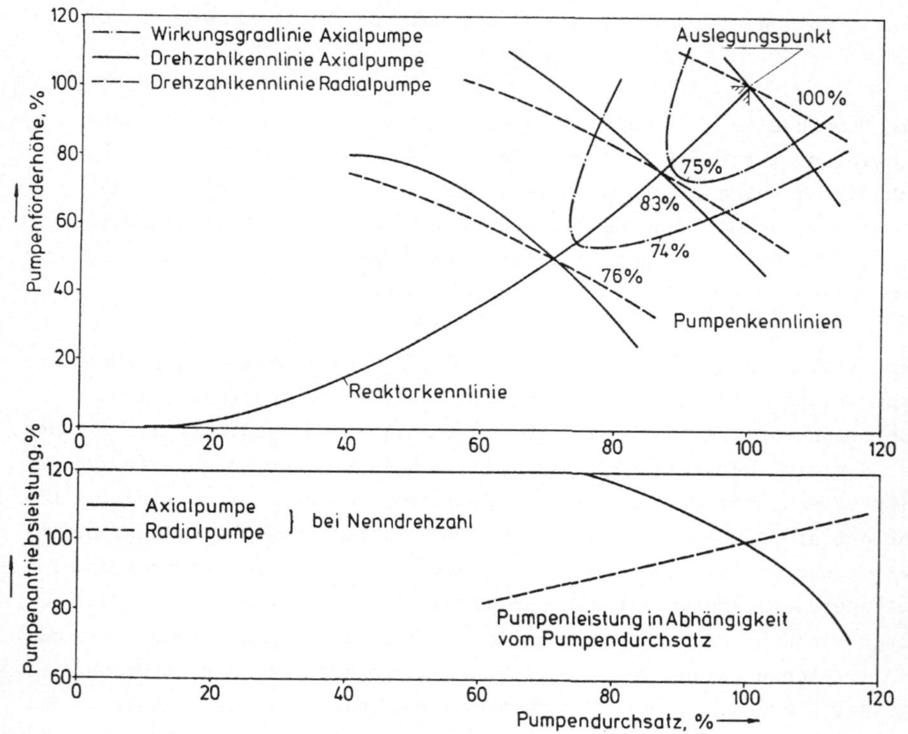

Bild 25.4. Gegenüberstellung der Kennlinien von Axial- und Radialpumpe

Für die Wartung und Montage der Pumpe ist wichtig, daß der Motor mit
Kupplungslaterne abgebaut werden kann, selbst wenn der Reaktor unter
Druck und Temperatur steht. Um die unteren ölgeschmierten Lager auszubauen, muß der Reaktor drucklos gemacht und die Pumpe auf Dichtsitz
abgesenkt werden. Dann läßt sich auch die Dichtung komplett sowie das
wassergeschmierte Lager ausbauen. Nur wenn das Laufrad mit Welle und
oberer Dichtungspartie ausgebaut werden soll, muß der Reaktor geöffnet werden, da diese Teile nach oben herausgezogen werden. Vorher muß

der Pumpenstutzen durch eine Kappe dicht verschlossen werden. Auch
der mit dem Tragrohr ausziehbare Teil erhält eine Schutzkappe. Die
einzelnen Teile können von einer im Steuerstabraum installierten Hub-
vorrichtung aufgenommen und weggefahren werden.

Obwohl eine ausreichende axiale Fixierung von Welle und Lagertragrohr
gegeben ist, wird zusätzlich eine Sicherung gegen Bruch des Pumpen-
stutzens oder einer tragenden Schraubenverbindung durch eine Auffang-
vorrichtung vorgesehen, die ein Wegfliegen des Pumpenkörpers und des
Motors verhindern soll. Die Vorrichtung setzt unterhalb des obersten
Motorflansches an und überträgt die Kräfte über vier mit Tellerfeder-
paketen versehene Zuganker auf die Abschirmplatte. Das Absinken des
abgebrochenen Teils wird dadurch auf etwa 40 mm begrenzt.

25.1.2 Interne Jetpumpen

Die Jetpumpen sind im Ringraum zwischen Reaktorkernbehälter und Druckbehälterwand angeordnet (Bild 19.6). Sie sind paarweise an eine Treibwasserleitung angeschlossen, die unterhalb des unteren Kernrands von
außen durch die Behälterwand eintritt und von da nach oben geführt ist,
wo sie sich auf die beiden Pumpen aufteilt. Beim BWR/6 mit 1220 MW_e
werden 24 Strahlpumpen benötigt. Die Jetpumpen sind außerordentlich
einfach und robust gebaut. Sie bestehen aus einem Strahlrohr mit Düsen, einem Mischrohr mit einer ringförmigen Einströmöffnung für den
von oben kommenden Hauptkühlmittelstrom und dem anschließenden Diffusor. Sie sind unempfindlich gegen Kavitation. Dieser einfachen Bauweise steht jedoch ein sehr schlechter Wirkungsgrad von nur etwa 0,6 als
Nachteil gegenüber. Die Druckverhältnisse sind in Bild 25.5 dargestellt.

Die Treibwasserversorgung wird von zwei Kreiselpumpen gewährleistet,
denen je über einen Rohrleitungsstrang mit Anschlußstutzen in Höhe unterhalb der Kernunterkante des Reaktors das rückströmende Kühlmittel
zugeleitet wird. Zur Vermeidung von Kavitation ist dieses unterkühlt,
da das Speisewasser dem mit Siedetemperatur austretenden Kühlmittel
unmittelbar nach Verlassen der Dampfabscheider im Ringraum zwischen
Kernbehälter und Druckbehälter zugemischt wird. Für die Sicherheit ist
wichtig, daß auch bei einem Bruch der unten angeschlossenen Rohrleitungen der Reaktorkern bis zur Höhe der Ansaugöffnungen der Strahl-

pumpen, das entspricht zwei Drittel der Kernhöhe, geflutet werden
kann.

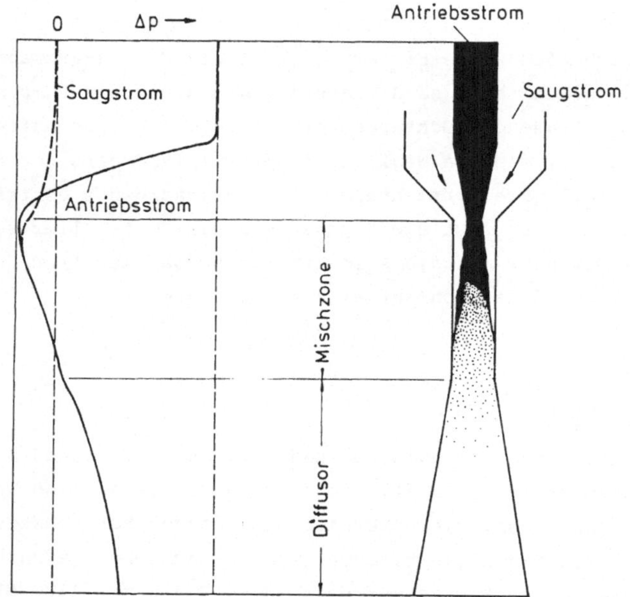

Bild 25.5. Druckverhältnisse in der Jetpumpe

Die beiden äußeren Umwälzpumpen sind vertikale, einstufige Radialpumpen der gleichen Bauweise wie bei Druckwasserreaktoren. Außer zwei
Absperrarmaturen befindet sich auf der Druckseite jeder Schleife noch
ein Stellventil zur Durchsatzregelung.

25.2 Dampfkreislauf

Obwohl die Turbinenanlage sowie Vorwärmer und Speisepumpen zum Kühl-
kreislauf gehören, sollen sie hier nicht ausführlich behandelt werden. Neben einer kurzen Beschreibung sollen nur die Besonderheiten
erwähnt werden, die durch die direkte Verbindung mit dem Reaktor bedingt sind.

Vom Reaktordruckbehälter führen vier Dampfleitungen mit einem lichten
Durchmesser von etwa 700 mm zum Maschinenhaus, wo sie sich von dem
Sammler vor dem Hochdruckteil der Turbine verzweigen auf die Turbine
und die Umleitstation. Die Umleitstation besteht aus kombinierten
Schnellschluß-Reduzierventilen und einer Einspritzeinrichtung vor der
Einleitung des Dampfes in die Kondensatoren. Sie ist zur Aufnahme einer Dampfmenge bei den verschiedenen Anlagen variierend von 60 bis
100% des Nenndurchsatzes ausgelegt. Bei Einspritzwassermangel oder zu
hohem Kondensatordruck schließt die Umleitstation selbsttätig.

Der Frischdampf wird dem Hochdruckgehäuse der Turbine über vier kombinierte Schnellschluß-Stellventile zugeführt. Die dreigehäusige Konden-
sationsturbine ist bei 1500 min^{-1} für eine Nennleistung bis zu 1200 MW
bei einem Frischdampfdruck von 68,5 bar ausgelegt. Im zweiflutigen
Hochdruckteil expandiert der Frischdampf in 18 Stufen auf einen Druck
von 10,5 bar. Die aus den letzten Stufen des Hochdruckgehäuses über
externe Wasserabscheider geführte Dampfmenge wird durch zwei mit
Frischdampf beheizte Überhitzer in die zwei doppelflutigen Niederdruck-
teile der Turbine gefahren. Der Dampf expandiert dort in neun Stufen
auf den Kondensatordruck von etwa 0,04 bar. Als Besonderheit der großen Sattdampfturbinen ist zu erwähnen, daß wegen des großen Dampfvolu-
mens in den Zwischenüberhitzern und Vorwärmern im Falle eines Schnell-
schlusses die Gefahr des Hochlaufens der Turbine besteht, so daß auch
in den Entnahmeleitungen Schnellschluß- bzw. Rückschlagkappen eingebaut werden müssen. In einigen Anlagen ist man aus Sicherheitsgründen
sogar zum Einbau von redundant hintereinander eingebauten Absperrarmaturen übergegangen.

Obwohl die spezifische Radioaktivität des Primärwassers beim Ausdampfen
etwa um den Faktor 10^{-4} vermindert wird, führt der Dampf, hauptsächlich
durch die mitgerissenen Wassertröpfchen, noch so viel Radioaktivität
mit sich, daß auf die Abdichtung der gesamten Dampfkraftanlage besonders geachtet werden muß.

Die Turbinenwelle wird durch axiale Labyrinthstopfbuchsen abgedichtet, die aus federnd gelagerten Segmenten bestehen, deren Kämme in
entsprechenden Nuten auf der Welle zur Erhöhung der Dichtwirkung
eingreifen. Wegen der großen axialen Dehnung entfallen an den Wellen
der Niederdruckturbinen die Nuten.

Um ein Austreten von Frischdampf in das Maschinenhaus zu verhindern,
werden die Stopfbuchsen der Turbine und die Spindeldurchführungen an
Armaturen mit inaktivem Sperrdampf beaufschlagt. Aus den Außenkammern
der Stopfbuchsen wird das praktisch inaktive Dampf-Luft-Gemisch abgesaugt und im Wrasendampfkondensator niedergeschlagen. Aus den Laby-
rinthkammern zwischen der Einführung des Sperrdampfes und der Innenseite der Turbine wird der Dampf in eine Anzapfstufe niedrigeren
Drucks abgesaugt.

Der inaktive Sperrdampf zur Beaufschlagung der Stopfbuchsen der Turbine wird durch den mit Anzapfdampf beheizten Stopfbuchs-Dampferzeu-
ger aus Kondensat von der Kondensatreinigungsanlage erzeugt. Die mit
dem Dampf aus der Stopfbuchsabsaugung anfallenden, nicht kondensier-
baren Gase müssen über Filter durch den Kamin abgegeben werden. Die
Filter sind gegen plötzliche Druckstöße infolge von Stopfbuchsdurch-
brüchen durch Entlastungsklappen zu schützen.

Ein besonderes Problem entsteht bei der Luftabsaugung aus dem Kondensator, da nichtkondensierbare radioaktive Gase und Wasserstoff anfal-
len. Wie üblich sind für Erstellung und Aufrechterhaltung des Konden-
satorvakuums mechanische Vakuumpumpen, Wasserringpumpen und Dampf-
strahl-Luftsaugeeinrichtungen vorgesehen. Die abgesaugten Gase werden
in der Abgasanlage in Verzögerungsbehältern so lange zurückgehalten,
bis ihre Radioaktivität so weit abgeklungen ist, daß sie über den
Schornstein abgegeben werden können. Mitgeführter Wasserstoff wird in
einer Rekombinationsanlage kontinuierlich verbrannt, um einer Explo-
sionsgefahr vorzubeugen. Bis zur Rekombinationsanlage muß die Rohrleitung so ausgelegt werden, daß sie einer nach der Verdichtung nicht
ganz auszuschließenden Wasserstoffexplosion standhält.

Die N-16-Aktivität, deren Halbwertszeit nur 7 s beträgt, klingt weitgehend während der Verweilzeit von etwa 1,5 min im Hotwell des Konden-
sators ab. Die Turbine muß jedoch, hauptsächlich wegen N-16, durch
versetzbare Betonwände abgeschirmt werden. Die Dampfleitungen werden
abgeschirmt geführt.

Aus dem Hotwell wird das anfallende Kondensat durch die Hauptkonden-
satpumpen über einen Verteiler durch die Kondensatoren der Dampf-
strahlluftsauger, der Wrasenkühler und der Abgasanlage sowie dem Nach-
kühler der Wasserreinigung in die Kondensatreinigungsanlage gefördert.

Dort wird das gesamte Kondensat über Ionentauscher gereinigt, um das
Eindringen von Halogenionen aus dem Flußwasser in den Reaktor zu verhindern.

Über die anschließende zweisträßige Niederdruck-Vorwärmanlage läuft
das Kondensat dem Speisewasserbehälter und von dort den Reaktorspeisepumpen zu. Diese fördern das Speisewasser durch die ebenfalls zweisträßige Hochdruckvorwärmanlage in den Reaktor. Bei einigen Anlagen
wurde auch auf den Speisewasserbehälter verzichtet.

Die Reaktorspeisepumpen sind drehzahlgeregelte, horizontale, einstufige, doppelflutige Kreiselpumpen in Spiralgehäusebauart, Bild 25.6
[90]. Die bei Siedewasserreaktoren verlangten Förderhöhen liegen,
ebenso wie bei Druckwasserreaktoren, zwischen 78,5 und 88,25 bar. Diese können mit den gleichen spezifischen Drehzahlen wie bei den mehr-
stufigen Speisepumpen der konventionellen Kraftwerke realisiert werden. Die vergleichsweisen Vorteile liegen im relativ einfachen Aufbau, den kleinen Abmessungen und vor allem der hohen Betriebssicher-
heit.

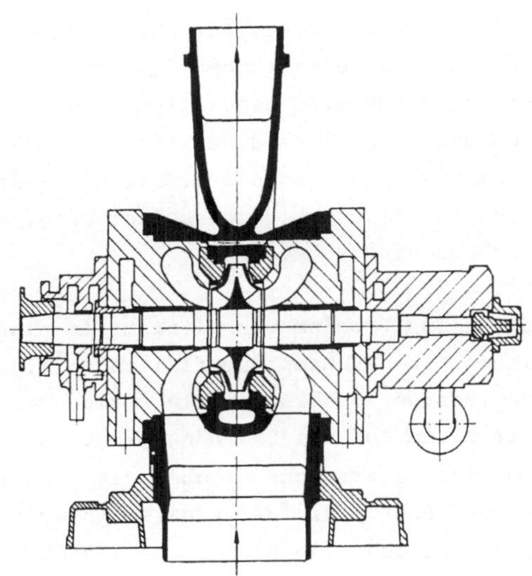

Bild 25.6. Speisewasserpumpe der Firma Sulzer

Konstruktiv sehen diese Speisepumpen den von konventionellen Anlagen
her bekannten Booster-Pumpen ähnlich. Sie unterscheiden sich jedoch
in folgenden Punkten:

- Die Umsetzung von Geschwindigkeit in Druck erfolgt in einer Doppelspirale. Damit werden die hohen Radialkräfte auf ein Minimum reduziert. Die zweite Zunge der Doppelspirale wird weit bis in den
  Druckstutzen hochgezogen, was die Steifigkeit des Gehäuses wesentlich verbessert.

- Die Abdichtung des Niederdrucks zum Zulauf im Inneren der Maschine
  wird durch spezielle Zwischendeckel erreicht, also unabhängig von
  der Abdichtung nach außen.

- Als Wellendichtung stehen drei Systeme zur Verfügung:
  Gleitringdichtung, schwimmende Ringe (Sulzer Ausführung) und feste
  Labyrinthe.

- Das doppelt wirkende Segment-Axiallager ist drucköllgeschmiert.

25.3 Abschlußarmaturen

Bei einem Siedewasserreaktor mit direktem Kreislauf müssen die Primär-
dampfleitungen ebenso wie die Speisewasserleitungen die Containment-
wand durchdringen. Für solche Leitungen wird generell eine doppelte
Abschaltarmatur gefordert, von denen im allgemeinen eine innerhalb
und eine außerhalb des Containments anzubringen ist. Bei einem Störfall, bei dem die Sicherheitshülle mit Druck beaufschlagt wird, müssen diese Armaturen automatisch zugefahren werden.

In den Speisewasserleitungen ist das Problem verhältnismäßig einfach
durch Rückschlagklappen zu lösen. In den Hauptdampfleitungen sind
aber schnellwirkende und zuverlässige Abschlußventile nötig. Die Zu-
verlässigkeit bezieht sich vor allem auf die Unabhängigkeit von einer
äußeren Energieversorgung. Um dies zu erreichen, haben die Ventile
eine im offenen Zustand gespannte Feder, die durch einen pneumatischen Kolben gehalten wird. Das dazugehörige Steuerventil steht unter
Arbeitsstrom. Bei Druckverlust oder Stromausfall schließen sich die
Ventile "fail safe". Das Schließen der Ventile wird zusätzlich noch

durch Druckluft aus einem Speicherbehälter unterstützt für den Fall
eines Federbruchs oder Versagens der Steuerventile. Jedes Ventil hat
eine unabhängige Positionsanzeige, die ein Signal in das Reaktorschutzsystem gibt, wodurch der Reaktor abgeschaltet wird, wenn das Ventil
schließt.

Das Schließen der Abschlußventile wird ausgelöst bei zu niedrigem
Wasserstand im Reaktorbehälter, bei zu hoher Radioaktivität im Dampfkreislauf, bei einem Bruch einer Hauptdampfleitung und bei zu niedrigem Druck am Turbineneintritt. Um den Druckstoß in der Rohrleitung im
zulässigen Rahmen zu halten, muß eine Mindestschließzeit der Ventile
eingehalten werden.

25.4 Druckentlastungssystem

Die Sicherheitsventile des Dampfkreislaufs können natürlich nicht wie
sonst üblich ins Freie abblasen, sondern der Dampf muß, wie beim Primärkreislauf des Druckwasserreaktors, in einer Wasservorlage kondensiert werden. Wegen des größeren Wasserinhalts des Kreislaufs muß man
für die Wasservorlage ein sehr viel größeres Volumen bereitstellen.
Außerdem ist es naheliegend, das Kondensationsbecken auch für die
Nachkühlung und Druckentlastung des Reaktors zu verwenden. Es ist deshalb nicht mit einem Kondensationsbehälter wie beim Druckwasserreaktor
getan, sondern die Kondensationskammer nimmt einen wesentlichen Teil
des Sicherheitsbehälters ein, in dem ja außer dem Reaktordruckbehälter
keine größeren Komponenten mehr unterzubringen sind. Aus Wirtschaft-
lichkeitsgründen besteht die Tendenz, den Sicherheitsbehälter möglichst klein zu machen. Dieser Absicht kommt das Prinzip der Druckunterdrückung im Störfall entgegen. Dabei wird der bei einem Leck des
Primärsystems austretende Dampf durch eine Anzahl von Rohren aus der
Druckkammer, die alle primärdruckführenden Anlagenteile umschließt,
in das Kondensationsbecken geleitet und dort kondensiert. Das Luftvo-
lumen der Kondensationskammer nimmt die mitgerissene und erwärmte
Luft auf. Zusätzlich wird das mehrere tausend Kubikmeter fassende Kondensationsbecken auch zur Aufnahme der Nachwärme, wenn der Kondensator nicht verfügbar ist, vor allem im heißen Bereitschaftsbetrieb
(hot stand by), herangezogen. Das Kondensationsbecken kann damit vier
Funktionen erfüllen: die Kondensation des Dampfes aus den Sicherheits-

ventilen, die Druckentlastung des Systems, die Nachwärmeaufnahme und
die Druckunterdrückung im Störfall.

Die drei erstgenannten Funktionen werden durch kombinierte Sicher-
heits- und Abblaseventile bewerkstelligt. Von jeder der vier Dampfleitungen sind zwei Abblaseleitungen abgezweigt, die unter dem Wasserspiegel des Kondensationsbeckens in einer Verteilerdüse enden und je
durch ein Sicherheits- und Abblaseventil abgesperrt sind.

1 Führungsrohr mit Stellungsanzeige
2 Absaugung
3 Hohlkolben
4 feststehender Innenkolben
5 Dichtsitz
6 von Steuerventil
7 Druckentlastungsbohrung

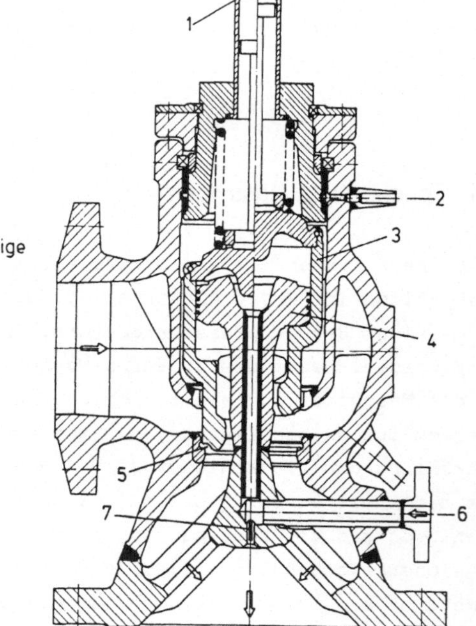

Bild 25.7. KWW-Entlastungsventil NW 200 × 350 der Firma Bopp & Reuther

Jedes Ventil enthält einen Hohlkolben, verbunden mit dem Dichtungsteller, der durch eine Feder auf den Dichtsitz gedrückt wird (Bild
25.7). Dabei wird die Anpreßkraft durch den vollen Systemdruck, der
auf die Dichtfläche wirkt, unterstützt, der Hohlkolben, der im Normalzustand durch eine kleine Bohrung druckentlastet ist, hat aber eine größere Kolbenfläche. Sollen die Ventile bei Überdruck öffnen, so
wird über magnetisch betätigte Steuerventile (Bild 25.8) der Systemdruck auf die Unterseite des Kolbens gegeben, und der Kolben hebt den

Dichtungsteller an. Die Hubgeschwindigkeit des Kolbens kann über die
Zulaufmenge durch die Steuerleitung eingestellt werden, was besonders
wichtig ist für die Reduzierung des ersten Druckstoßes, bei dem das
Kondensationsrohr noch mit Luft gefüllt ist, die zunächst in das Wasserbecken ausgestoßen werden muß. Die dadurch ausgelösten Druckschwin-
gungen mit einer Frequenz von etwa 5 Hz bleiben im allgemeinen unter
0,5 bar, wenn die Öffnungszeit des Ventils mindestens 300 s beträgt.
Zur Verminderung der Kondensationsschläge werden nach den ungünstigen
Erfahrungen in Würgassen speziell entwickelte Lochrohrdüsen verwendet.

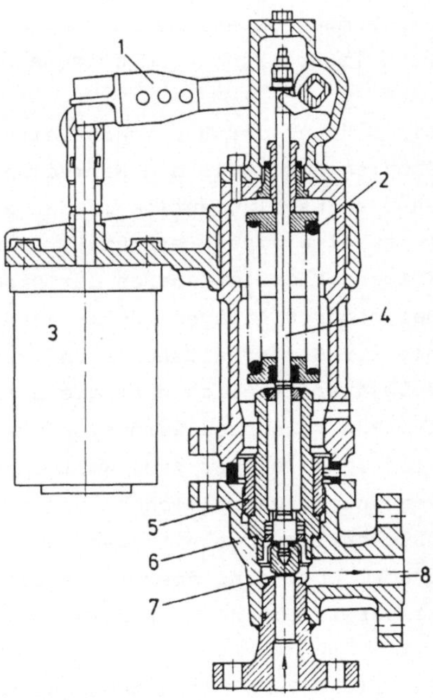

Bild 25.8. Steuerventil für Entlastungsventil NW 25 (Bopp & Reuther)

Die Kondensationskammer ist im AEG-Konzept im Ringbereich der Sicherheitshülle um den Reaktor herum angeordnet, während General Electric
eine besondere torusförmige Ringkammer um das Fundament des Reaktor-
gebäudes herum vorsieht. Neue Gebäudekonzepte mit zylindrischem Sicherheitsbehälter aus Beton (Gundremmingen II) sollen ein ringförmi-
ges Wasserbecken auf der Fundamentsohle des Gebäudes erhalten.

25.5 Kreislaufauslegung

Der Betriebsdruck des Siedewasserreaktors wird hauptsächlich durch
das Optimum der kritischen Heizflächenbelastung bestimmt, das im Bereich von etwa 70 bar liegt. Ein höherer Druck würde bei den großen
Druckbehälter- und Rohrdimensionen trotz der Verbesserung des Wirkungsgrades keinen Gewinn bringen. Der Reaktorkerndurchsatz bestimmt
die Qualität der austretenden Zweiphasenströmung und den mittleren
Dampfgehalt im Reaktorkernvolumen. Da dieser über den Void-Koeffizienten stark auf die Reaktivität rückwirkt, kann man die Reaktivität
über den Kühlmitteldurchsatz regeln. Das wird durch Drehzahlregelung
der Pumpen getan. Den Massendampfgehalt am Kernaustritt hält man aus
Stabilitätsgründen im allgemeinen unter 20%.

Die Führung der Hauptdampfleitungen stellt ein relativ schwieriges
Problem dar, weil die Wärmedehnung kompensiert werden muß. Legt man
an die Abschlußventile in der Nähe der Durchführung durch die Sicherheitshülle einen Festpunkt, so benötigt man längere Schleifen für die
Kompensation im Inneren der Druckkammer, wo der Raum sehr beengt ist.
Bei neueren Anlagen führt man deshalb die Rohre auf kürzestem Wege
bis zur Sicherheitshülle und verlegt die Kompensation nach außen.
Selbstverständlich darf die Sicherheitshülle nicht starr mit der Rohrleitung verbunden werden, sondern muß sich frei dehnen können. Sie
wird deshalb über zwei Wellkompensatoren mit der Rohrleitung dicht
verbunden. Die gleichen Überlegungen gelten auch für die abzweigenden
Druckentlastungsleitungen sowie die anderen Leitungen unter Primärdruck. Dort sind aber die Forderungen wegen der kleineren Rohrdurch-
messer leichter zu erfüllen.

Sämtliche Rohrleitungsabschnitte im Bereich der Sicherheitshülle müssen gegen Schlagen im Falle eines Rohrbruchs gesichert sein. Als Werkstoff für die Dampfleitung kann ferritischer Stahl zur Anwendung kommen. Meist wird aber für die Hauptdampfleitung Austenit verwendet.

26 Primärkühlsystem der gasgekühlten Reaktoren

Die verschiedenen gasgekühlten Reaktortypen haben viele Gemeinsamkeiten in der Technologie der Hauptkühlkreisläufe, wenn auch die Verschiedenheit des physikalischen Konzepts und der Bauweise eine große Anzahl von speziellen Ausführungsformen hervorgebracht hat. Die wichtigsten Unterschiede liegen begründet in der Wahl des Kühlgases, das entweder CO_2 oder He sein kann, ferner in den Betriebsdaten für Temperatur und Druck sowie in der Bauweise als integriertes System mit einem Spannbetondruckbehälter oder als System mit äußeren Kreisläufen und getrennt aufgestellten Komponenten.

Bei den Magnoxreaktoren, mit denen die Entwicklung der gasgekühlten Kraftwerksreaktoren begonnen hat, ist man schrittweise von der konventionellen Kreislaufanordnung mit Stahlbehältern zur integrierten Bauweise mit Spannbetonbehältern übergegangen. Diese Bauweise wurde auch beim AGR beibehalten und hat sich bei den Hochtemperaturreaktoren durchgesetzt. Die äußere Kreislaufanordnung ist schließlich nur noch bei den gasgekühlten Schwerwasserreaktoren angewandt worden, die aber aus wirtschaftlichen Gründen in der Zukunft kaum noch Bedeutung haben werden. Die folgende Beschreibung beschränkt sich deshalb auf die integrierte Bauweise in Spannbetonbehältern.

Für die Anordnung von Reaktor, Dampferzeugern und Gebläsen in einem Spannbetonbehälter gibt es viele mögliche Varianten, von denen einige ausgeführt, andere nur konstruktiv durchgearbeitet wurden. Die Dampferzeuger können über, unter oder neben dem Reaktor angeordnet werden. Ebenso gibt es für die Gebläse die Möglichkeit, sie von oben, unten oder seitlich einzubauen. Durchgesetzt hat sich die Anordnung der Dampferzeuger neben dem Reaktor, und zwar nicht in einem Behälterin-

nenraum, sondern mit getrennten zylindrischen Kavernen in der Beton-
wand für jeden Dampferzeuger, das sogenannte "Pot-boiler-Konzept".

Die Gebläse sind in der Regel einzeln jedem Boiler zugeordnet und ragen mit ihrem Laufzeug in den Raum oberhalb oder unterhalb des Dampferzeugers, wobei sie jeweils axial oder radial eingesetzt werden können. Befindet sich das Gebläse oben, so müssen natürlich die Wasser-
und Dampfanschlüsse unten sein, und umgekehrt.

Da das Isolationsproblem bei Spannbetonbehältern ohnehin schon schwierig ist, wird die Führung der Heißgasströmung durchweg so angelegt,
daß alle äußeren Wände vom kälteren Gas bespült werden. Das führt in
der Regel zu einem konzentrischen Doppelrohranschluß zwischen Dampferzeuger und Reaktor mit dem heißen Gas im inneren Rohr.

Wegen der hohen Austrittstemperatur des Kühlgases aus dem Reaktor kann
überhitzter Dampf erzeugt werden. Die Dampferzeuger arbeiten sämtlich
nach dem Zwangsdurchlaufprinzip, wobei Verdampfer und Überhitzer im
allgemeinen getrennte Teilsysteme darstellen, zwischen denen in der
Regel noch eine Wasserabscheidung vorgesehen wird, die vor allem beim
Anfahren erforderlich ist. Die größeren Anlagen sind vielfach auch mit
Zwischenüberhitzung ausgestattet.

Die Konstruktion der Gebläse und Dampferzeuger zeigt bei allen Anlagen
grundsätzlich die gleichen Merkmale, so daß es genügt, im folgenden
die Komponenten der wichtigsten Hochtemperaturreaktoren als repräsen-
tatives Beispiel zu beschreiben.

26.1 Kühlgasgebläse

Die Gebläse des THTR sind einstufige Radialgebläse mit Ölschmierung,
die ohne Wellendurchführung nach außen in den Druckraum des Spannbetonbehälters eingebaut sind. Gebläse und Motorantrieb sind in einem
horizontalen Panzerrohr in der Zylinderwand des Betonbehälters gelagert, Bild 26.1 [68].

Vor der Laufradseite des Gebläses ist ein Abschirmblock aus Stahl und
Graphit von etwa 1,50 m Stärke angeordnet. Das Kühlgas wird axial

über gekrümmte Kanäle im Abschirmblock angesaugt, die der Strahlung
keinen direkten Durchgang freigeben. Das nach Passieren des Laufrads
austretende Gas strömt wieder axial durch das nicht ausbaubare Druck-
gehäuse und einen ringspaltförmigen Kanal durch den Abschirmblock in
den Druckraum des Spannbetonbehälters.

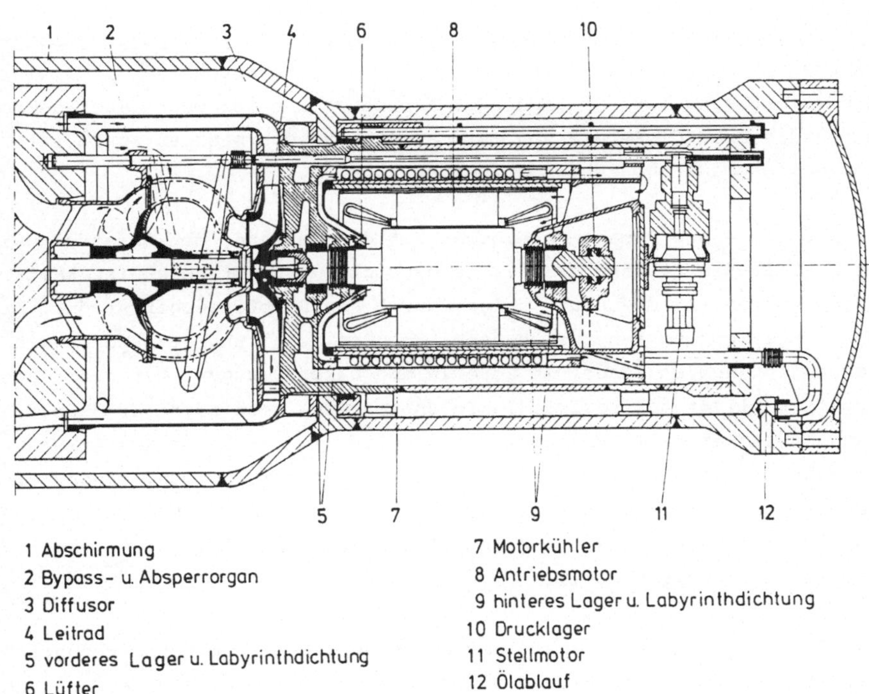

Bild 26.1. Kühlgasgebläse des THTR

Zwischen Laufrad und Abschirmblock ist ein kombiniertes Absperr-By-
pass-Organ eingebaut. Hinter dem Laufrad befindet sich eine Druck-
barriere, die wirksam wird als Durchflußbegrenzung, wenn der äußere
Druckabschluß versagen sollte. Sie besteht aus Dichtringen zwischen
Gebläsegehäuse und Panzerrohr und einer doppelten Labyrinthdichtung
an der Wellendurchführung, die zwischen dem Laufrad und dem ölgeschmierten Radiallager sitzt. Das Lager wird umschlossen von der vorderen Lagerkammer. Ein gleiches Radiallager und ein in beiden Richtungen wirkendes Axiallager in der hinteren Lagerkammer führt die
Welle auf der Außenseite des Motors. Den normalen Abschluß des druck-

festen Gehäuses bildet der Panzerrohrabschlußdeckel, der für einen
Überdruck von 46 bar ausgelegt ist.

Sämtliche Versorgungs- und Meßleitungen treten durch den über die Be-
tonwandkontur herausragenden Panzerrohrflansch ein. Der Durchmesser
der größten Anschlußleitung ist 65 mm.

Die Gebläseeinschubeinheit wird mittels Schrauben, die gegen selbst-
tätiges Lösen gesichert sind, am Kragen des Panzerrohrs axial fixiert.
Die Befestigung ist so ausgelegt, daß sie bei einer Deckelleckage den
durch die Druckdifferenz von maximal 40 bar verursachten Schub auf
die Gebläseeinschubeinheit aufnehmen kann.

Das Absperr- und Bypass-Regelorgan hat die Aufgabe, den Gasstrom bei
abgeschaltetem Gebläse so weit zu drosseln, daß nur noch eine Kalt-
gasmenge von 1,9 m^3/s zur Kühlung durch den Dampferzeuger strömt. Die
Strömungsrichtung kehrt sich dabei um. Die Schaltung verhindert eine
Konvektion heißen Gases vom Core in den Dampferzeuger. Der geöffnete
Bypass schließt das Laufrad zugleich kurz und verhindert die Rückdre-
hung. Zwischenstellungen dieses stufenlos einstellbaren Regelorgans
erlauben einen Teillastbetrieb des Dampferzeugers bei unveränderter
Gebläsedrehzahl. Außerdem ermöglicht der Bypass ein stabiles Hochfah-
ren eines Gebläses gegen die fünf laufenden, parallel geschalteten
Gebläse der übrigen Kreisläufe.

Das Regelorgan besteht aus einem auf einer zentralen Achse geführten
Teller, der durch ein Kniehebelgestänge axial verschoben werden kann.
Bei Verschiebung zum Abschirmblock hin hebt er sich von seinem Dichtsitz ab und schafft eine Verbindung zwischen Eintritts- und Austritts-
kanal. Gleichzeitig versperrt er den Eintrittsquerschnitt bis auf einen schmalen Spalt und wirkt so als Drossel im kurzgeschlossenen
Kreislauf. Ein auf der Außenseite des Motors befestigter kleiner Stell-
motor verstellt den Kniehebel über Ritzel, Zahnstange und Schubgestän-
ge.

Der Motor wird durch Helium gekühlt, das ein auf der Motorwelle an-
geordneter Ventilator umwälzt. Die aufgenommene Motorwärme gibt das
Kühlgas an den Außenkühler ab, der aus einer wassergekühlten Rohr-
schlange besteht. Von dort strömt das Helium zum Teil durch die Kühlkanäle des Rotors und Stators und durch den Spalt zwischen beiden,

der andere Teil strömt durch die Kühlnuten zwischen Stator und Innen-
kühler zum Ventilator zurück. Das Kühlwasser für den inneren Kühler
wird durch eine schraubenförmig eingedrehte abgedeckte Rille geleitet. Beide Kühler können bei Ausfall des anderen allein die anfallende Wärme abführen.

Die zu- und abführenden Versorgungsleitungen für Sperrgas, Öl und
Kühlwasser sowie alle gasführenden Meßleitungen sind außerhalb des
Druckbehälters mit vorgesteuerten pneumatischen Sicherheitsabsperr-
armaturen versehen, denen für Reparaturzwecke noch handbetätigte Absperrarmaturen vorgeschaltet sind. Vom Panzerrohr bis zur Sicherheits-
absperrarmatur sind die Rohrleitungen zur Sicherheit ummantelt.

Das den verschiedenen Dichtungen zugeführte inaktive Sperrgas soll
einerseits verhindern, daß Schmieröl in den Primärkreislauf und Motorraum gelangt und andererseits, daß radioaktives Primärgas in den
Motorraum und in die Hilfskreisläufe eindringt. An der Umfangsdich-
tung des Gebläsegehäuses soll es verhindern, daß Primärgas in den
Raum zwischen Gebläsegehäuse und Panzerrohr einströmt. Den sechs Kühl-
gasgebläsen werden zusammen ca. 1100 Nm^3/h inneres und ca. 300 Nm^3/h
äußeres Sperrgas mit einer Temperatur von etwa 30 °C und einem Überdruck von 0,03 bar über dem Reaktordruck zugeführt. Davon treten ungefähr 550 Nm^3/h in das Primärsystem ein (Nm^3 = Normkubikmeter).

Der vom inneren Gebläsemantel umschlossene Raum ist in vier Kammern
unterteilt: die Sperrgaskammer, die vordere Lagerkammer, der Motorraum und die hintere Lagerkammer. Diese sind durch Labyrinthdichtun-
gen an der Welle voneinander getrennt. Die Sperrgaskammer unmittelbar hinter dem Gebläselaufrad wird von einer doppelten Labyrinthdichtung gebildet. Ein Teil des in diese Kammer eingespeisten Sperrgases
strömt zum Laufrad hin und unterbindet das Eindringen von Primärgas
in den Lager- und Motorraum. Der andere Teil strömt in die vordere
Lagerkammer. Den Motorraum schließt zum vorderen und hinteren Lager-
raum hin je eine Labyrinthdichtung ab. Das in den Motorraum einge-
speiste Sperrgas tritt durch diese Dichtungen in die beiden Lagerkammern aus und hält Öldampf und Ölnebel aus dem Motorraum fern. Das
Sperrgas wird aus den beiden Lagerkammern abgesaugt und den Ölversor-
gungsbehältern zugeführt. Über Zyklonenabscheider und Gasfilter wird
es wieder von Öl befreit und dem Hilfsgebläse der Gasreinigungsanlage
zugeleitet.

Das äußere Sperrgas wird zwischen dem mittleren und dem äußeren Kol-
benring der äußeren Durchflußbegrenzung eingespeist. Bei stationärem
Betrieb strömt die gesamte äußere Sperrgasmenge in das Primärsystem.
Während Montagearbeiten am Gebläse bei drucklosem Reaktor und geöffnetem Panzerrohrdeckel wird an dieser Stelle Stickstoff eingespeist.

Bei Teillast eines Kreislaufs arbeiten fünf Gebläse im gleichen, das
sechste Kühlgasgebläse in einem anderen Betriebsdruck. In Bild 26.2
[93] ist die Widerstandskennlinie des Kreislaufs sowie die Betriebskennlinie eines Kühlgasgebläses bei Parallelbetrieb der übrigen für
verschiedene Durchsatzmengen aufgetragen. Bei Bypassregelung ist die
Drehzahl konstant und die Gebläsebetriebspunkte liegen auf der Kennlinie für die entsprechende Drehzahl. Für die übrigen Gebläse wurde
in dem dargestellten Fall maximale Drehzahl und ein Fördervolumen von
105% angenommen.

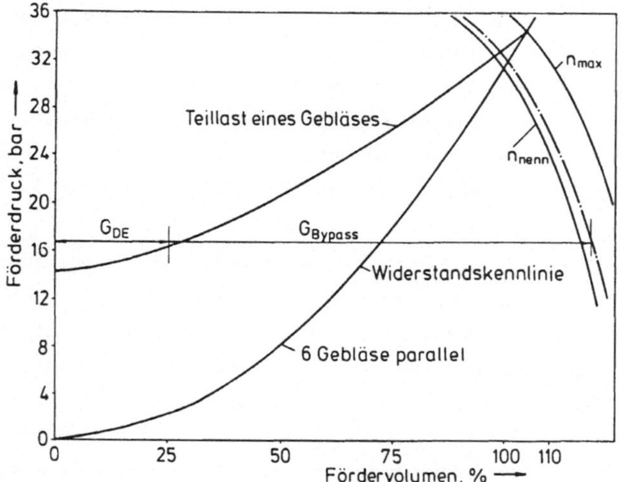

Bild 26.2. Betriebskennlinie des Kühlgasgebläses

Bei offenem Bypass läuft das Gebläse mit geringem Förderdruck und großem Fördervolumen. Wird der Bypass geschlossen, so vermindert sich
das Fördervolumen und der Förderdruck steigt. Aber erst wenn der an-
liegende Gegendruck von etwa 14 bar erreicht wird, kann ein Teilstrom
durch den Dampferzeuger umgewälzt werden. Dieser steigt bei weiterem

Schließen des Bypasses entlang der eingezeichneten Kennlinie bis das
Gebläse die volle Teilmenge übernommen hat.

Beim AGR sind die acht Hauptkühlgebläse unterhalb der Dampferzeuger
eingebaut. Sie sind im wesentlichen gleich aufgebaut wie die des
THTR. Das Hauptabsperrorgan wird allerdings durch eine Kalotte gebildet, die mit ihrem zylindrischen Teil vor die Eintrittsöffnung gezogen wird. Das Absperrorgan wird durch einen am äußeren Gehäusedeckel
befestigten hydraulischen Antrieb betätigt, dessen Bewegung über
Flansche und am äußeren Umfang angeordnete Verbindungsstangen auf die
Kalotte übertragen wird.

26.2 Dampferzeuger

Die sechs Dampferzeuger des THTR sind zu je drei in zwei Gruppen zusammengefaßt. Jede Gruppe hat eine gemeinsame Speisewasserleitung,
eine gemeinsame kalte Zwischenüberhitzerschiene und einen gemeinsamen
Anfahrspanner, so daß bei Ausfall einer Gruppe die Nachwärme aus dem
Kern mit einer intakten Gruppe abgeführt werden kann. Jeder Dampferzeuger kann unabhängig von den übrigen betrieben werden.

Die Dampferzeuger arbeiten nach dem Zwangsdurchlaufprinzip, wobei sich
vom Speisewassereintritt bis zum Heißdampfaustritt die Anzahl der Rohre nicht ändert. Das gleiche gilt für die Zwischenüberhitzer.

Die Heizflächen bestehen aus zylindrisch aufgewickelten Rohrschlangen, Bild 26.3 [94], die je Heizflächenabschnitt mit konstanter radialer Teilung um ein Kernrohr angeordnet sind. Außen wird das Rohrbündel von einem Führungsmantel eingeschlossen. Die Heizflächenrohre werden im Kern des Druckbehälters gruppenweise zusammengefaßt, und nur
die Verbindungsrohre zu diesen Systemgruppen werden nach außen geführt. Der Hochdruckteil des Dampferzeugers ist in vierzig und der
Zwischenüberhitzerteil in elf Systeme unterteilt. Die Länge aller auf
den verschiedenen Durchmessern spiralig aufgewickelten Rohre ist
gleich, was durch eine unterschiedliche Ganghöhe erreicht wird. Die
Speisewasserzuführungsrohre enden an den Sammlern unterhalb des inneren Deckels. Von da werden die Rohre gleichmäßig auf den Umfang des
Dampferzeugerhemds verteilt, zum Vorwärmer geführt und auf die einzel-

nen Rohrzylinder aufgeteilt. Die anderen Verbindungsrohre werden entweder am Gasführungsmantel entlang oder innerhalb des Kernrohrs geführt. Die Systemrohre sind mit dem inneren Behälterabschlußdeckel fest verschweißt, während sie mit dem äußeren Deckel über Kompensatoren verbunden sind. Von dort führen die Rohre zu den oberhalb und etwas seitlich angeordneten Verteilern und Sammlern. Der Dampferzeuger hängt am inneren Abschlußdeckel, der sich seinerseits auf das Panzerrohr abstützt.

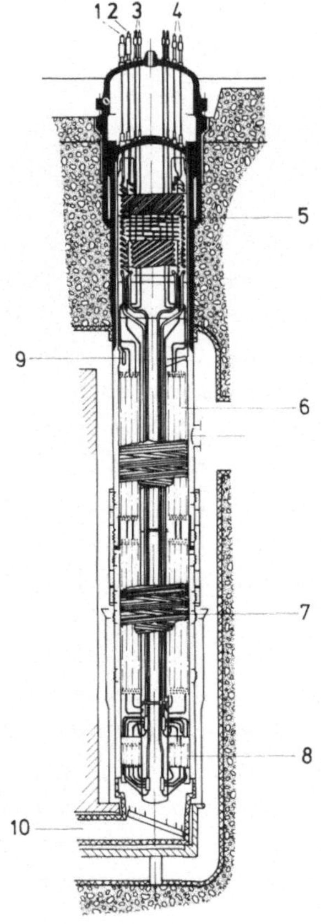

1 Zwischenüberhitzer-
   Dampfaustritt 535°C, 49 bar
2 Zwischenüberhitzer-
   Dampfeintritt 365°C
3 Speisewassereintritt 180°C
4 Hochdruckdampf-
   Austritt 550°C, 186 bar
5 Dehnzone
6 HD-I-Bündel
   (Vorwärmer)
7 HD-II-Bündel
   (Vorwärmer, Verdampfer,
   Überhitzer)
8 Zwischenüberhitzer-Bündel
9 Heliumaustritt 250°C
10 Heliumeintritt 750°C

Bild 26.3. Querschnitt durch den Dampferzeuger des THTR

Die Anordnung der Heizflächen wurde so gewählt, daß der Vorwärmer, Verdampfer und Überhitzer im Gegenstrom zum Heizgas, der Zwischen-

überhitzer jedoch im Gleichstrom zum Heizgas durchströmt wird. Der
Zwischenüberhitzer liegt in der heißesten Zone, darauf folgt der
Überhitzer, der Verdampfer und der Vorwärmer.

Zum Abschalten der Dampferzeugereinheiten werden schnell schließende
hydraulisch gesteuerte Armaturen in den sekundären Zuführungsleitun-
gen der Dampferzeuger betätigt. Zusätzlich sind Elektroschieber vorhanden, so daß Doppelabsperrung möglich ist, die bei einem Schadens-
fall das Übertreten von aktivem Gas in den Sekundärkreislauf zuverlässig verhindern kann. Auf der Hochdruck- und Zwischenüberhitzer-Ein-
trittsseite übernehmen Rückschlagklappen die Absperrung, wobei zusätzlich jeweils zwei Elektroschieber die Doppelabsperrung ermöglichen.

Zwischen den austrittsseitigen Absperrungen des Überhitzers sind zwei
Abgänge angeschlossen: Einer zum Anfahrregelventil, ein zweiter zu einem vordruckgesteuerten Entlastungsventil. Auf ein Signal aus der
Feuchtemessung hin wird der Ansprechdruck des Steuerventils auf 70 bar
gesenkt. Dadurch wird der Inhalt der Hochdruckteile über die Anfahr-
entspanner entlastet.

Die Dampferzeuger beim AGR sind nach den gleichen Prinzipien gebaut,
wenn sie sich auch in der Anordnung unterscheiden. Der AGR hat keine
primäre Zwischenüberhitzung. Das Heizgas tritt oben aus dem Reaktorkern aus, durchströmt von oben nach unten den Überhitzer, den Verdampfer und den Vorwärmer. Das Heizrohrpaket wird von einem zentralen
Tragrohr mit acht Tragarmen, das am oberen Abschlußdeckel hängt, getragen. Im Abschlußdeckel sind auch alle Durchdringungen für Zuleitungen und Instrumentierung untergebracht. Ein Kaltgasstrom wird zur
Panzerrohrkühlung auf der Druckseite des Gebläses abgezweigt und zwischen Mantel und Panzerrohr nach oben geführt.

26.3 Auslegung der Hauptkühlkreisläufe

Bei der Auslegung sind anlagentechnische, betriebliche und sicherheitstechnische Belange gleichermaßen zu berücksichtigen. Anlagentechnische Ziele sind neben der richtigen festigkeitsmäßigen Bemessung vor
allem die Erreichung eines hohen Wirkungsgrades bei minimalen Anlage-
kosten. Die verfügbaren Parameter dafür sind der Kühlgasdruck zur

Steigerung der Leistungsdichte und die Austrittstemperatur zur Erhöhung des Wirkungsgrades. Ein Optimum wird durch die gegenläufige Tendenz werkstofftechnischer Probleme für diese Parameter fixiert.

Betriebliche Belange sind vor allem die Regel- und Betriebsfähigkeit
insbesondere beim An- und Abfahren. Ferner die Wartungs- und Repara-
turmöglichkeiten, die trotz der integrierten Bauweise weitgehende Zugänglichkeit und leichte Ausbaubarkeit erfordern. Vor allem muß es
möglich sein, leckende Dampferzeugerrohre abzusperren bzw. die be-
treffende Einheit ohne langen Stillstand auszubauen und zu ersetzen.

Die Sicherheit wird wesentlich durch die Einbeziehung in den Spannbetonbehälter gegeben. Um diesen Vorzug aber durchgehend zu realisie-
ren, müssen auch die Panzerrohrabschlüsse den gleichen Sicherheits-
standard aufweisen wie der vorgespannte Betonbehälter. Dies wird durch
doppelte Druckbarrieren, Doppelummantelung der Zuleitungen und durch
Absperrarmaturen erreicht. Dem Entweichen von Radioaktivität im Betrieb wirken Sperrgasdichtungen wirksam entgegen.

27 Hauptkühlsystem des natriumgekühlten Schnellen Brüters

Die Wahl von Natrium als Kühlmittel wird durch die physikalischen Forderungen der Kernauslegung bestimmt. Für die technische Anwendung als Kühlmittel hat es sowohl Vorteile als auch Nachteile im Vergleich zu Wasser oder Gas. Vorteilhaft wirken sich die gute Leitfähigkeit und die hohe Siedetemperatur aus. Nachteilig sind die Brennbarkeit an Luft oder im Kontakt mit Wasser, der feste Aggregatzustand bei Normaltemperatur und etwas geringere spezifische Wärmekapazität.

Natrium wird auch durch Neutronenabsorption aktiviert, und das entstehende Na-24 mit 15 h Halbwertszeit weist eine sehr harte Gammastrahlung auf. Außerdem muß man davon ausgehen, daß im Primärkeislauf noch weitere Aktivität aus Korrosions- und Spaltprodukten sich ansammelt. Würde man das Primärnatrium in einem Dampferzeuger seine Wärme direkt an Wasser abgeben lassen, so wäre kaum zu vermeiden, daß durch Undichtheit der Wärmetauscherrohre Natrium mit Wasser in Berührung käme. Dabei wird Natrium oxidiert, und es entsteht explosionsartig Wasserstoff. Den Druckstoß muß man ins Freie entlasten, da man den Dampferzeugermantel nicht für den Reaktionsdruck von etwa 1000 bar auslegen kann. Mit radioaktivem Natrium wäre dies aber nicht erlaubt. Deshalb wird bei allen natriumgekühlten Anlagen ein zweiter Natriumkreislauf zwischengeschaltet. In diesem Zwischenkreislauf könnte man an sich auch andere Kühlmittel als Natrium verwenden. Die Überprüfung der betrieblichen Gesichtspunkte zeigt aber, daß man am besten fährt, wenn man das gleiche Medium wie im Primärkreislauf verwendet. Wegen der hohen Temperatur und der Forderung, nicht mit Natrium zu reagieren, kommt praktisch nur ein flüssiges Metall in Betracht. Es ist jedoch nicht ausgeschlossen, daß in Zukunft vielleicht mal ein anderes Kühlmittel im Zwischenkreislauf verwendet wird.

Die notwendige Zwischenschaltung eines Sekundärkreislaufs hat allerdings nicht nur Nachteile. Wegen der guten Wärmeübertragung in den auf beiden Seiten von flüssigem Metall durchströmten Primärwärmetauschern kommen diese mit einer sehr kleinen Wärmetauscherfläche aus und können entsprechend klein gebaut werden. Sie erfordern deshalb kein großes Containment und können sogar mit dem Reaktorkern zusammen im gleichen Natriumbehälter untergebracht werden. Auch wäre man ohne Zwischenkreislauf mit dem Problem konfrontiert, die Dampferzeuger in das sonst nur mit Natriumanlagen bestückte Containment bringen zu müssen.

Bei der Beschreibung der Hauptkühlkreisläufe des Schnellen Brüters stehen vor allem die Probleme der Natriumtechnologie im Vordergrund. Heißes Natrium darf nicht mit Luft in Berührung kommen. Daher ist Schutzgas erforderlich. Bewegliche Durchführungen können nur im Schutzgasraum angeordnet werden, da Natrium an der kalten Seite der Dichtung erstarren würde. Sogenannte Gefrierdichtungen, die für die Betätigung aufgetaut werden müssen, kommen nur für Armaturen, die selten betätigt werden, zur Anwendung. Die Natriumtemperatur darf nirgends im System unter 200 °C sinken, damit Natrium flüssig bleibt und keine Oxidablagerung stattfindet. Der Oxidgehalt muß unter einer erträglichen Schwelle von etwa 10 ppm gehalten werden. Die Fähigkeit des Natriums, Metalle und andere Legierungsbestandteile zum Teil selektiv zu lösen und an kalten Stellen wieder abzusetzen, was als Massentransport bezeichnet wird, muß beachtet werden. Die Werkstoffe sind entsprechend auszuwählen.

Für den Aufbau des Hauptkühlsystems gibt es zwei wesentlich verschiedene Varianten, die sogenannte "Pool"- und die "Loop"-Bauweise. Beim Pool-Typ sind außer dem Reaktorkern auch noch die Primärpumpen und die Wärmetauscher im Primärtank untergebracht. Aus dem Primärtank führen also nur die Leitungen des sekundären Natriumkreislaufs. Nach diesem Prinzip sind die Anlagen EBR II, Dounreay, Rapsodie, Phénix und Super-Phénix sowie der BN-600 gebaut. Beim Loop-Typ sind die Primärkreisläufe außerhalb des Reaktortanks angeordnet wie bei den Leichtwasserreaktoren. Die bisherigen Anlagen nach der Loop-Bauweise sind der stillgelegte Enrico-Fermi-Reaktor, der amerikanische Reaktor in Clinch River sowie die russischen Schnellbrüter BOR-50 und BN-350. Auch der in der Bundesrepublik Deutschland entwickelte Schnelle Brüter SNR-300, der in Kalkar gebaut wird, hat ein Loop-System. Als typisches Beispiel wird im folgenden die Anordnung des SNR-300 beschrieben [78].

Das Hauptkühlsystem besteht aus drei Primär- und drei Sekundärkreisläufen. Das im Reaktor von 377 auf 546 °C aufgewärmte Natrium wird über eine im heißen Strang jedes Primärkreislaufs angeordnete Umwälzpumpe zum Wärmetauscher gefördert. Es gibt dort im Gegenstrom seine Wärme an den Sekundärkreislauf ab und strömt zum Reaktortank zurück. An Ein- und Austrittsseite des Reaktortanks sind Armaturen angeordnet, die eine Absperrung der Kreisläufe ermöglichen. Der Kreislauf steht etwa unter 8 bar Betriebsdruck auf der Druckseite der Pumpe.

Das Natrium des Sekundärsystems wird in den Zwischenwärmetauschern von 340 auf 525 °C aufgewärmt. Eine Pumpe im kalten Strang jedes Sekundärkreislaufs wälzt das Kühlmittel um, das die im Zwischenwärmetauscher aufgenommene Wärme an das Wasser-Dampf-System abgibt. Hierbei durchströmt das Natrium jedes Kreislaufs zunächst drei Überhitzer und anschließend drei Verdampfer, die parallel geschaltet sind. Alle Apparate sind Geradrohrwärmetauscher. Diese Einheiten sind nicht zu größeren Einheiten zusammengefaßt, weil es für diese noch schwieriger wäre, die Natrium-Wasser-Reaktion zu beherrschen. Schnell schließende Armaturen an der Natrium- und Wasserseite ermöglichen eine Separierung einzelner Stränge im Falle einer solchen Reaktion. Auch ist der Austausch ganzer Aggregate eher möglich mit kleinen Einheiten, zumal man damit rechnen muß, daß die Folgen einer Undichtheit nicht durch einfaches Zustöpseln der schadhaften Rohre zu beheben sind. Die Wirtschaftlichkeit erfordert es allerdings bei der weiteren Entwicklung zu größeren Einheiten überzugehen.

Sämtliche System, die aktiviertes Primärnatrium enthalten, sind innerhalb des Containments in abgeschirmten, inertisierten Zellen angeordnet. Die Zellen für die Hauptkreisläufe sind so gestaltet, daß sich bei einem Bruch an irgendeiner Stelle der Reaktortank nicht unter den für die Notkühlung erforderlichen Notspiegel entleeren kann, wobei man auch die Heberwirkung geschlossener Rohrleitungen berücksichtigen muß. Tiefliegende Teile der Kreisläufe sind von engen Wannen bis zur Höhe des Notspiegels umgeben.

Alle natriumführenden Komponenten und Rohrleitungen sind mit einer elektrischen Begleitheizung ausgerüstet. Um eine vollständige Dicht-

heit der Natriumanlagen zu erreichen, werden ausschließlich Schweiß-
verbindungen oder, wo nötig, Flanschverbindungen mit Schweißringlip-
pendichtungen vorgesehen.

Alle mit Natrium in Berührung kommenden Anlagenteile bestehen aus den
Werkstoffen X 6 CrNi 1811 (Werkstoff-Nr. 1.4948) oder 10 CrMoNiNb 9 10
(Werkstoff-Nr. 1.6770).

27.1 Natrium-Umwälzpumpen

Als Umwälzpumpen kommen vertikale, einstufige Kreiselpumpen mit hydrostatischen Natriumlagern zur Anwendung (Bild 27.1). Sie haben im
Innern eine freie Natriumoberfläche und darüber Schutzgas unter einem
Druck von 1,3 bar, das mit der Schutzgasatmosphäre des Reaktortanks
verbunden ist. Jede Pumpe hat einen Durchsatz von 5000 m^3/h und einen
maximalen Förderdruck von 8,5 bar bei einer Drehzahl von 955 min^{-1},
die bis 50 min^{-1} heruntergeregelt werden kann. Der Durchmesser des
Kugelgehäuses beträgt 1,60 m, der des zylindrischen Behälters 1,35 m
und die gesamte Höhe vom Saugstutzen bis zur Oberseite des Motors
14 m. Das Laufrad hat einen Durchmesser von 880 mm. Der Gesamtwir-
kungsgrad der Pumpe beträgt 83%, die Nennleistung ist 1600 kW, die
aufgenommene Leistung 1150 kW bei einer Betriebstemperatur von 560 °C.

Die Hohlwelle wird unmittelbar über dem Laufrad in einem genuteten
hydrostatischen Lager, das mit Natrium geschmiert wird, geführt. Der
hydrostatische Druck wird von der Pumpe selbst geliefert und schwankt
mit der Drehzahl.

Als Schutzgas wird das inerte Argon verwendet. Es reichert sich im
Laufe der Zeit mit radioaktiven Spaltgasen an und muß deshalb dicht
gegen die Atmosphäre abgeschlossen werden. Dazu werden sogenannte
Viskodichtungen angewendet, die den Vorteil haben, daß zwischen dem
rotierenden und dem stillstehenden Teil der Pumpe kein metallischer
Kontakt zustandekommt.

Die Abdichtung der Wellendurchführung zwischen Schutzgas und Außenat-
mosphäre ist in zwei Einheiten aufgegliedert, von denen jede aus zwei
Gleitringdichtungen und einem dazwischenliegenden Druckölraum besteht.

In diesen wird von außen Öl hineingedrückt, das durch die Gleitringdichtungen teils zum Leckageölraum auf der Schutzgasseite, teils in
den Ölraum des Wälzlagers austritt. Auch aus dem Leckageraum zwischen
den beiden Dichteinheiten wird das Öl abgeführt.

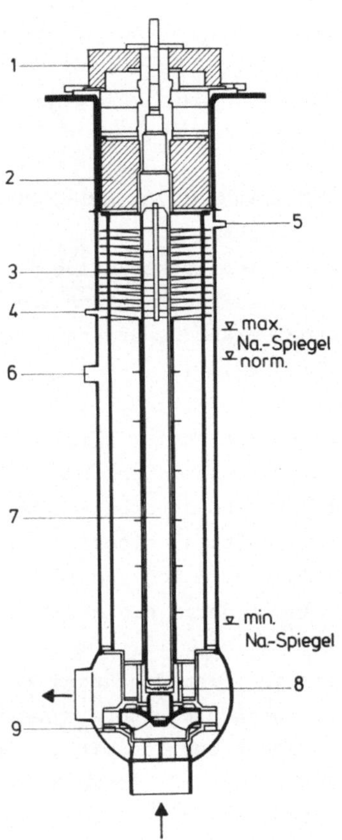

Bild 27.1. KSB-Natrium-Umwälzpumpe

Zum Abbauen der Temperatur bis auf 80 °C am oberen Teil der Welle und
des Gehäuses hilft natürlich die große Länge der Pumpe. Zusätzlich
sind aber noch oberhalb des Natriumspiegels sowohl außerhalb wie innerhalb der Welle Strahlungsbleche angeordnet.

Unterhalb des Natriumspiegels sind im zylindrischen Teil rotations-
hemmende vertikale Bleche eingebaut, um das Rotieren des Natriums mit

der drehenden Welle zu unterbinden. Der Kasten am oberen Ende des Zylinders ist als Strahlungsschild mit Bleifüllung ausgebildet, eine weitere Strahlungsabschirmung deckt den Kopf der Pumpe ab.

Die Pumpeneinbauten samt Läufer, Hohlwelle, Gleitlagergehäuse und Saugstutzen können gleichzeitig mit dem Deckel und dem Bleikasten aus dem Pumpendruckgehäuse ausgebaut werden. Durch die dünnwandige Konstruktion, die trotzdem ausreichende Steifigkeit und Festigkeit gewährleistet, wird die Pumpe gegen Thermoschocks widerstandsfähiger.

27.2 Natrium-Zwischenwärmetauscher

Die Zwischenwärmetauscher bilden das Trennglied zwischen dem stark radioaktiven Primärnatrium und dem nichtaktiven Sekundärnatrium. Es sind stehende Geradrohrwärmetauscher, die nach dem Gegenstromprinzip arbeiten (Bild 27.2).

Das heißere Primärnatrium fließt im Mantelraum von oben nach unten zwischen den Wärmetauscherrohren, während das Sekundärnatrium durch ein Zentralrohr zum unteren Rohrboden geführt wird und durch die Heizrohre von unten nach oben strömt. Die oben angeordnete sekundäre Austrittskammer wird von dem Zentralrohr durchstoßen. Sie hat einen Zugang von außen durch ein Mannloch.

Unterschiedliche Wärmedehnungen zwischen Rohrbündel und Behälteraußenwand werden durch die untere schwimmende Rohrplatte ausgeglichen. Der obere feste Rohrboden ist mit dem Mantelteil der Sekundärnatriumkammer durch einen Flansch mit Schweißlippen dicht verbunden. Nach Auftrennung dieser Verbindung ist das Rohrbündel austauschbar.

Die Wärmetauscherohre sind nicht eingewalzt, sondern aufgesetzt angeschweißt, so daß man sie einer Durchstrahlungsprüfung unterziehen kann. Das Rohrbündel ist außen von einem Strömungsmantel umgeben, der sich oben und unten in einer Lochblende fortsetzt für den Ein- bzw. Austritt des Primärnatriums. Auch auf der Innenseite des Rohrbündels ist ein Strömungsmantel angebracht, um die Wärmeverluste zum Zentralrohr und die thermischen Spannungen zu vermindern. Selbstverständlich ist das Rohrbündel durch eine ausreichende Zahl von Rohrhalterungen befestigt.

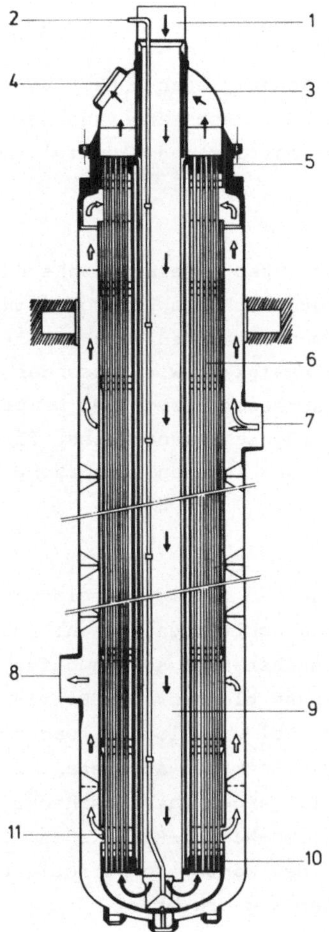

Bild 27.2. Natrium-Zwischenwärmetauscher

Auf der Primär- und Sekundärseite sind Entgasungsleitungen vorgesehen. Zur Entleerung der Primärseite dient ein Ablaßstutzen am unteren
Boden, während die Sekundärseite durch eine aus der unteren Verteilerkammer durch das Zentralrohr nach oben geführte Rohrleitung entleert
werden kann. Um das Natrium nach oben zu fördern, wird ein Gasdruck
aufgebracht.

27.3 Dampferzeuger und Überhitzer

Verdampfer und Überhitzer sind im wesentlichen gleich gebaut bis auf
die äußeren Abmessungen. Es sind stehende Geradrohrwärmetauscher, die
im Gegenstrom betrieben werden, wobei das Natrium den Raum zwischen
den Rohrbündeln durchströmt.

In den Verdampfern tritt das Speisewasser unten in eine annähernd kugelförmige Eintrittskammer ein und gelangt durch den Rohrboden in die
Wärmetauscherrohre, wo es beim Durchströmen nach oben fast vollständig verdampft (x = 0,95). Die restliche Flüssigkeit wird besonders beim
Anfahren in einer Abscheideflasche ausgeschieden, bevor der Dampf zu
den Überhitzern weitergeleitet wird. Das abgeschiedene Wasser fließt
nach Unterkühlung und Druckreduzierung in den letzten Hochdruckvor-
wärmer.

Die Wärmetauscherrohre sind an beiden Enden so in die Rohrplatten eingeschweißt, daß auf der Natriumseite keine Spalten entstehen. Rohrhalterungen in zweckmäßig bemessenen axialen Abständen sorgen dafür, daß
die Rohrschwingungen in erträglichen Grenzen bleiben. Das Rohrbündel
wird von einem gut angepaßten Strömungsmantel umschlossen. Dadurch
wird einmal verhindert, daß größere Natriumleckagen auftreten, zum
anderen bildet er zusammen mit der darumliegenden Natriumschicht einen Schutz der Behälteraußenwand bei Natrium-Wasser-Reaktionen. Im Bereich der Natriumzu- und -abführung wird der Mantel so perforiert,
daß sich eine gleichmäßige Strömungsverteilung ergibt.

Durch die Wärmedämmvorrichtungen, die an den Rohrplatten eine stagnierende Natriumschicht erzeugen, wird der Temperaturgradient zwischen
Natrium- und Wasserdampfseite an den Rohrplatten weitgehend gemildert.

Zum Ausgleich unterschiedlicher Dehnung von Behälterwand und Rohrbündel wird der Behälter axial geteilt und durch einen Kompensator verbunden. Neben dem Längenausgleich im Betrieb muß der Kompensator auch
den Belastungen bei einer Natrium-Wasser-Reaktion standhalten. Biege-
und Torsionsbelastungen werden durch entsprechende Abstützung der beiden Teile verhindert. Zum Schutz der Rohre gegen Überdehnung wird die
Längung des Kompensators durch einen Anschlag begrenzt.

Die Apparate stehen auf einer Fußkonstruktion und werden in Höhe des
Kompensators und am oberen Ende axial geführt. Die Natriumseite kann
durch eine unten angebrachte Leitung vollständig entleert werden.

27.4 Armaturen

In jedem der drei Primärkreisläufe sind drei Absperrarmaturen vorgesehen mit den Nennweiten NW 550 am Reaktoreintritt, NW 600 am Reaktor-
austritt und NW 250 in der Pumpenüberlaufleitung.

Die Armaturen dienen zunächst nur zum Absperren der Primärkreisläufe
gegen den Reaktortank und haben keine Regel- oder Sicherheitsfunktion.
Bei einigen Störfällen können allerdings die Störfallauswirkungen
durch Betätigung der Armaturen wesentlich begrenzt werden. Die Schließ-
zeit der Armaturen beträgt ca. 10 s.

1 Schneckenantrieb
2 Stopfbuchse
3 Stopfbuchsabsaugung
4 Entlastungsbohrung
5 Kühlrippen
6 Klappe
7 Dichtsitz
8 Spindel
9 Schweißlippendichtung

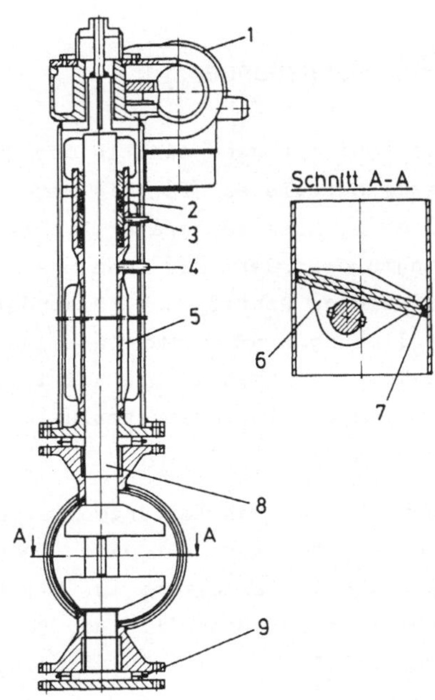

Bild 27.3. Natrium-Hauptabsperrarmatur

Der Aufbau einer Hauptabsperrarmatur ist in Bild 27.3 gezeigt. Die
Abdichtung wird durch Drehung einer exzentrisch gelagerten Klappe
bewirkt. Der Dichtsitz liegt schräg zur Rohrachse und hat schräg zur
Bewegungsrichtung geschnittene Dichtflächen. Dadurch wird eine verhältnismäßig hohe Anpreßkraft ausgeübt, was für eine Metall/Metall-
Dichtung notwendig ist. Die Dichtfläche und alle reibenden beanspruch-
ten Teile sind mit Stellit gepanzert.

Eine Gefrierstrecke mit Kühlrippen an der Außenseite dichtet die Spin-
deldurchführung ab. Zur Sicherheit ist noch eine Stopfbuchse nachge-
schaltet. Ein Flansch mit Schweißlippendichtung verbindet das Arma-
turenoberteil mit dem in die Rohrleitung eingeschweißten Gehäuse. Als
Dichtheitsforderung der Armaturen ist eine maximale Leckmenge von
$1 \ m^3$ Na/h bei einer Druckdifferenz von 1 bar spezifiziert.

Bei kleineren Armaturen werden auch schiebend bewegte Spindeln durch
eine Gefrierstrecke abgedichtet, die aber im Betrieb im allgemeinen
festgefroren sein dürfen. Für häufig betätigte Armaturen werden Fal-
tenbälge zur Abdichtung bevorzugt, die jeweils mit einer Sicherheits-
stoffbuchse kombiniert sind.

27.5 Rohrleitungen

Die Rohrleitungen sind in der Regel nur für einen relativ geringen
Druck auszulegen, für die Materialauswahl schafft jedoch die verhältnismäßig hohe Temperatur Probleme. Wegen der großen Temperaturänderungen erfordert der Dehnungsausgleich zwischen Festpunkten eine raum-
aufwendige Rohrführung. Besonders zu erwähnen ist noch die unter der
Isolierung angebrachte elektrische Heizung in Form eines um die Rohre
gewickelten Drahts. Die Heizleistung ist gering. Sie muß eben zur
Deckung der Isolationsverluste genügen, um das Natrium auf etwa 200 °C
zu halten.

An wichtigen Rohrleitungen werden zum Teil Leckdetektoren eingesetzt.
Sie bestehen z.B. aus einer in der Wärmeisolierung unter dem Rohr eingebauten Doppelleitung aus blanken Drähten, auf die Keramikperlen zur
Isolation aufgefädelt sind. Bei austretendem Natrium gibt es einen
Kurzschluß, der sich bei angelegter Spannung durch einen Strom bemerkbar macht. Es ist allerdings nicht bei jeder Leckage gewährleistet,
daß auch Natrium dort hinkommt.

28 Brennstoffabbrand

28.1 Brennelementeinsatz im Reaktor

Nur die Erstbeladung des Reaktorkerns besteht ausschließlich aus neuen Brennelementen. Sie müssen mit abgestufter Anreicherung gewählt werden. Später wird bei jedem Brennelementwechsel eine Teilladung des Reaktors - bei Leichtwasserreaktoren in der Regel ein Drittel aller Elemente - durch neue Brennelemente ersetzt. Die verbleibenden Brennelemente werden nach einem speziellen Plan umgesetzt, um eine möglichst günstige Leistungsdichteverteilung, die notwendige Reaktivitätserhöhung und den gewünschten Endabbrandzustand aller Elemente zu erreichen. Die Optimierung des Umsetzplans beim Brennelementwechsel wird durch die drei genannten Zielsetzungen wesentlich bestimmt.

Während der Einsatzzeit im Reaktor treten durch die Einwirkung der Neutronen verschiedene Veränderungen des Brennstoffs ein:

- Der Spaltstoff wird verbraucht und die Anfangskonzentration wird allmählich abgebaut.

- Neuer Spaltstoff wird durch Erzeugung von Pu-239 und Pu-241 bzw. U-233 aufgebaut.

- Außerdem werden auch nichtspaltbare Transurane erzeugt.

- Spaltprodukte sammeln sich im Brennstoff an.

Mit diesen stofflichen Veränderungen sind folgende Phänomene verbunden:

- Ein allmählicher Reaktivitätsverlust tritt ein durch den Abbau der Spaltstoffkonzentration und die zunehmende Absorption der Spaltprodukte.

- Die Nachwärmeleistung steigt ständig an durch die zunehmende Konzentration der Spaltprodukte.

- Die Radioaktivität des Brennstoffs nimmt ebenfalls ständig zu.

- Die Spaltgasfreisetzung bewirkt ein Ansteigen des Drucks in den Brennstabhüllrohren.

- Ein zunehmendes Brennstoffschwellen wird durch die Ansammlung der Spaltprodukte verursacht.

Die einzelnen Effekte haben sowohl für das Brennelementverhalten als auch für den Reaktorbetrieb große Bedeutung.

28.2 Spaltstoffkonzentration

Für alle im Reaktor befindlichen Isotope, die dem Neutronenfluß ausgesetzt sind, wird die Konzentrationsveränderung durch die folgende Gleichung vollständig beschrieben:

$$\frac{dN_i(t)}{dt} = \int_0^\infty \sum_l \gamma_i(E)\ \sigma_{f,l}(E)\ N_l(t)\ \Phi(E,t)\,dE +$$

$$+ \int_0^\infty [\sigma_{c,i-1}(E)\ N_{i-1}(t)]\ \Phi(E,t)\,dE + \sum_j \lambda_j\ N_j(t) -$$

$$- \int_0^\infty [\sigma_{a,i}(E)\ N_i(t)]\ \Phi(E,t)\,dE - \lambda_i\ N_i(t). \qquad (28.1)$$

Dabei bedeutet der erste Term die Entstehung durch Spaltung des Isotops l mit der Spaltausbeute γ_i, der zweite Term die Entstehung durch Neutroneneinfang im Isotop i-1, der dritte Term die Entstehung durch α- und β-Zerfall der Isotope j, während der Verlust durch Neutronenabsorption mit dem vierten und durch radioaktiven Zerfall mit dem fünften Term beschrieben werden.

Im Einzelfall sind nicht alle Variablen und Koeffizienten zu berücksichtigen, so daß sich (28.1) erheblich vereinfacht. Betrachtet man z.B. einen thermischen Reaktor, so können die Energieabhängigkeiten eleminiert und für die Wirkungsquerschnitte σ und die Spaltproduktausbeuten γ die Werte für den thermischen Bereich und die energieabhängige Flußdichte durch die thermische Flußdichte Φ_{th} ersetzt werden.

Für die Konzentration N_{235} des spaltbaren U-235 gilt, daß das U-235
praktisch nur durch Neutronenabsorption abgebaut wird, da der α-Zer-
fall dagegen vernachlässigt werden kann:

$$\frac{dN_{235}(t)}{dt} = - N_{235}(t) \; \sigma_{a,235} \; \Phi_{th}(t) . \tag{28.2}$$

Die Lösung ist eine abfallende Exponentialfunktion

$$N_{235}(\tau) = N_{0,235} \; \exp(- \sigma_{a,235} \; \tau) , \tag{28.3}$$

wenn man die sogenannte Flußzeit

$$\tau = \int \Phi(t)\,dt \quad \text{bzw.} \quad d\tau = \Phi(t)\,dt \tag{28.4}$$

einführt. Die Flußzeit stellt die geeignete Variable dar, weil auch
Teillastbetrieb und Abschaltzeiten damit richtig berücksichtigt werden. Die Flußzeit steht mit dem Abbrand

$$A = \frac{\varepsilon}{\rho_B} \int_0^t \Sigma_f(t) \; \Phi(t)\,dt \tag{28.5}$$

ε = Energie pro Spaltung,

ρ_B = Brennstoffdichte

zwar in unmittelbarer Beziehung, verläuft aber wegen der Zeitabhängigkeit des Spaltquerschnitts Σ_f nicht exakt proportional.

U-238 wird nur zu einem geringen Teil durch schnelle Neutronen gespal-
ten. Der größte Teil der absorbierten Neutronen führt zum Aufbau von
Plutonium nach dem Schema in Band 1, S. 45. Die Pu-Erzeugung aus
U-238 durch Neutroneneinfang im gesamten Energiebereich von 0,025 eV
(thermischer Bereich) bis 10 MeV kann überschlägig nach folgendem
Verfahren für einen thermischen Reaktor ermittelt werden:

Im thermischen Bereich wird die Pu-239-Erzeugung beschrieben durch
den Einfang thermischer Neutronen im U-238.

$$\sigma_{c,238} \; N_{238} \; \Phi_{th} = \Sigma_{c,238} \; \Phi_{th} . \tag{28.6}$$

Im Resonanz- und schnellen Energiebereich gilt, daß von den im thermischen Bereich durch Kernspaltung entstehenden schnellen Neutronen

$$[\nu_{235} \; \Sigma_{f,235} + \nu_{239} \; \Sigma_{f,239} + \nu_{241} \; \Sigma_{f,241}]_{th} \; \Phi_{th} \; \varepsilon ,$$

inklusive der schnellen Spaltungen im U-238, berücksichtigt durch den
Schnellspaltfaktor ε, im Reaktor selber der Anteil Λ_s (Λ_s = schneller
Verbleibfaktor) verbleibt, und davon (1 - p) Neutronen (p = Resonanz-
entkommwahrscheinlichkeit) im U-238 absorbiert werden.

$$\varepsilon \, \Lambda_s(1 - p) \, [\nu_{235} \, \Sigma_{f,235} + \nu_{239} \, \Sigma_{f,239}]_{th} \, \Phi_{th}$$

ist demnach die Zahl der U-238 Kerne, die ein Neutron außerhalb des
thermischen Bereichs eingefangen haben, wenn man den Anteil der Spaltungen des Pu-241 bzgl. der Resonanzabsorption vernachlässigt. Die
Bilanzgleichung für Pu-239 erhält man somit durch Verwendung der
Flußzeit τ zu

$$\frac{dN_{239}}{d\tau} = \sigma_{c,238} \, N_{0,238} + \varepsilon \, \Lambda_s(1 - p) \, [\nu_{235} \, \sigma_{f,235} \, N_{235}(\tau) +$$

$$+ \nu_{239} \, \sigma_{f,239} \, N_{239}(\tau)] - \sigma_{a,239} \, N_{239}(\tau) . \qquad (28.7)$$

Der Verlust an Pu-239 durch radioaktiven Zerfall soll wegen der großen Halbwertszeit vernachlässigbar sein, ebenso die zeitliche Abhängigkeit der Kerndichte N_{238} des U-238, da diese sehr viel größer ist
als die Summe der U-235 und Pu-Kerne. Für die höheren Pu-Isotope lassen sich die Bilanzgleichungen gemäß (28.1) aufstellen. Für genauere
Lösungen müßten die in den thermischen Bereich hineinreichenden Resonanzen von Pu-239 und Pu-241 mitberücksichtigt werden. Ein entspre-
chendes Verfahren ist in [95] angegeben. Man kann diese Effekte aber
auch durch die entsprechende Korrektur der thermischen Wirkungsquerschnitte mitnehmen.

Unter Berücksichtigung von (28.3) für N_{235} erhält man als Lösung der
Gl. (28.7) für Pu-239:

$$N_{239}(\tau) = \frac{k_2}{k_1} \, [\, 1 - \exp(- k_1 \, \tau)] + \frac{k_3}{k_1 - \sigma_{a,235}} \, [\exp(- \sigma_{a,235} \, \tau) -$$

$$- \exp(- k_1 \, \tau)]$$

$$(28.8)$$

$$k_1 = \sigma_{a,239} - \varepsilon \, \Lambda_s(1 - p) \, \nu_{239} \, \sigma_{f,239} ,$$

$$k_2 = \sigma_{c,238} \, N_{0,238} ,$$

$$k_3 = \varepsilon \, \Lambda_s(1 - p) \, \nu_{235} \, \sigma_{f,235} \, N_{0,235} .$$

Schreibt man die entsprechenden Gleichungen für alle Isotope hin, so
sieht man, daß es sich nicht um ein simultanes Differentialgleichungs-
system handelt, sondern daß man diese Gleichungen sukzessiv lösen
kann. Da aber die Flußzeit τ wegen des veränderlichen Spaltquerschnitts
nicht direkt proportional zum Abbrand ist, kann bei der Lösung so vor-
gegangen werden, daß die Zeitabschnitte so klein gewählt werden, daß
sich der Spaltquerschnitt praktisch nicht ändert, dann aufgrund der
gefundenen Lösung korrigiert wird und von neuem die Differentialgleichungen für den nächsten Zeitschritt gelöst werden. Bild 28.1 zeigt
den Verlauf der Pu-Erzeugung in Abhängigkeit vom Abbrand für einen
Druckwasserreaktor [80]. Die Isotope Pu-239 und Pu-241 sind auch mit
thermischen Neutronen spaltbar, eignen sich aber, wie schon erwähnt,
besonders für schnelle Reaktoren. Ein Teil des Plutoniums wird schon
während der Einsatzzeit im Reaktor direkt gespalten und trägt erheblich, bis zu einem Drittel, zum Abbrand bei.

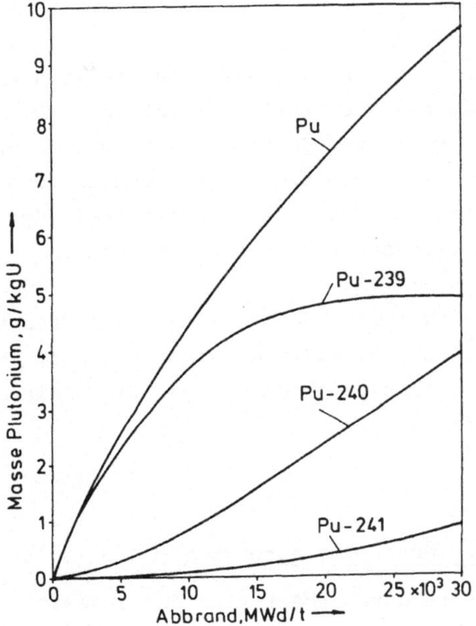

Bild 28.1. Pu-Aufbau in einem DWR, Anfangsanreicherung 3 w/o U-235

Die Konversionsrate liegt bei thermischen Reaktoren, sogenannten Kon-
vertern, zwischen 0,6 bis 0,8, bei Brutreaktoren zwischen 1,0 und 1,3.
Die im Überschuß erzeugten Pu-Isotope werden entweder in Schnellen
Brütern eingesetzt oder in thermische Reaktoren in Mischoxidelementen
wieder zurückgeführt. Dazu ist natürlich die Wiederaufarbeitung der
abgebrannten Brennelemente unabdingbare Voraussetzung.

Eine ähnliche Reihe wie für den Pu-Aufbau gibt es für den Aufbau von
U-233 aus Thorium, (Band 1, S. 45).

Bei Reaktoren mit hoher Flußdichte macht sich der Absorptionsverlust
von Pa-233 wegen der relativ langen Halbwertszeit von 27 d und dem
verhältnismäßig großen Absorptionsquerschnitt $\sigma_a = 41$ b ungünstig bemerkbar, da er die U-233-Produktion verringert. Der Konversionsfaktor von sog. thermischen Thoriumbrütern mit U-233 als Spaltstoff kann
theoretisch sogar über eins liegen, praktisch ist dies allerdings
kaum erreichbar.

28.3 Spaltprodukte

Spaltprodukte haben trotz ihrer hohen Anfangsgeschwindigkeit nur eine
sehr kurze Reichweite von wenigen hundertstel Millimetern. Sie bleiben also zunächst praktisch am Ort ihrer Entstehung und setzen auch
dort ihre Wärme frei. Im Laufe der Einsatzzeit des Brennstoffs sind
allerdings, abhängig von der unterschiedlichen Beweglichkeit der einzelnen Elemente, verschiedene Transportvorgänge zu beobachten.

Die obengenannten, für die Reaktortechnik bedeutenden fünf Effekte
der Spaltprodukte, werden jeweils nach anderen Methoden theoretisch
behandelt, da die verschiedenen Isotope zu den aufgezählten Wirkungen
nicht alle in gleichem Maße beitragen.

28.3.1 Reaktivitätsverminderung durch Spaltprodukte

Die Reaktivität des Reaktors wird durch Absorption der angesammelten
Spaltprodukte vergiftet. Starken Einfluß haben vor allem die Spaltprodukte mit großem Absorptionsquerschnitt.

Die einzelnen Spaltprodukte haben nur eine erkennbare Rückwirkung auf
die Reaktivität, wenn das Produkt aus Absorptionsquerschnitt σ_a und
Spaltausbeute γ einen Mindestwert erreicht, der nicht vernachlässigbar ist gegen σ_f. Bezüglich des Zeitverhaltens kann man die reaktivi-
tätswirksamen Spaltprodukte nach ihrer Halbwertszeit in drei Kategorien einteilen. Ist die Halbwertszeit groß gegen die Einsatzzeit der
Brennelemente, so hat man einen nahezu linearen Aufbau während der
gesamten Betriebszeit zu erwarten. Ist die Halbwertszeit kurz im Vergleich zu der Zeitspanne normaler Betriebsvorgänge (etwa ≤ 1 h) so ergibt sich jeweils die Einstellung eines Sättigungswertes mit geringer
Verzögerung. Liegt die Halbwertszeit dazwischen (1 h $\leq t \leq 1$ a), so
sind starke leistungsabhängige Schwankungen zu erwarten. Letzteres
trifft zu für die Spaltprodukte Xe-135 und Sm-149. Während jedoch Xe
eine Zerfallszeit von 9,2 h hat, ist Sm stabil und zeigt deshalb ein
anderes Verhalten. Xe-135 und Sm-149 sind starke Neutronengifte, da
deren Absoprtionsquerschnitte um Größenordnungen über denen anderer
Spaltprodukte und Reaktormaterialien liegen.

Xe-135 entsteht nur mit einer relativ geringen Ausbeute ($\gamma_{Xe} = 0,003$)
direkt bei der Spaltung von U-235. Der größte Teil wird erzeugt aus
Te-135 und J-135 nach der Zerfallsreihe

$$\gamma_{Te} = 0,056; \quad \gamma_J = 0,005; \quad \gamma_{Xe} = 0,003$$

$$\text{Te-135} \xrightarrow[18 \text{ s}]{\beta^-} \text{J-135} \xrightarrow[6,6 \text{ h}]{\beta^-} \text{Xe-135} \xrightarrow[9,2 \text{ h}]{\beta^-} \text{Cs-135} \xrightarrow[2 \cdot 10^6 \text{ a}]{\beta^-} \text{Ba-135.}$$

Aufgrund der kleinen Halbwertszeit des Te-135 kann man annehmen, daß
direkt J-135 mit der Spaltproduktausbeute $\gamma_J = 0,061$ entsteht. Mit diesem vereinfachten Schema erhält man für die Konzentrationen J(t) des
Jod und Xe(t) des Xenon die beiden Differentialgleichungen

$$\frac{dJ}{dt} = \gamma_J \, \Sigma_f \, \Phi - \lambda_J \, J(t), \tag{28.9}$$

$$\frac{dXe}{dt} = \lambda_J \, J(t) + \gamma_{Xe} \, \Sigma_f \, \Phi - \sigma_{a,Xe} \, Xe(t) \, \Phi - \lambda_{Xe} \, Xe(t). \tag{28.10}$$

Für die Gleichgewichtskonzentrationen, die sich bei konstanter Leistung und damit konstanter Flußdichte Φ_0 nach mehreren Halbwertszei-
ten einstellen, erhält man

$$J_\infty = \frac{\gamma_J \, \Sigma_f \, \Phi_0}{\lambda_J}, \tag{28.11}$$

$$Xe_\infty = \frac{\lambda_J \; J_\infty + \gamma_{Xe} \; \Sigma_f \; \Phi_0}{\lambda_{Xe} + \sigma_{a,Xe} \; \Phi_0} \, ,$$

$$= \frac{(\gamma_J + \gamma_{Xe}) \; \Sigma_f \; \Phi_0}{\lambda_{Xe} + \sigma_{a,Xe} \; \Phi_0} \, . \tag{28.12}$$

Während die Jodkonzentration proportional zur Flußdichte ist, zeigt
die Xenonkonzentration eine nichtlineare Abhängigkeit von der Fluß-
dichte, die durch das Verhältnis $\lambda_{Xe}/\sigma_{a,Xe} \; \Phi_0$ bestimmt wird. Bei kleiner Flußdichte nähert sie sich asymptotisch dem Wert $(\gamma_J + \gamma_{Xe}) \; \Sigma_f/\sigma_{a,Xe}$.

Besonders interessant ist das Zeitverhalten bei Laständerungen. Für
das Anfahren, wobei die Leistung in relativ kurzer Zeit auf $\Phi(t) = \Phi_0 =$
$= const$ gebracht wird, erhält man mit den Anfangsbedingungen $Xe(0) = 0$
und $J(0) = 0$ eine einfache Lösung, wenn man in (28.10) γ_{Xe} vernachläs-
sigt und es nur in Xe_∞ berücksichtigt. Mit $\lambda' = \lambda_{Xe} + \sigma_{a,Xe} \; \Phi_0$ ergibt
sich dann

$$J(t) = J_\infty [1 - \exp(-\lambda_J t)] \, , \tag{28.13}$$

$$Xe(t) = Xe_\infty \left[1 + \frac{\lambda_J}{\lambda' - \lambda_J} \exp(-\lambda' t) - \frac{\lambda'}{\lambda' - \lambda_J} \exp(-\lambda_J t) \right] . \tag{28.14}$$

Wichtiger ist das Verhältnis der Xenonvergiftung nach dem Abschalten
des Reaktors. Mit $\Phi(t) = \Phi_0$ bis zum Abschalten und $\Phi(t) = 0$ nach der
Abschaltung vereinfachen sich (28.9) und (28.10) für $t \geq 0$ zu

$$\frac{dJ}{dt} = -\lambda_J \; J(t) \, , \tag{28.15}$$

$$\frac{dXe}{dt} = \lambda_J \; J - \lambda_{Xe} \; Xe \, . \tag{28.16}$$

Mit den Anfangsbedingungen $J(0) = J_\infty$ und $Xe(0) = Xe_\infty$ erhält man die Lösung

$$J(t) = J_\infty \; \exp(-\lambda_J t) \, . \tag{28.17}$$

Setzt man diese in die Gleichung für Xenon ein, so erhält man

$$\frac{dXe}{dt} + \lambda_{Xe} \; Xe = J_\infty \; \lambda_J \; \exp(-\lambda_J t) \, . \tag{28.18}$$

Durch Multiplikation mit dem integrierenden Faktor $\exp(\lambda_{Xe} t)$ erhält
man auf der linken Seite ein vollständiges Differential.

$$\frac{d}{dt} [Xe \exp(\lambda_{Xe} t)] = J_\infty \; \lambda_J \; \exp[(\lambda_{Xe} - \lambda_J) t] \, . \tag{28.19}$$

Die Gleichung ist von 0 bis t zu integrieren.

$$Xe(t) \, \exp(\lambda_{Xe} t) - Xe_\infty = \frac{J_\infty \, \lambda_J}{\lambda_{Xe} - \lambda_J} \, \{\exp[(\lambda_{Xe} - \lambda_J) t] - 1\} \qquad (28.20)$$

ergibt die Lösung

$$Xe(t) = Xe_\infty \, \exp(- \lambda_{Xe} t) + J_\infty \, \frac{\lambda_J}{\lambda_J - \lambda_{Xe}} \, [\exp(- \lambda_{Xe} t) - \exp(- \lambda_J t)].$$

$$(28.21)$$

Wegen $\lambda_J > \lambda_{Xe}$ ist der rechte Term stets positiv. Als Differenz von zwei Exponentialfunktionen hat er am Anfang den Wert Null, steigt mit wachsendem t bis zu einem Maximum an und fällt dann wieder auf Null für $t \to \infty$. Für die Steigung am Anfang findet man

$$\left. \frac{dXe}{dt} \right|_{t = 0} = - \lambda_{Xe} \, Xe + \lambda_J \, J_\infty =$$

$$= \left(\frac{1}{1 + \gamma_{Xe}/\gamma_J} - \frac{1}{1 + \sigma_{a,Xe} \, \Phi_0/\lambda_{Xe}} \right) (\gamma_J + \gamma_{Xe}) \Sigma_f \, \Phi_0 \, .$$

$$(28.22)$$

Dieser Ausdruck ist positiv, wenn $\dfrac{\sigma_{a,Xe} \, \Phi_0}{\lambda_{Xe}} > \dfrac{\gamma_{Xe}}{\gamma_J} = 0,05$ gilt.

Mit $\sigma_{a,Xe}(0,025 \text{ eV}) = 2,72 \cdot 10^6$ b und $\lambda_{Xe} = 2,1 \cdot 10^{-5} \text{ s}^{-1}$ findet man, daß die Xenonkonzentration nach dem Abschalten zunächst ansteigt, wenn vorher $\Phi_0 > 3,86 \cdot 10^{11} \text{ cm}^{-2} \text{ s}^{-1}$ war. Der Anstieg ist um so schneller, je größer die vorher gefahrene Dauerleistung war. Der zeitliche Verlauf in Abhängigkeit von der Neutronenflußdichte ist in Bild 28.2 dargestellt.

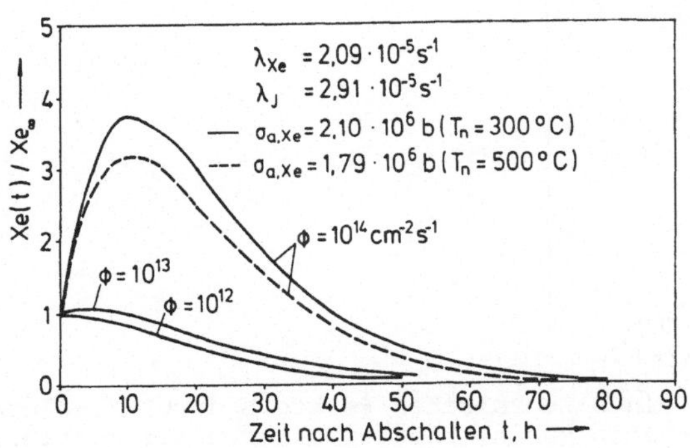

Bild 28.2. Xe-135-Aufbau nach Abschalten des Reaktors

Die Vergiftung P (_Poisoning = Vergiftung) der Reaktivität wird definiert als das Verhältnis der Neutronenabsorption des vergiftenden Ab-
sorbers zur Neutronenabsorption im Brennstoff. Für die Xenonvergiftung gilt

$$P = \frac{\sigma_{a,Xe}\ Xe(t)}{\Sigma_{aB}} = \frac{\Sigma_P}{\Sigma_{aB}} .$$
(28.23)

Für die Gleichgewichtskonzentration erhält man die in Bild 28.3 gezeigte Abhängigkeit von der Neutronenflußdichte. Von den vier Faktoren in k_∞ wird praktisch nur der thermische Nutzfaktor f dadurch verändert. Zwar wird auch die thermische Diffusionslänge L vermindert,
bei großen Reaktoren mit kleinem Leckverlust hat dies aber nur eine
vernachlässigbar kleine Auswirkung auf den thermischen Verbleibfaktor
$(1 + L^2 B^2)^{-1}$. Für die Reaktivitätsänderung erhält man daher

$$\Delta\rho_P = \frac{k'_{eff} - k_{eff}}{k_{eff}} = \frac{f' - f}{f'} = - \frac{P}{1 + M}$$
(28.24)

mit

$$f' = \frac{\Sigma_{aB}}{\Sigma_{aB} + \Sigma_M + \Sigma_P} = \frac{1}{1 + M + P}$$
(28.25)

und

$$f = \frac{\Sigma_{aB}}{\Sigma_{aB} + \Sigma_{aM}} ,$$
(28.26)

wobei die parasitäre Absorption außerhalb des Brennstoffs durch das
Verhältnis $M = \Sigma_{aM}/\Sigma_{aB}$ gekennzeichnet wird.

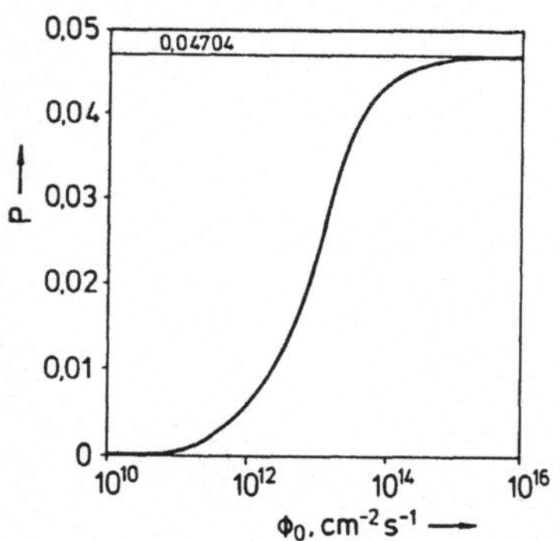

Bild 28.3. Vergiftung P eines thermischen Reaktors durch Xe-Gleichge-
           wichtskonzentrationen in Abhängigkeit von der mittleren
           Flußdichte Φ_0 des Reaktors

Xe-135 mit dem sehr großen Absorptionsquerschnitt von $2,7 \cdot 10^6$ b
zeigt kurz zusammengefaßt folgendes Verhalten: Es wird während des
Reaktorbetriebs hauptsächlich durch Zerfall von J-135 aufgebaut bis
zu einer Gleichgewichtskonzentration, bei der die Entstehungsrate mit
der Absorptions- und Zerfallsrate übereinstimmt. Diese ist von der
Neutronenflußdichte abhängig. Wird der Reaktor in seiner Leistung verringert oder abgeschaltet, so entfällt die Absorption, während die
Neubildung aus dem noch vorhandenen Jod zunächst über einige Stunden
weitergeht, bis dieses aufgezehrt ist. Die Xenonkonzentration steigt
dadurch 6 bis 12 h lang an, bevor sie ihr Maximum überschreitet und
wieder abklingt. Durch die zwischenzeitlich überhöhte Xenonkonzentration kann der Reaktor für diese Zeit so vergiftet sein, daß er nicht
wieder kritisch gemacht oder nicht mehr kritisch gehalten werden kann.
Ist die verfügbare Reaktivität für das Überfahren des Maximums nicht
ausreichend, so schaltet der Reaktor sich selbst ab.

Weniger kompliziert ist das Verhalten des Samariums, das ebenfalls im
thermischen Bereich einen sehr großen Absorptionsquerschnitt von
40800 b hat. Da Sm-149 ein stabiles Isotop ist, hängt seine Gleichgewichtskonzentration nicht von der Flußdichte ab. Nach Abschaltung des
Reaktors steigt die Konzentration noch so lange an, bis das Prome-
thium, aus dem Samarium entsteht, zerfallen ist, und bleibt dann konstant. Nach Einschalten des Reaktors wird die überhöhte Konzentration
dann allmählich wieder auf die Gleichgewichtskonzentration abgebaut.
Ähnlich verhält es sich bei Laständerung. Die Vergiftung macht sich
nur schwach bemerkbar. Der Reaktivitätsverlust beträgt bei konstantem
Betrieb etwa 0,6% [29].

Die übrigen Spaltprodukte, die insgesamt nur wenig zur Vergiftung
beitragen, faßt man zur Vereinfachung z.B. zu drei Pseudo-Spaltprodukten mit empirisch bestimmten Ergiebigkeiten und Absorptionsquer-
schnitten zusammen. Geht man davon aus, daß jedes dieser Pseudo-Spalt-
produkte, das mit einer Spaltausbeute γ_{Sp} entsteht, durch eine Gleichung

$$\frac{dN_{Sp}}{d\tau} = \gamma_{Sp}\, \Sigma_f - \sigma_{a,Sp}\, N_{Sp} \qquad (\tau = \text{Flußzeit}) \tag{28.27}$$

beschrieben wird, so erhält man als Lösung, die den zeitlichen Aufbau
der Konzentration darstellt,

$$N_{Sp}(\tau) = \frac{\gamma_{Sp}\, \Sigma_f}{\sigma_{a,Sp}}\, [1 - \exp(-\sigma_{a,Sp}\, \tau)]. \tag{28.28}$$

Für das Verhältnis von Gesamtabsorptionsquerschnitt zu Spaltquerschnitt, das für die Vergiftung maßgeblich ist, gilt also bei mehreren Pseudo-Spaltprodukten

$$\frac{\Sigma_{a,Sp}}{\Sigma_f} = \sum_i \gamma_{Sp,i} [1 - \exp(- \sigma_{a,Sp,i}\, \tau)] . \qquad (28.29)$$

Faßt man die Auswirkungen der Spaltstoffkonzentration und der Spaltprodukte auf die Reaktivität zusammen, so erhält man das Langzeitver-
halten der Reaktivität. Bei Reaktoren mit großem Konversions- oder
Brutfaktor (Bild 28.4) kann die Reaktivität am Anfang der Betriebszeit zunächst ansteigen und dann nach Durchlaufen eines Maximum monoton abfallen. Bei den Leichtwasserreaktoren fällt die Reaktivität von
Anfang an ab.

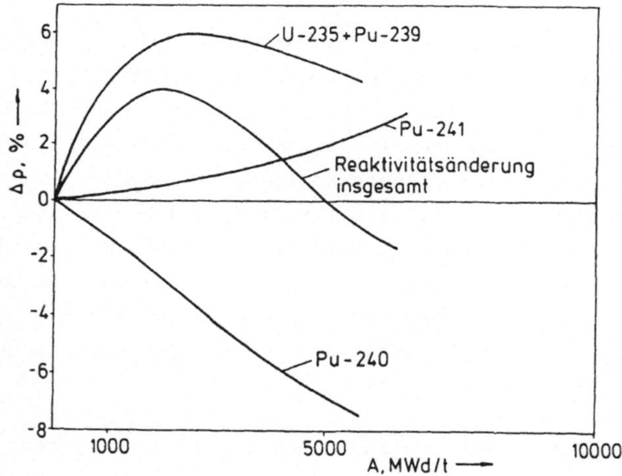

Bild 28.4. Reaktivitätsänderung in Abhängigkeit vom Abbrand eines
           Schwerwasserreaktors

Zur Berechnung des Reaktivitätseffekts muß der Reaktivitätsbeitrag
der einzelnen Volumenbereiche in geeigneter Weise addiert werden.
Betrachtet man die Reaktivitätsänderung als relativ klein, so kann
man die Störungsrechnung dafür anwenden.

Nach Band 1, Gl. (13.15) ist die Reaktivitätsänderung nach der Formel

$$\Delta\rho \approx - \frac{\int \{\phi^\dagger\}^T \ [\delta M] \ \{\phi\} \ dV}{\int \{\phi^\dagger\}^T \ [F] \ \{\phi\} \ dV} \tag{28.30}$$

zu berechnen, wobei [F] die Spaltmatrix und [δM] die Störmatrix darstellt. Da im wesentlichen nur die Absorptionsquerschnitte verändert
werden, erhält man für die Störmatrix eine Diagonalform mit den Dia-
gonalelementen $\delta\Sigma_{ai}$.

Bei der Eingruppentheorie ist die Lösung selbstadjungiert, d.h. es
gilt $\phi = \phi^\dagger$. Die Matrix [F] bzw. [δM] reduziert sich zu

$$[F] \doteq \Sigma_a \ k_\infty \ \exp(-B^2 \ \tau_{th}) = \Sigma_a \ k_\infty \ \Lambda_s \tag{28.31}$$

bzw.

$$[\delta M] = \delta\Sigma_a. \tag{28.32}$$

Da im kritischen Zustand gilt $k_\infty \ \Lambda_s \ \Lambda_{th} = 1$, erhält man mit $\Lambda_{th}^{-1} = 1 + B^2 L^2$,
das ungestört angenommen wird, für die Reaktivitätsänderung

$$\Delta\rho = - \frac{\int \delta\Sigma_a \ \phi^2 \cdot dV}{\int \Sigma_a (1 + B^2 \ L^2) \phi^2 \ dV}. \tag{28.33}$$

Die Vergiftung der einzelnen Volumenelemente trägt also additiv mit
ϕ^2 als Gewichtsfunktion zur Gesamtreaktivität bei. Berücksichtigt man
auch die Veränderung der Spaltstoffkonzentration, so steht anstelle
von [δM] die Matrix [δM - δF] (s. Band 1, Abschnitt 13.1). Bei der Eingruppentheorie erhält man dafür den Ausdruck

$$[\delta F - \delta M] = \delta [\Sigma_a \ k_\infty \ \Lambda_s - \Sigma_a + \nabla D \nabla]. \tag{28.34}$$

Setzt man diesen Ausdruck anstelle von $- \delta\Sigma_a$ in (28.33) ein, so erhält man für die Reaktivitätsänderung

$$\Delta\rho = \frac{\int \delta[\Sigma_a (k_\infty \ \Lambda_s - 1)]\phi^2 \ dV + \int \phi\delta(\mathrm{div} \ J)dV}{\int\limits_R \Sigma_a \ \Lambda_{th}^{-1} \ \phi^2 \ dV}. \tag{28.35}$$

Bezieht man die Reaktivitätsänderung auf den kritischen Zustand als
Ausgangswert, so gilt:

$$\rho = \frac{\int [\Sigma_a (k_\infty \ \Lambda_s - 1) - \Sigma_{a,0}(k_{\infty,0} \ \Lambda_{s,0} - 1)]\phi^2 \ dV + \int \phi(\mathrm{div} \ J - \mathrm{div} \ J_0)dV}{\int\limits_R \Sigma_a \ \Lambda_{th}^{-1} \ \phi^2 \ dV}.$$

$$\tag{28.36}$$

Das Volumenintegral über div J ergibt nach dem Gaußschen Satz den
Neutronenstrom durch die Reaktoroberfläche nach außen. Wegen der Multiplikation mit der Importanzfunktion $\phi^{\dagger} = \phi$ stellt das Integral nicht
den Neutronenstrom, sondern den mit dem "Neutronenwert" gewichteten
Neutronenverlust dar. Geht man davon aus, daß sich bei dem gestörten
Reaktor die makroskopische Flußdichteverteilung und der Neutronenverlust nach außen praktisch nicht ändert, so wird der letzte Term Null
und Λ_{th} kann durch $\Lambda_{th,0}$ ersetzt und vor das Integral gezogen werden.
Man erhält so

$$\rho = \frac{1}{C} \int [\Lambda_{th,0} \, \Sigma_a (k_\infty \, \Lambda_s - 1) - \Sigma_{a,0} (1 - \Lambda_{th,0})] \phi^2 \, dV \qquad (28.37)$$

mit $C = \int \Sigma_a \, \phi^2 \, dV$.

Der Term mit $\Sigma_{a,0} (1 - \Lambda_{th,0})$ stellt den bewerteten Neutronenverlust
im Ausgangszustand dar, der unverändert angenommen wird. Es kann des-
halb $\Sigma_{a,0} (1 - \Lambda_{th,0}) = \Sigma_a (1 - \Lambda_{th})$ gesetzt werden, da über das Reaktor-
volumen integriert, die Änderungen der Leckverluste sich praktisch
ausgleichen. Damit ergibt sich

$$\rho = \frac{1}{C} \int \Sigma_a (k_\infty \, \Lambda_s \, \Lambda_{th,0} - 1) \phi^2 \, dV. \qquad (28.38)$$

Den Ausdruck unter dem Integral kann man als "Produktivität" des Volumenelements bezeichnen, denn es stellt den im Überfluß produzierten
Neutronenanteil dar. Dabei ist k_∞ als der Wert zu verstehen, der sich
für eine unendliche Anordnung aus Elementen gleicher Qualität ergeben
würde. $\Lambda_s = \exp(-B_m^2 \, \tau_{th})$ ist mit dem material buckling an der jeweiligen Stelle zu berechnen.

28.3.2 Brennelement-Umsetzplan

Am Ende eines Betriebszyklus ist die stoffliche Zusammensetzung im
Brennelement durch den Abbau von Spaltstoff, den Aufbau von Transura-
nen und die Anhäufung von Spaltprodukten verändert. Die dann vorhan-
dene Konzentrationsverteilung der verschiedenen Isotope kann anhand
der registrierten Vollaststunden und der in kurzen Zeitabständen wiederholten Bestimmung der Neutronenflußdichteverteilung berechnet werden. Sie ist nicht nur unterschiedlich für jedes Element, sondern variiert natürlich auch über die Länge der Brennstäbe.

Für die Wiederbeladung des Kerns muß aufgrund dieser Daten und unter
Einbeziehung der neuen Elemente ein Umsetzplan erstellt werden. Für
dessen Optimierung sind drei Gesichtspunkte maßgeblich:

- Die maximal zulässige Leistungsdichte darf an keiner Stelle überschritten werden.

- Die Überschußreaktivität sollte möglichst hoch sein und mindestens
  den für den nächsten Betriebszyklus notwendigen Wert erreichen.

- Der Endabbrand aller Brennelemente sollte sich möglichst gleichmäßig ergeben.

Der ersten Forderung wird im wesentlichen schon dadurch genüge getan,
daß die neuen Brennelemente in der Randzone eingesetzt werden. Im
übrigen muß man darauf achten, daß Brennelemente mit relativ großem
Σ_f nicht an Stellen hoher Neutronenflußdichte plaziert werden. Dies
widerspricht allerdings der zweiten Forderung, denn gerade diese Elemente würden an den Stellen hoher Flußdichte die größten Reaktivitäts-
beiträge liefern. Es ist auch nicht im Sinne der dritten Forderung,
denn gerade die weniger abgebrannten Elemente müßten durch höhere
Leistung den fehlenden Abbrand aufholen. Es ist also ein Kompromiß
notwendig. In der Regel werden im inneren Core-Bereich die Elemente
mit einem bzw. zwei Abbrandzyklen schachbrettartig gemischt, wobei
man die genannten Gesichtspunkte qualitativ berücksichtigt. Durch eine neutronenphysikalische Berechnung muß dann geprüft werden, ob die
geforderten Bedingungen eingehalten sind.

Zur überschlägigen Berechnung der Reaktivität kann man die Reaktivi-
tätsbeiträge der einzelnen Brennelemente addieren. Den einzelnen
Brennelementen kann man zwar keine Reaktivität zuschreiben, weil dies
nur eine Eigenschaft des gesamten Reaktors ist, aber man kann einen
Reaktivitätswert mit Hilfe des Begriffs der "Produktivität" nach
(28.38) definieren. Integriert man (28.38) nur über ein Brennelement,
wobei die Neutronenflußdichte über dem Brennelementquerschnitt F_{BE}
ebenso wie die beiden Verbleibfaktoren in erster Näherung als konstant
betrachtet werden können, so erhält man für den Reaktivitätsbeitrag
eines Brennelements

$$\Delta\rho_{BE} = \frac{1}{C} \, F_{BE} \, \phi_{BE}^2 \, \int_{-H/2}^{+H/2} \Sigma_a (k_\infty \, \Lambda_s \, \Lambda_{th,0} - 1) \, f^2(z)\,dz \qquad (28.39)$$

mit $\phi(r,z) = \phi_{BE} \, f(z)$; Σ_a, k_∞ und Λ_s sind Funktionen von z.

Definiert man die mittlere Produktivität eines Brennelements durch

$$\Pi_{Be} = \frac{F_{BE}}{C} \int\limits_{-H/2}^{+H/2} \Sigma_a (k_\infty \, \Lambda_s \, \Lambda_{th,0} - 1) \, f^2(z) \, dz, \tag{28.40}$$

so ergibt sich die Überschußreaktivität des neubesetzten Reaktors als Summe der Reaktivitätswerte aller Brennelemente, wobei der Gewichtsfaktor jeweils durch die Neutronenflußdichte $\phi^2_{BE,i}$ an der jeweiligen Brennelementposition in der Mittelebene bestimmt wird.

$$\rho_0 = \sum_i \Pi_{BE,i} \, \phi^2_{BE,i}. \tag{28.41}$$

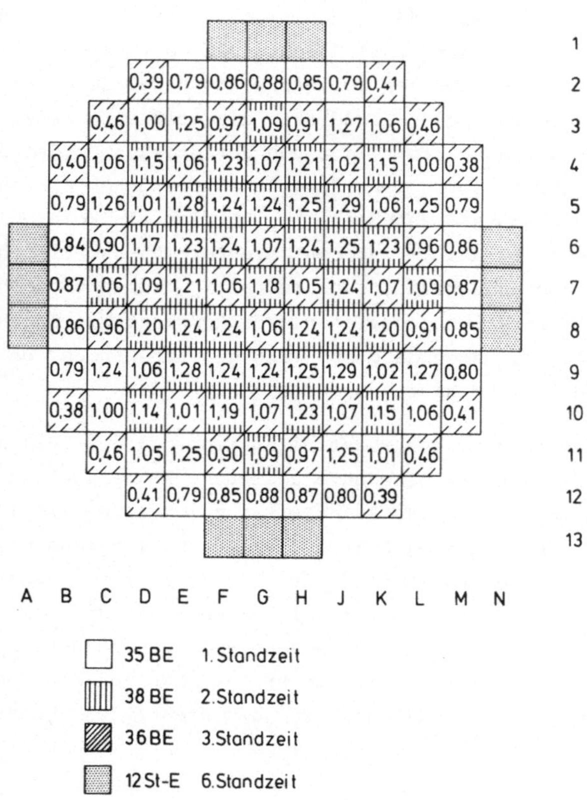

Bild 28.5. Brennelement-Beladeplan für den 15. Zyklus des Kernkraftwerks Obrigheim mit der radialen normierten Leistungsdichteverteilung

Dieses Verfahren ist für eine schnelle Überprüfung der Reaktivität beim Vergleich verschiedener Umsetzplanvarianten geeignet. Für die endgültige Reaktivitätsbestimmung muß selbstverständlich eine ausführliche neutronenphysikalische Rechnung durchgeführt werden, da ja auch die Flußdichteverteilung durch den Umsetzplan beeinflußt wird. Bild 28.5 zeigt die Leistungsdichteverteilung als Ergebnis einer solchen Kernberechnung für einen vorgesehenen Umsetzplan eines Druckwasserreaktors.

Die Produktivität ist eine eindeutige Funktion des Abbrands. Bei einem neuen Brennelement ist sie in jedem Falle positiv. Bei Reaktoren mit höherem Konversionsfaktor, z.B. Schwerwasserreaktoren, kann sie am Anfang sogar ansteigen. Von einem bestimmten Abbrand ab werden jedoch mehr Neutronen absorbiert als produziert, und die Produktivität wird negativ. Das Brennelement muß dann aber noch nicht aus dem Reaktor entfernt werden, weil seine negative Produktivität durch die positive der frischeren Elemente kompensiert werden kann. Erst wenn dies nicht mehr möglich ist, und deshalb die Gesamtreaktivität des Reaktors auf Null fällt, muß ein Brennelementwechsel stattfinden.

28.3.3 Nachwärmeerzeugung der Spaltprodukte

Für die Berechnung der Nachwärme kann man das in Band 1, Abschnitt 3.3 angegebene empirische Potenzgesetz verwenden, wonach die Wärmeentwicklung mit $t^{0,2}$ abnimmt. Die Nachwärme entfällt etwa zu gleichen Teilen auf β- bzw. γ-Energie. In den ersten Minuten nach der Abschaltung ist zusätzlich noch die Nachleistung durch die verzögerten Neutronen sowie die im Brennstoff gespeicherte Wärme zu berücksichtigen. Heute werden Nachwärmekurven vielfach auch durch Aufsummieren aller Spaltprodukte mit Hilfe von Rechenprogrammen ermittelt. Meistens wird die sogenannte ANS-Kurve (American Nuclear Society) mit einem Sicherheitszuschlag von 20% zugrunde gelegt. Die relativ große Unsicherheit resultiert aus der Variation des Neutronenspektrums und des Spaltstoffvektors.

28.3.4 Radioaktivität der Spaltprodukte

Für die Berechnung der Strahlungsaktivität muß man je nach Energie- und Strahlungsart, auf die es ankommt, die verursachenden Isotope identifizieren, ihre Konzentration aus der Bilanzgleichung berechnen und die einzelnen Beiträge aufsummieren. Im allgemeinen ist für die

jeweils zu berechnende Strahlenbelastung nur eine kleine Anzahl bestimmter Isotope maßgeblich.

28.3.5 Druckaufbau durch Spaltgase

Für den Druckaufbau im Brennstab durch Spaltgase sind nur die Edelgase Kr und Xe von Bedeutung. Wegen der Rückhaltung durch den Brennstoff gehen noch verschiedene Parameter, wie Temperatur, Porosität
und Brennstoffdichte, in die Betrachtung mit ein. Das Verhalten der
Edelgase und ihre Rückwirkung auf den Brennstoff wurde schon in Abschnitt 17.1 behandelt.

28.3.6 Brennstoffschwellen

Das Brennstoffschwellen wird durch die Ansammlung von Spaltprodukten
im UO_2-Gitter verursacht. Es macht sich aber erst nach längerer Betriebszeit bemerkbar, denn am Anfang der Betriebszeit wird es über-
kompensiert durch das Zusammensintern des Brennstoffs unter der erhöhten Temperatur. Es macht sich besonders durch ein Längenwachstum
der Brennstäbe bemerkbar. Wie das Brennstoffschwellen bei der Brennstabauslegung zu berücksichtigen ist, wurde in Abschnitt 17.1.1 behandelt.

29 Reaktormeßtechnik

Die Steuerung und Regelung des Reaktors erfordert eine möglichst gute Kenntnis des Reaktorzustands und seiner Betriebsdaten. Dazu ist
die Messung verschiedener Größen notwendig. Ein Teil der Meßeinrichtungen sind konventioneller Art wie z.B. die für Druck, Temperatur und
Durchsatz, wobei allerdings die besonderen Einsatzbedingungen im Reaktor einige Sondermaßnahmen verlangen. Weniger konventionell ist die
Strahlungsmeßtechnik, die im folgenden daher eingehender behandelt
werden soll.

Nicht alle Größen, die für die Steuerung und Regelung von Bedeutung
sind, kann man direkt messen, sondern man muß sie zum Teil aus direkt
meßbaren Größen errechnen. Dazu gehört insbesondere auch die Leistung
des Reaktors. Die Wärmeleistung kann aus Durchsatz und Aufwärmspanne
ermittelt werden, wobei der Durchsatz nur über die Pumpenkennlinie bestimmt werden kann. Die üblichen Methoden der Durchsatzbestimmung lassen sich bei großen Rohrquerschnitten entweder nicht anwenden, oder
sie sind nicht genauer als die Bestimmung über die Pumpenkennlinie.
Diese Bestimmung der Reaktorleistung ist aber viel zu träge, als daß
sie für die Regel- und Sicherheitsanforderungen des Reaktorbetriebs
verwendet werden könnte. Da die nukleare Leistung jedoch der Neutronenflußdichte proportional ist, wird zur Beobachtung schneller Änderungen die Messung der Neutronenflußdichte herangezogen.

Hier muß man allerdings zwischen der Wärmeleistung und der nuklearen
Leistung unterscheiden. Die nukleare Leistung erhält man aus der Zahl
der Spaltungen, multipliziert mit der Energie pro Spaltung. Es wird
aber, wie in Band 1, S. 52 schon erläutert, nur etwa 94% der Leistung
sofort und innerhalb des Reaktors als Wärme freigesetzt. Insbesondere
die β- und γ-Energie der Spaltprodukte ist mit längeren Zerfallszei-
ten verbunden. Deshalb kommen nukleare und thermische Leistung erst

nach einer längeren konstanten Betriebsperiode praktisch ins Gleichgewicht. Um die nukleare Leistung nach der thermischen Leistung zu
eichen, muß man dieses Gleichgewicht abwarten. Natürlich ist dabei
auch die Enthalpie aus der Pumpenleistung und den anderen angeschlossenen Kreisläufen zu beachten. Eine weitere Schwierigkeit besteht darin, daß der so ermittelte Proportionalitätsfaktor auch nicht zeitlich
konstant bleibt, da sich die Spaltstoffkonzentration durch den fort-
schreitenden Abbrand ja ständig ändert. Deshalb muß diese Eichmessung
in bestimmten Zeitabständen regelmäßig wiederholt werden.

Die Neutronenflußmessung liefert die schnellste Information nicht nur
über die Reaktorleistung, sondern auch über die Leistungsdichteverteilung. Sie wird deshalb sowohl für Zwecke der Steuerung und Regelung
als auch für Sicherheitsschaltungen verwendet.

Eigentlich müßte der Neutronenfluß am Ort des Brennstoffs gemessen
werden, um die dortige Leistungsdichte exakt zu bestimmen. Da bei Lei-
stungsänderungen die Neutronenflußdichte ihre Verteilung jedoch nur
unwesentlich - praktisch nur in der Nähe bewegter Absorber - verändert, bleibt auch ein Signal, daß in der Umgebung des Brennstoffs gemessen wird, der jeweiligen Leistung proportional. Man kann deshalb
die Neutronenflußdichte sowohl innerhalb als auch außerhalb des Reaktors messen. Die Meßsonde sieht allerdings nur einen Umgebungsbereich,
der durch die Diffusionslänge der Neutronen begrenzt wird. Deshalb
können außen liegende Meßsonden auch bei gleicher Gesamtleistung des
Reaktors unterschiedliche Anzeigen aufweisen. Um die Neutronenflußdichteverteilung zu ermitteln, sind daher reaktorinterne Messungen
erforderlich.

29.1 Neutronenmeßtechnik

Für die Neutronenflußdichtemessung ist eine große Zahl von Meßgeräten
entwickelt worden, die eine besondere Ausführung der Strahlenmeßgerä-
te darstellen. Darüber gibt es eine umfangreiche Literatur [45,96],
aus der hier nur das wichtigste berichtet werden kann. Die Meßgröße
ist in jedem Falle das Ergebnis einer Wechselwirkung der Strahlung mit
Materie. Dabei gibt es zwei Möglichkeiten:

- Wechselwirkung mit der Elektronenhülle des Atoms, d.h. Anregung bzw.
  Ionisation;

- Wechselwirkung mit dem Atomkern, d.h. Kernprozesse.

Bei Neutronen kommt nur die letztgenannte Art in Frage. Dabei wird immer radioaktive Strahlung emittiert, die ihrerseits wieder Anregung
oder Ionisation der Atome bewirkt, und dadurch meßbar ist. Dreierlei
Kernprozesse können so zur Messung herangezogen werden:

- Kernprozesse, die geladene Teilchen liefern, insbesondere (n,γ)-,
  (n,p)-Prozesse und die Kernspaltung, sowie elastische Streustöße,
  die Rückstoßprotonen liefern.

- Kernprozesse, die prompte γ-Strahlung liefern, im wesentlichen
  (n,γ)-Prozeß und Kernspaltung.

- Kernprozesse, die zur Bildung von Radionukliden führen. Unter Beachtung der Zerfallskonstanten können die Zerfallsstrahlungen dieser
  Nuklide als Maß für die Neutronenintensität bei der Bestrahlung gemessen werden.

Der erste Schritt der Messung ist also die Erzeugung von geladenen
Teilchen oder γ-Quanten, der zweite Schritt ist die Bildung eines
elektrischen Signals, das der Meßgröße proportional ist. Die Ladungsträger können durch folgende Vorgänge das elektrische Signal erzeugen:

- Die Ladungsträger können in einem elektrischen Feld direkt gesammelt
  werden, wobei die elektrische Ladung einen elektrischen Strom ergibt.

- Die Ladungsträger bewirken beim Durchgang durch Gase, Flüssigkeiten
  oder feste Körper eine Ionisation, wodurch die Ladung beträchtlich
  vergrößert wird. Sie kann evtl. noch durch Sekundärionisation verstärkt werden.

- Die Ladungsträger bzw. die Protonen können die Hüllelektronen zur
  Lichtemission anregen, die durch Photovervielfacher gemessen werden
  kann.

- Die bei der Abbremsung der Teilchen entstehende Wärme kann mit Hilfe von Thermosonden in ein elektrisches Signal umgeformt werden.

29.1.1 Ionisationsdetektoren

Die Detektoren, die auf dem Prinzip der Ionisation beruhen, sind für
technische Messungen am weitesten verbreitet. Zu ihnen gehören die
Ionisationskammern, die Zählrohre und die Halbleiterzähler.

29.1.1.1 Ionisationskammer

Eine Ionisationskammer besteht aus zwei Elektronen, die das aktive Volumen begrenzen und einem von der Kammer eingeschlossenen Füllgas.
Dieses wird durch das das Volumen durchdringende geladene Teilchen
ionisiert. Durch das angelegte elektrische Feld zwischen den Elektroden werden die Elektronen und die positiven Ionen getrennt und in
Richtung der Elektroden bewegt. Während ihrer Bewegung tritt ein
Stromimpuls auf, der im äußeren Stromkreis gemessen wird. Die im Mittel bei jedem Ionisationsvorgang abgegebene Energie hängt von der
Gasarbeit ab. In Tabelle 29.1 ist die Ionisationsenergie für verschiedene Füllgase angegeben. Die pro cm Bahnlänge abgegebene Energie
hängt sowohl vom Gas als auch von der Art der Teilchen ab. Als Faust-
regel kann man davon ausgehen, daß die spezifische Ionisation, d.h.
die Zahl der Ionenpaare pro cm Bahnlänge sich in einem bestimmten
Gas für α-, β- bzw. γ-Strahlung wie $10^4 : 10^2 : 1$ verhält. Sie steigt
erwartungsgemäß mit zunehmendem Gasdruck an.

Tabelle 29.1. Abgegebene Energie E je Ionisationsvorgang für verschiedene Gase [97]

Gas	Luft	H_2	N_2	O_2	Ar	He	Ne	Kr	Xe	BF_3	CH_4
E in eV	35	36	36	32	26	40	37	24	22	36	29

Dauer und Größe des Stromimpulses wird durch die Beweglichkeit der
Ladungsträger bestimmt. Diese ist für Elektronen in reinen Gasen be-
sonders groß, wird aber durch Verunreinigung stark herabgesetzt. Po-
sitive und negative Ionen haben eine geringe Beweglichkeit. Negative
Ionen entstehen in elektronegativen Gasen (O_2, Wasserdampf, Halogene,
NO, SO_2) durch Anlagerung von Elektronen an die Gasmoleküle. Diese
Gase müssen deshalb in den Impulskammern möglichst vermieden werden.

Der gemessene Strom ist in besonderer Weise von der angelegten Spannung abhängig, wie die Kennlinie im Bild 29.1 [96] zeigt. Bei kleiner
Spannung genügt die Feldstärke zunächst noch nicht, um die Ladung

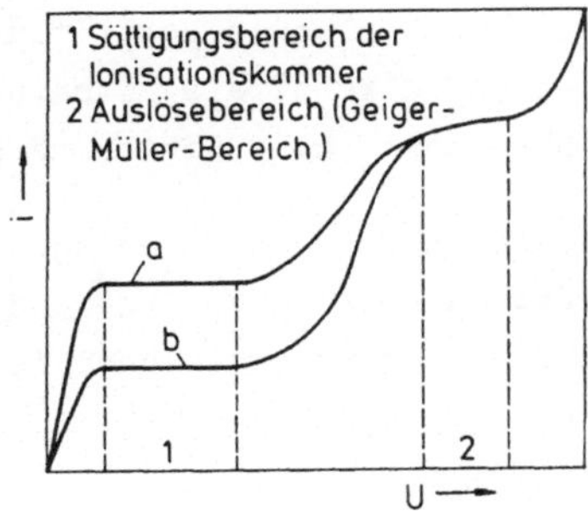

Bild 29.1. Stromverlauf eines Ionisationsdetektors in Abhängigkeit
von der Detektorspannung. a) hohe Teilchenenergie; b) niedrige Teilchenenergie

schnell genug zu trennen und die Rekombination zu verhindern, die besonders bei geringer Beweglichkeit der negativen Ladungsträger sehr
groß ist. Bei Erhöhung der Spannung erreicht man schließlich den
Punkt, wo alle gebildeten Ladungsträger auf den Elektroden gesammelt
werden. Bei weiterer Spannungserhöhung steigt der Strom dann nicht
mehr an, und man erhält ein Plateau mit dem Sättigungsstrom, das man
Ionisationskammerbereich nennt. Höhe, Länge und Neigung des Plateaus
sind sowohl von der Geometrie der Kammer als auch von den Eigenschaften des Füllgases abhängig.

29.1.1.2 Proportionalzählrohre

Steigert man die Spannung weiter, so können die Ladungsträger auf der
freien Weglänge so viel Beschleunigungsenergie gewinnen, daß sie beim
Stoß weitere Atome ionisieren. Deshalb steigt der Strom wieder an,
und zwar zunächst etwa proportional zur angelegten Spannung. Man
spricht daher vom Multiplikations- bzw. Proportionalbereich, in dem
Proportionalzählrohre arbeiten. Diese sind im allgemeinen aus einem
zylindrischen Mantel als Kathode und einem koaxial angeordneten Zähl-
draht als Anode aufgebaut. Da nur in der engsten Umgebung des Drahts
die Feldstärke für Sekundärionisation überschritten wird, bleibt das
empfindliche Volumen auf diesen kleinen Raum beschränkt und alle pri-
mär gebildeten Ionen erfahren etwa die gleiche Multiplikation. Daher
ist die Größe des Zählrohrimpulses der Anzahl der primärgebildeten
Ladungsträger und damit der Energie des einfallenden Teilchens proportional. Als Füllgas werden Edelgase und Wasserstoff mit einem Zu-

satz von Methan oder Alkohol, bzw. reines Methan sowie Bortrifluorid
für Neutronenzählrohre verwendet. Methan und Alkohol als Löschzusatz
verhindern Nachentladungen und ermöglichen damit hohe Gasverstärkung.

Bei weiterer Steigerung der Spannung lassen sich Nachentladungen nicht
mehr vermeiden und damit ist der Proportionalbereich zu Ende und man
gelangt in den Übergangsbereich, der für Meßzwecke ungeeignet ist.

29.1.1.3 Auslösezählrohre

Oberhalb des Übergangsbereichs folgt dann der sogenannte Auslösebe-
reich, in dem das Auslösezählrohr oder Geiger-Müller-Zählrohr arbei-
tet, das in seinem Aufbau dem Proportionalzählrohr gleicht. Die Bildung von Photonen, die aus der Kathode Sekundärelektronen freisetzen,
wird dabei so stark, daß die Gasionisation nicht mehr auf einen engen
Kanal beschränkt bleibt, sondern zu einer Gasentladung des ganzen Volumens führt. Dabei entsteht ein kräftiger Stromstoß mit einem Spit-
zenstrom bis zu einigen mA, der zu einem Spannungseinbruch und damit
zum Erlöschen der Entladung führt. Die Impulsgröße ist dabei nicht
mehr von der Größe der Primärionisation abhängig, und deshalb kann ein
Auslösezählrohr nicht mehr zur Bestimmung der Energie, sondern nur
noch zur Messung des Teilchenflusses Anwendung finden. Hat man es mit
einer bestimmten Strahlung zu tun, so kann man dennoch den Teilchen-
fluß zur Messung der Strahlungsintensität bzw. der Dosisleistung eichen.

Durch Zugabe mehratomiger Gase oder Dämpfe kann man selbstlöschende
Zählrohre bauen, was darauf beruht, daß die Photonen weitgehend ab-
sorbiert werden, so daß keine Nachentladung ausgelöst wird. Als
Löschzusatz werden Alkohol oder Halogene verwendet.

Bei Zählrohren muß man beachten, daß bei sehr großer Zählrate die Impulsgröße absinkt, da sich die Spannung in der Zeit zwischen den Im-
pulsen nicht mehr voll erholen kann. Dadurch fallen Impulse aus, die
nicht mehr die Diskriminierungsschwelle erreichen. Außerdem muß man
beachten, daß ein Zählrohr nach jedem gezählten Impuls eine kurze
Totzeit hat. Diese macht sich ebenfalls erst bei großer Zählrate bemerkbar. Bei bekannter Totzeit τ kann man die gemessene Zählrate n_g
korrigieren, um die wirkliche Impulsrate n_w zu erhalten.

$$n_w = \frac{n_g}{1 - \tau\, n_g} \, . \tag{29.1}$$

29.1.1.4 Halbleiterdetektoren

Halbleiterdetektoren mit Silicium oder Germanium als Grundmaterial
werden auch als Zähldioden bezeichnet, weil sie ebenso wie Dioden
aufgebaut sind. In Sperrichtung wird eine Spannung angelegt, so daß
ohne Bestrahlung kein Strom fließt. Gelangt ein ionisierendes Teilchen in die an Ladungsträgern verarmte Raumladungszone, so werden
dort Ladungsträger erzeugt, die zu den Elektronen hin abfließen und
einen Stromimpuls erzeugen. Dieser ist der freigesetzten elektrischen
Ladung und damit der Energie des ionisierenden Teilchens proportional. Bei richtig gewählter Spannung findet weder eine Rekombination
noch eine Verstärkung statt. Die Impulsanstiegszeiten sind sehr kurz
und liegen zwischen 10^{-8} und 10^{-11} s. Letzteres gilt vor allem für
Zähldioden mit sehr dünnen Kristallscheibchen, die sich zur Bestimmung des Energieverlustes pro Weglänge (sog. dE/dx-Zähler) eignen.

Setzt man einen Siliciumdetektor einer Strahlung aus schnellen Neutronen aus, so steigt sein Sättigungsstrom proportional zum integrierten Strahlenfluß, weil die erzeugten Gitterstörungen als Störstellen
erhalten bleiben. Derartige Detektoren können zur Dosismessung von
schnellen Neutronen verwendet werden und machen es möglich, die Information auch zu einem späteren Zeitpunkt noch abzurufen.

29.1.2 Szintillationsdetektoren

Sowohl geladene Teilchen als auch γ-Strahlung bewirken eine Lichtemission der Moleküle, die nach außen sichtbar wird, wenn der Stoff
transparent ist, d.h. als Kristall, Flüssigkeit oder in Plastikform
vorliegt. Für Detektoren sind jedoch nur Szintillatoren verwendbar,
die eine hohe Lichtausbeute und kurze Abklingzeiten haben, wie z.B.
Natriumjodid und einige organische Verbindungen. Die Kristalle werden an der Oberfläche mit diffus reflektierenden Schichten aus Ma-
gnesiumoxidpulver umgeben, das einen hohen Reflexionsfaktor hat, um
Lichtverluste zu vermeiden. Um eine möglichst verlustfreie Leitung
zum Photovervielfacher zu gewährleisten, wird der Zwischenspalt mit
einem Immersionsstoff, z.B. Silokonöl, gefüllt.

Als Photovervielfacher werden sogenannte Multiplier verwendet, bei
denen die aus einer Photokathode beim Auftreffen der Photonen her-
ausgeschlagenen Photoelektronen über ein System von mehreren Dynoden
durch ein angelegtes Hochspannungsfeld lawinenartig verstärkt wer-

den. Der elektrische Impuls wird registriert. Er ist der Lichtemission proportional, wenn der Verstärkungsgrad unverändert bleibt, was voraussetzt, daß die Hochspannung außerordentlich genau konstant gehalten wird. Photovervielfacher dürfen natürlich nie dem Tageslicht ausgesetzt werden. Da Elektronen auch durch thermische Emission freigesetzt werden, weist ein Photovervielfacher auch einen Nulleffekt, den sogenannten Dunkelstrom auf. Diesen kann man durch Kühlung beträchtlich herabsetzen. Aus diesen Gründen sind Photovervielfacher nicht besonders handlich für den technischen Einsatz, sondern mehr für Labormessungen geeignet.

29.1.3 Thermosonden

Zur Messung der Strahlungsintensität kann auch die in Wärme umgesetzte Strahlungsenergie herangezogen werden. Dabei wird der durch die zu messende Strahlung erwärmte Körper möglichst gut gegen die Umgebung wärmeisoliert, so daß die Wärme nur über eine Wärmebrücke mit gut definierter Wärmeleitung abfließen kann. Das Temperaturgefälle über diese Brücke wird durch gegeneinandergeschaltete Thermoelemente, deren Signal der Temperaturdifferenz proportional ist, gemessen.

Diese thermoelektrischen Flußsonden sind sehr robust und auch bei hoher Umgebungstemperatur zu verwenden. Ihr Nachteil ist die verhältnismäßig lange Einstellzeit mit einer Zeitkonstante von mehreren Sekunden.

29.2 Neutronendetektoren

Um die genannten Strahlungsdetektoren für die Messung der Neutronenflußdichte einzusetzen, muß man dafür sorgen, daß durch eine Neutronenreaktion geladene Teilchen erzeugt werden, die in den Detektor gelangen. In der Regel wird dazu U-235 oder Bor verwendet, das in die Kammer oder in die Umgebung des Detektors gebracht wird. Während man Spaltstoff nur in fester Form als dünne Schicht in die Kammer einbringen kann (Spaltkammer), läßt sich Bor in Form von Bortrifluorid dem Füllgas zumischen (BF_3-Zählrohr). Da die Spaltprodukte stark ionisieren, erhält man mit einer Spaltkammer hohe Ladungsimpulse, die in einem Zählgerät verarbeitet werden können. Bei hoher Impulsrate,

oder wenn aus anderen Gründen ein Impulsbetrieb unzweckmäßig ist,
kann man die Kammer auch im Strombetrieb verwenden. Wegen der Höhe
der Neutronenimpulse im Vergleich zu den γ-Impulsen kann man leicht
gegen γ-Strahlung durch eine Ansprechschwelle diskriminieren.

Da U-235 ein α-Strahler ist, zeigt die Spaltkammer einen Nulleffekt,
der mit der absoluten Menge an Spaltstoff in der Kammer zunimmt. Die
Spaltstoffmenge sollte daher durch konstruktive Maßnahmen klein gehalten werden. Außerdem kann man aber noch eine Verminderung der
α-Empfindlichkeit erreichen, wenn man den Effekt ausnutzt, daß Spaltprodukte am Anfang ihrer sehr kurzen Bahn die stärkste Ionisierung
bewirken, während α-Teilchen am Ende der Bahn die höchste spezifische
Ionendichte erzeugen. Wählt man das aktive Volumen kleiner als die
Reichweite der α-Teilchen, so bleiben die α-Impulse bzw. der Nullef-
fektstrom relativ klein.

Spaltkammern im Impulsbetrieb werden zur Messung des Neutronenflusses
im Anfahrbereich von Reaktoren verwendet. Zur Verhinderung eines un-
nötigen Abbrands des U-235-Belags werden die Kammern während des Leistungsbetriebs aus dem Reaktorkern herausgezogen.

In BF_3-Zählrohren wird bevorzugt B-10 verwendet. Es hat neben einem
großen Wirkungsquerschnitt noch den Vorzug, daß dieser einem 1/v-Ver-
lauf folgt und deshalb besonders auf thermische Neutronen anspricht.
Bortrifluorid weist als Füllgas die für Proportionalzählrohre notwendigen Löscheigenschaften auf. Allerdings arbeiten diese Zählrohre nur
bis zu Dosisleistungen von etwa 1 Gy/h zufriedenstellend, da sich bei
höheren Dosisleistungen die Dissoziation des Füllgases und mangelhaf-
te Löscheigenschaften störend bemerkbar machen. BF_3-Zählrohre werden
wegen ihrer großen Empfindlichkeit ebenfalls im Anfahrbereich des
Reaktors sowie für Strahlenschutzmeßgeräte verwendet.

Zur Messung von schnellen Neutronen kann man den hauptsächlich für
thermische Neutronen empfindlichen Detektor mit einem Moderator umgeben, um die schnellen Neutronen abzubremsen.

Zur Messung der schnellen Neutronen kann man sich aber auch der Rückstoßprotonen bedienen. Dazu erhalten die Zählrohre eine Auskleidung
aus wasserstoffhaltigem Material. Die schnellen Neutronen schlagen
aus dieser Wand geladene Wasserstoffatome heraus, die im Proportionalzählrohr nachgewiesen werden.

29.2.1 γ-Kompensation

In einem Reaktor wächst die γ-Flußdichte mit zunehmender Betriebszeit
durch die Ansammlung von Spaltprodukten und die Neutronenaktivierung
ständig an. Während des Leistungsbetriebs kommt noch die prompte
γ-Strahlung hinzu. Überwiegt bei hoher Neutronenflußdichte das Neu-
tronensignal deutlich, wird der γ-Untergrund um so störender, je niedriger die Reaktorleistung ist. Während man für den Nulleistungsbe-
reich Zählrohre verwendet, bei denen man die γ-Impulse durch Diskri-
minierung unterdrücken kann, muß man im Anfahrbereich mit Ionisationskammern im Strombetrieb den Signalanteil der γ-Strahlung kompensieren.
Dafür sind zwei Verfahren in Anwendung.

29.2.1.1 γ-Kompensation mit Vergleichskammern

Zur Neutronenmessung wird eine mit einer Bor-10-Schicht belegte Ionisationskammer eingesetzt. Diese ist für Neutronen- und γ-Strahlung
empfindlich. Zusätzlich wird eine zweite Kammer ohne Borbelag in eng-
ster Nähe dazu vorgesehen, die nur für γ-Strahlung empfindlich ist.
Der Strom wird vom Strom der borhaltigen Kammer subtrahiert. Das kann
z.B. dadurch erreicht werden, daß man beide Kammern konzentrisch mit
einer gemeinsamen Elektrode baut. Der genaue Abgleich kann durch Änderung der Kammerspannung oder des aktiven Volumens erfolgen, in einem Fall spricht man von elektrischer, im anderen Fall von mechani-
scher Kompensation. Beispiele für beide Arten der Kammer sind in den
Bildern 29.2 und 29.3 dargestellt.

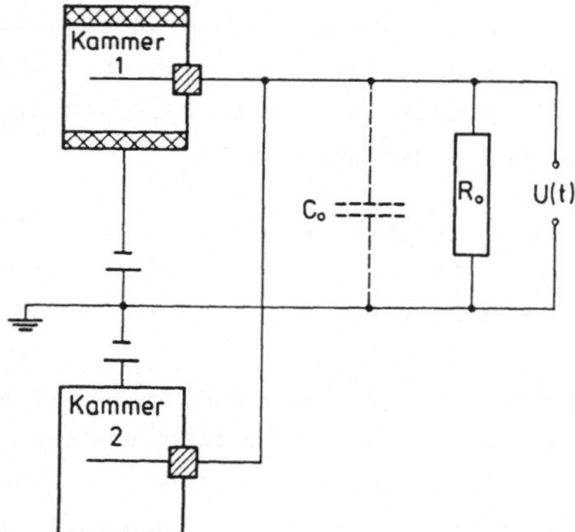

Bild 29.2. Elektrisch kompensierter Neutronendetektor. Kammer 1 mit
          neutronenempfindlichem Belag; Kammer 2 nur γ-empfindlich

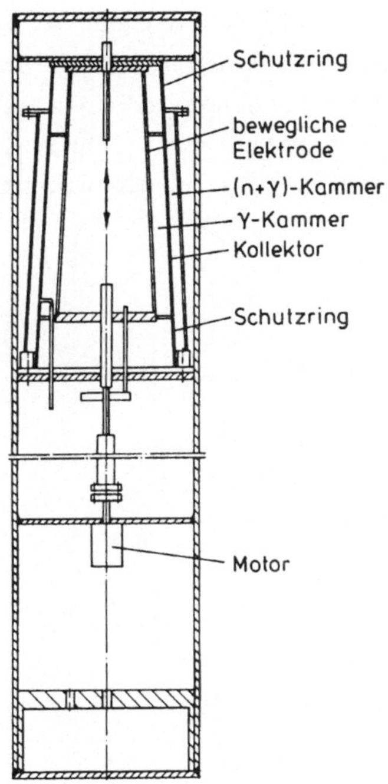

Bild 29.3. Mechanisch kompensierte Neutronenionisationskammer

29.2.1.2 γ-Kompensation durch Wechselstrombetrieb von Ionisations-
kammern

Nach Campbell [98] und Lichtenstein [99] kann nicht nur der Gleichstrom, sondern auch der über einem Kondensator abgegriffene Wechsel-
strom zur Messung der Strahlung verwendet werden. Dabei ist der quadratische zeitliche Mittelwert des Signals der Strahlungsintensität
proportional. Da die γ-Impulse wesentlich kleiner als die Neutronenimpulse sind, wird der Neutronenanteil durch das Quadrieren bis zu
einem Faktor 1000 höher bewertet. Diese Methode hat noch zwei weitere
Vorteile: der unvermeidliche Leckstrom der Kammer hat auf dieses
Signal keinen Einfluß und bei abnehmender Empfindlichkeit mit zunehmendem Abbrand der neutronenempfindlichen Substanz kann die Kammer
noch länger betrieben werden, bevor das γ-Signal zu hoch wird. Die
Lebensdauer kann etwa auf das Doppelte verlängert werden, so daß diese Methode auch im Leistungsbereich vorteilhaft ist. Die untere Grenze des Arbeitsbereichs, die durch das Rauschen der Verstärker bedingt

ist, kann noch durch Anwendung der Kreuzkorrelationsmethode um weitere zwei bis drei Zehnerpotenzen abgesenkt werden (Bild 29.4). Dabei
wird je ein Signal von jeder Kammerelektrode abgenommen und miteinander multipliziert. Bei der anschließenden Mittelwertbildung wird
das korrelierte Wechselstromsignal quadriert, während die nichtkorre-
lierten Rauschsignale verschwinden.

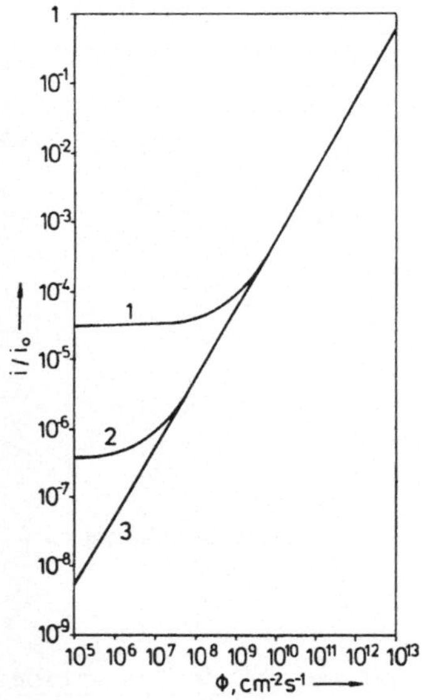

Bild 29.4. Stromsignal in Abhängigkeit von der Neutronenflußdichte
           bei verschiedenen elektrischen Meßmethoden. 1 Gleichstrom-
           messung, 2 Wechselstrommessung, 3 Wechselstrommessung in
           Kreuzkorrelation

29.3 Bestimmung der nuklearen Reaktorleistung

Die nukleare Reaktorleistung kann berechnet werden, wenn man die Neutronenflußdichteverteilung und die Spaltstoffkonzentration über den
ganzen Reaktor kennt. Beide Größen bleiben aber während des Reaktorbetriebs nicht konstant. Sowohl die räumliche als auch die spektrale
Verteilung der Neutronen wird durch Regeleingriffe und Abbrand verändert. Da sich jedoch die Neutronenflußdichteverteilung bei Laständerungen, sofern keine starken Absorberbewegungen damit verbunden sind,

nicht wesentlich ändert, ist die Neutronenflußmessung an irgend einem Ort in erster Näherung der Reaktorleistung proportional. Deshalb
wird bei Druckwasserreaktoren und bei verschiedenen anderen Reaktortypen die Messung außerhalb des Reaktorbehälters für Zwecke der Regelung und Sicherheitsüberwachung bevorzugt. Wegen der günstigeren Um-
gebungsbedingungen sind diese Meßsysteme wesentlich zuverlässiger als
reaktorinterne Messungen. Bei Siedewasserreaktoren sind die Voraussetzungen für die Leistungsproportionalität externer Messungen nur
schlecht erfüllt, da eine Leistungsänderung immer mit einer starken
Veränderung der Dampfblasenverteilung verbunden ist, die eine deutli-
che Verschiebung der Neutronenflußdichteverteilung bewirkt. Deshalb
wird beim Siedewasserreaktor eine interne Instrumentierung für die
Leistungsregelung herangezogen.

29.3.1 Neutronenflußmeßsysteme

Als externe Meßsysteme werden meist in Graphitkolonnen eingebaute
feste Detektoren, bewegliche Detektoren und lange Ionisationskammern
verwendet. In der Regel können diese von oben in speziellen Kanälen
rings um den Reaktor positioniert werden.

Als interne Meßsysteme gibt es ebenfalls fest eingebaute Detektoren,
ausfahrbare Detektoren für den Anfahr- und Übergangsbereich, Fahrkam-
mersysteme für die Messung der Leistungsverteilung und die Normierung
der Anzeige der fest installierten Systeme sowie Aktivierungssonden.
Für die Kabelanschlüsse der internen Detektoren werden metallummantel-
te Koaxialkabel mit Keramikisolierung verwendet. Sie werden ohne
Steckverbindung mit den Kammern fest verbunden.

Da bei der Neutronenflußdichtemessung vom unterkritischen Zustand bis
zur vollen Leistung etwa zehn Zehnerpotenzen erfaßt werden müssen,
wird diese Spanne in der Regel in drei sich überlappende Bereiche unterteilt, die von verschiedenen Meßsystemen überwacht werden. Der An-
fahrkanal überdeckt etwa die unteren fünf Zehnerpotenzen. Nur Impuls-
systeme haben dafür eine ausreichende Empfindlichkeit. Bei höherer
Leistung werden sie zur Vermeidung von Erschöpfung aus dem Bereich
hoher Neutronenflußdichte herausgefahren. Der Zwischenbereich überdeckt die oberen beiden Zehnerpotenzen des Anfahrkanals und erstreckt
sich bis in den Leistungsbereich. Bei der Außeninstrumentierung werden dafür in der Regel γ-kompensierte lineare Gleichstromkanäle ver-

wendet, bei der Kernflußinstrumentierung wegen der hohen γ-Dichte bevorzugt Wechselstromkanäle. Damit der große Arbeitsbereich von sieben bis acht Zehnerpotenzen erfaßt werden kann, muß entweder eine logarithmische Anzeige vorgesehen werden, oder eine dekadische mit Bereichsumschaltungen z.B. mit zwei Umschaltungen pro Dekade. Aus Sicherheitsgründen muß die Umschaltung von Hand erfolgen. Falls sie vor Erreichen der Endanzeige unterlassen wird, wird eine Schnellabschaltung ausgelöst.

Der Leistungskanal erfaßt die oberen zwei Zehnerpotenzen. Eine γ-Kompensation ist nicht mehr unbedingt erforderlich. Für den Sicherheitskanal wird in jedem Falle die Außeninstrumentierung verwendet. Zusätzlich wird aber sowohl die Gesamtleistung als auch die Leistungsverteilung noch durch interne Meßkanäle angezeigt. Zur Eichung der Leistungskanäle muß eine Wärmebilanz zur Bestimmung der thermischen Leistung des Reaktors erstellt werden. Sie muß alle Enthalpieströme von und zum Primärsystem berücksichtigen. Dazu gehören z.B. bei Leichtwasserreaktoren

- die vom Sattdampf bzw. heißen Kühlmittel abgeführte Wärmeleistung,

- die durch das Reaktorreinigungswasser abgeführte Wärmeleistung,

- die durch Strahlung und Konvektion vom Primärsystem abgegebene Wärmeleistung,

- Wärmezufuhr durch das Speisewasser bzw. kalte Kühlmittel,

- Wärmezufuhr durch das Steuerstababspülwasser (beim SWR),

- Wärmezufuhr durch das Reinigungswasser,

- Leistungszufuhr zu den Hauptkühlmittelpumpen.

Zur Bestimmung der Enthalpie ist die Messung des Massenstroms, des Drucks und der Temperatur erforderlich. Der Massenstrom wird im Hauptkreislauf von Druckwasserreaktoren aus der Kennlinie der Hauptkühlmittelpumpen bzw. durch Messung des Druckabfalls über Rohrkrümmer bestimmt, da man bei den großen Rohrquerschnitten keine Meßblenden verwenden kann. Bei Siedewasserreaktoren kann der Dampf- und Speisewasserstrom durch Messung der Druckdifferenz über Meßblenden bestimmt werden. Zum Messen der Temperatur werden vorzugsweise Widerstandsthermometer benutzt. Bei kleinen Rohrquerschnitten mit geringer Temperaturschichtung läßt sich die Temperatur mit mehreren Sonden genügend

genau bestimmen. Schwierigkeiten treten bei großen Rohrquerschnitten
auf, weil man selbst bei Anordnung von mehreren Sonden über den Umfang verteilt, wegen der Temperatursträhnen oft keinen befriedigenden
Mittelwert messen kann. Deshalb muß die Position der Meßstellen sehr
sorgfältig ausgewählt werden. Erfahrungsgemäß gibt es auch gelegent-
lich ohne erkennbaren Grund Temperaturänderungen an den verschiedenen
Stutzen, die sich im Mittel allerdings immer ausgleichen.

Der Druck wird meist durch Rohrfedergeber gemessen. Da die Druckabhängigkeit der Wasserenthalpie gering ist, wirkt sich ein Meßfehler
weniger stark aus. Zur Ermittlung der Dampfenthalpie kann wegen des
bei Sattdampf eindeutigen Zusammenhangs zwischen Druck und Temperatur
auf die Temperaturmessung verzichtet werden. Allerdings muß zusätzlich die Dampffeuchte beachtet werden.

Die Wärmeverluste des Primärsystems durch Strahlung und Konvektion
werden üblicherweise aus der mit der Abluft aus dem Sicherheitsbehälter abgeführten Wärme bestimmt.

29.3.2 Die Reaktorperiode

Beim Anfahren des Reaktors ist es noch wichtiger, die Geschwindigkeit
des Leistungsanstiegs als die Leistung selbst zu kennen. Bei von Null
verschiedener Reaktivität ändert sich die Reaktorleistung nach einer
Exponentialfunktion

$$N = N_0 \, \exp\left(\frac{\rho}{\ell}\, t\right) = N_0 \, \exp(t/T). \tag{29.2}$$

die Größe $T = \ell/\rho$ heißt die stabile Reaktorperiode (s. Band 1, Kapitel 14). Sie kann gemessen werden, indem man das leistungsproportio-
nale Signal U differenziert und durch den Signalwert selbst dividiert.

$$\frac{1}{U}\frac{dU}{dt} = \frac{d}{dt}\,(\ln N) = \frac{\rho}{\ell} = \frac{1}{T}. \tag{29.3}$$

Für $\rho = 0$ ist die Periode $T = \infty$. Beiderseits dieses Wertes werden auf
einer hyperbolischen Meßskala positive und negative Perioden angezeigt. Man kann jedoch auch die relative Flußänderung in Prozent pro
Sekunde angeben und erhält dann eine lineare Skala.

29.3.3 Aktivierung zur Messung der Flußdichteverteilung

Fast alle Isotope werden durch Neutronenabsorption radioaktiv. Falls
sie sich während einer definierten Zeit an einem bestimmten Ort im
Reaktorkern befinden, kann man durch nachträgliches Ausmessen der Aktivität die Neutronenflußdichte an diesem Ort bestimmen. Die Aktivie-
rungsmethode hat den Vorteil, daß keine Detektoren im Kern nötig sind,
und die Messung auch nicht von der γ-Strahlung beeinflußt wird. In der
Regel verwendet man dafür Elemente, die möglichst nur ein Isotop mit
einem großen Wirkungsquerschnitt und ein einfaches Zerfallsschema haben. Es werden hauptsächlich feste Körper oder Gase dafür eingesetzt.
Die aktivierten Sonden werden meist vollautomatisch zwischen dem
Kern und der Meßeinrichtung transportiert. Dafür eignen sich insbesondere Drähte oder Kugeln. Bei dem in Druckwasserreaktoren eingesetzten "Aero-ball-System" werden, wie in [96] im einzelnen ausgeführt, Vanadinkugeln verwendet. Gas kann entweder selbst aktivierbar
sein, wie z.B. Ar-41 oder es wird nur als Transportmittel benutzt.
Die erste Version wird im AGR angewendet, wo das Gas durch ein sehr
dünnes Rohr in eine Kammer im Kern einströmt und dort längere Zeit
verweilt, damit es aktiviert wird. Durch ein ebenfalls sehr dünnes
Rohr gelangt es dann mit hoher Strömungsgeschwindigkeit zur Meßstel-
le. Im zweiten Fall leitet man es z.B. durch eine kleine Kammer, die
Spaltmaterial enthält, um die Spaltgase auszuspülen und zur Meßappa-
ratur zu bringen.

Bei der Berechnung der Neutronenflußdichte aus der gemessenen Aktivität sind eine Reihe von Korrekturen anzubringen für das Abklingen
der Aktivität bis zur Messung, die Restaktivität der Sonden, die
Zählverluste der Zählrohre, das durch Abbrand veränderliche Neutronenspektrum, die Bestrahlungstemperatur und die Transportzeit.

29.3.4 γ-Strahlmessung

Zur Leistungsbestimmung ist auch die γ-Strahlmessung zweckmäßig. Der
wichtigste Vorteil ist, daß Detektoren ohne neutronenempfindliche
Substanz eingesetzt werden können, deren Empfindlichkeit sich nicht
durch Abbrand verändert. Die Detektoren sind auch weniger temperaturempfindlich. Bei Außeninstrumentierung erhält man durch γ-Strahlmes-
sungen einen besseren Durchschnittswert der Reaktorleistung wegen der
größeren Reichweite der γ-Strahlung. Als Nachteil ist zu registrieren,
daß die γ-Strahlung im Reaktor nicht prompt der Leistung folgt, son-

dern einen verzögerten Anteil hat, der hauptsächlich durch den Zerfall der Spaltprodukte bewirkt wird. Deren Energie ist im allgemeinen etwas niedriger als die der prompten γ-Strahlung. Macht man die Detektorempfindlichkeit für niedrige Energien möglichst klein, so kann man den verzögerten Signalanteil vermindern. Wird die Leistung konstant gehalten, dauert es etwa 10^5 s bis auch der verzögerte Anteil asymptotisch ins Gleichgewicht kommt.

29.3.5 N-16-Messung

Bei wassergekühlten Reaktoren ist besonders die N-16-Messung für die Bestimmung der Reaktorleistung zweckmäßig. N-16 entsteht aus dem Sauerstoff des Wassers durch die Reaktion $^{16}_{8}O(n,p)\,^{16}_{7}N$ mit schnellen Neutronen. Die von N-16 emittierte 6-MeV-γ-Strahlung ist hart und durchdringt auch die dicken Wandstärken der Druckbehälter und der Rohrleitungen, so daß außerhalb gemessen werden kann. Durch die Mischung des Kühlmittels erhält man eine über den ganzen Kern integrierende Messung, die von der Leistungsverteilung und der Stellung der Steuerstäbe unabhängig ist. Die Transportzeit des Kühlmittels vom Kern bis zum Detektor bewirkt, daß nach einer schnellen Leistungsänderung das Signal sich stufenförmig dem Ausgleichswert annähert. Wegen der kurzen Halbwertszeit von nur 7,13 s eignet sich die N-16-Strahlung auch, um Undichtheiten der Dampferzeugerheizrohre zu detektieren, indem man das Wasser der Sekundärseite überwacht. Da sich keine N-16-Aktivität dort ansammeln kann, bedeutet ein N-16-Signal ein eindeutiges Zeichen für ein Leck.

29.3.6 Čerenvoc-Strahlung

Die Čerencov-Strahlung entsteht in einem Medium, wenn die Geschwindigkeit der dieses Medium durchdringenden, geladenen Teilchen größer ist als die Ausbreitungsgeschwindigkeit des Lichts in diesem Medium, d.h. wenn die Geschwindigkeit des Teilchens $v \geq c/n$ ist (n = Berechnungsindex). Dabei wird das Medium in der Umgebung der Bahn polarisiert und geht zurück in den Normalzustand unter Emission von Licht im sichtbaren blauen und ultravioletten Bereich. Da die β-Strahlung der Spaltprodukte die Brennstäbe kaum verlassen kann, wird die Čerencov-Strahlung hauptsächlich durch sekundäre Elektronen der γ-Strahlung erzeugt. Sie bietet daher etwa die gleiche Information wie die Messung der Reaktorleistung mit Hilfe der γ-Strahlung. Man kann das Licht durch Lichtleiter aus dem Reaktor zu dem Photovervielfacher bringen, und es besteht kein Problem mit elektrischen Zuleitungen zu dem Detektor.

30 Reaktordynamik

30.1 Analyse des dynamischen Verhaltens

Bei der Auslegung eines Kernkraftwerks geht man in der Regel davon aus, daß die Anlage die meiste Zeit im stationären Betrieb, und zwar bei Vollast gefahren wird. Der stationäre Betrieb ist dadurch gekennzeichnet, daß alle Zustandsgrößen zeitlich konstant bleiben. Die wichtigsten sind Temperatur, Drücke, Neutronendichte, Reaktionsraten, Strahlungsintensitäten, Spannungen usw. Aber auch gleichförmige, d.h. unbeschleunigte Bewegungsabläufe werden als stationäre Zustände betrachtet und durch Größen wie Strömungsgeschwindigkeit, Durchsatz, Drehzahlen charakterisiert. Das gleiche gilt für die Energieströme, die in Leistungsdichte, Wärmestromdichte und elektrischer Leistung zum Ausdruck kommen. Die Anlage muß in erster Linie für den stationären Betrieb optimiert werden. Gewisse Aspekte des Betriebs und der Sicherheit verlangen aber auch eine Berücksichtigung des dynamischen Verhaltens der Anlage.

Die dynamische Anlayse beschäftigt sich mit dem Problem, wie die verschiedenen Zustandsgrößen sich ändern, wenn an irgendeiner Stelle im System gewollt oder ungewollt eine Änderung vorgenommen wird oder sich ereignet. Da fast alle Gefahren mit unkontrollierter Freisetzung von Energie zu tun haben, ist die Beherrschung der Energieerzeugung das wichtigste Problem der Reaktordynamik. Um auf die Energieerzeugung einzuwirken, gibt es aber letztlich nur einen Parameter, nämlich die Reaktivität. Deshalb gehört die Rückwirkung aller Veränderungen auf die Reaktivität, die in den Reaktivitätskoeffizienten zum Ausdruck kommt, zu den wichtigsten Parametern der Reaktordynamik.

Es gibt zweierlei Betrachtungsweisen, deren man sich dabei bedient. Die erste ist das Studium des ungeregelten Systems, der sogenannten

Regelstrecke. Sie dient dazu, das Eigenverhalten des Systems zu analysieren und, falls nötig und möglich, durch Änderung bestimmter Auslegungsparameter dieses Verhalten zu verbessern. Ferner erhält man daraus wichtige Hinweise für die Anforderungen an das Regelsystem.

Der zweite Schritt ist das Studium der Dynamik des geregelten und abgesicherten Systems. Es dient dazu, die Wirksamkeit des Regel-, Schutz- und Sicherheitssystems zu überprüfen und das wirkliche Betriebsverhalten zu ermitteln.

30.2 Inhärente Sicherheit

Vom ungeregelten System wird verlangt, daß bei Annäherung an gefährliche Zustände stabilisierende Rückwirkungen die Überschreitung eines gefährlichen Zustands möglichst verhindern. Man nennt dies inhärente Sicherheit. Ein wichtiger stabilisierender Faktor dieser Art ist der negative Temperaturkoeffizient, den fast alle Reaktoren aufweisen. Bei Erhöhung der Temperaturen im Reaktorkern, sei es durch überhöhte Leistung, oder sei es durch unzureichende Kühlung, wird in diesem Fall die Reaktivität vermindert und dadurch die Leistung des Reaktors ohne äußeren Eingriff reduziert.

Ein ähnlich wichtiger Parameter ist der negative Void-(Blasen)-Koeffizient. Er kann im allgemeinen durch die Auslegung beeinflußt werden. Da es für einen Reaktor vorgegebener Größe ein optimales Moderator/Uran-Verhältnis gibt, bei dem die Reaktivität ein Maximum hat, muß es bei einem übermoderierten Reaktor, der ein größeres Moderator/Uran-Verhältnis hat, einen positiven, bei einem untermoderierten Reaktor einen negativen Void-Effekt des Moderators geben. Damit der Reaktor auch z.B. bei Dampfbildung oder Gaseinbruch inhärent sicher ist, muß er also immer leicht untermoderiert werden. Auf die entsprechende Betrachtung für den zulässigen Kühlmittelquerschnitt wurde bei der Reaktorauslegung in Kapitel 23 hingewiesen.

Wenn man durch Veränderung der Brennelementgeometrie diese Forderung nicht mehr erfüllen kann, wie z.B. beim natriumgekühlten Schnellen Reaktor, dann kann man die Gestaltung der äußeren Geometrie zu Hilfe nehmen und etwa durch einen flachen, sogenannten "Pfannkuchenkern" die Leckverluste bewußt vergrößern, um den Void-Koeffizienten des Natriums zu reduzieren, und zwar so weit, daß der immer negative Temperaturkoeffizient des Brennstoffs den schwach positiven Natrium-Void-Koeffizienten überspielt. Auf diese Weise kann man wieder inhärente Sicherheit herstellen.

30.3 Selbstregelndes Verhalten

Die gleichen Rückwirkungen, die inhärente Sicherheit gewährleisten, haben auch meistens selbstregelnde Eigenschaften zur Folge. Wird bei einem Druckwasserreaktor z.B. die Leistungsanforderung an den Turbogenerator erhöht, so wird zunächst das Vordruckventil am Hochdruckteil der Turbine geöffnet und die Dampfentnahme aus dem Dampferzeuger gesteigert. Dadurch beginnt der Druck auf der Sekundärseite und damit die Verdampfungstemperatur zu fallen. Die tiefere Temperatur der Sekundärseite überträgt sich auf die Primärseite und bringt kälteres Kühlmittel zum Eintritt des Reaktors. Die mittlere Temperatur des Reaktors sinkt also. Durch den negativen Temperaturkoeffizienten bringt eine fallende Kühlmitteltemperatur einen positiven Beitrag zur Reaktivität, wodurch die Leistung des Reaktors steigt, d.h. der Reaktor paßt sich ohne äußeren Eingriff der Leistungsanforderung an. Er kommt auf etwas niedrigerem Niveau der Kühlmitteltemperatur als vor der Leistungserhöhung wieder ins Gleichgewicht, da der Reaktivitätsverlust durch die erhöhte Brennstofftemperatur kompensiert werden muß. Durch Bewegung der Regelstäbe wird das ursprüngliche Temperaturniveau wieder hergestellt.

Ein ähnliches Verhalten hat man beim Siedewasserreaktor nicht, denn wenn dem Reaktor mehr Dampf entzogen wird, sinkt der Druck. Das Blasenvolumen im Reaktor wird größer, und die Reaktivität wird negativ. Die Leistung würde also absinken bei höherer Leistungsforderung. Wegen dieser nicht selbstregelnden, ungünstigen Betriebsrückwirkung des negativen Void-Koeffizienten setzt man das Moderator/Uran-Verhältnis so fest, daß der Void-Koeffizient nur schwach negativ ist. Positiv darf man ihn aus Sicherheitsgründen nicht machen, denn bei ungewollter Leistungserhöhung des Reaktors, wo sich ebenfalls das Dampfvolumen vergrößert, soll dieses die Leistung des Reaktors wieder reduzieren.

Um die Betriebsrückwirkung des Void-Koeffizienten möglichst zu unterdrücken, wird vor allem der Druck im Reaktordruckbehälter durch eine
Regelung der Dampfentnahme konstant gehalten.

Um die Leistung der Turbine zu steigern, muß vorher die Reaktorleistung angehoben werden. Über die Konstantregelung des Drucks wird
dann der Turbine mehr Dampf zugeführt. Die Reaktorleistung wird dadurch gesteuert, daß durch Regelung der Pumpendrehzahl der Kühlmitteldurchsatz durch den Reaktorkern variiert wird. Steigert man den
Durchsatz, so wird die Verweilzeit der Dampfblasen im Reaktorkern
kürzer und damit das mittlere Dampfvolumen im Kern kleiner. Die Reaktivität steigt also und hebt die Leistung an. Umgekehrt wird bei Verminderung der Pumpendrehzahl die Leistung abgesenkt. Bezüglich des
Kühlmitteldurchsatzes verhält sich der Reaktor also selbstregelnd,
und diese Eigenschaft ermöglicht es, die Leistung über die Pumpendrehzahl zu regeln.

Ein weiteres Beispiel für selbstregelndes Verhalten finden wir bei
einem Hochtemperaturreaktor. Wird dort der Kühlgasdurchsatz vermindert, etwa indem ein Gebläse ausfällt, so würde zunächst die Temperatur im Reaktor steigen. Der stark negative Temperaturkoeffizient des
Brennstoffs wirkt dem aber entgegen, und die Leistung sinkt dadurch
solange ab, bis sich etwa die ursprüngliche Temperatur wieder einstellt. Bei Ausfall aller Gebläse schaltet der Reaktor sich ohne Betätigung der Kontrollstäbe ab. Er bleibt aber auf einem etwas erhöhten Temperaturniveau. Natürlich muß man, um eine weitere Aufwärmung
zu vermeiden, die Nachwärme abführen.

30.4 Grundgleichungen der Reaktordynamik

Nach diesen qualitativ leicht überschaubaren Beispielen für das dynamische Verhalten eines nuklearen Systems befassen wir uns im folgenden mit den Methoden zur quantitativen Berechnung des transienten
Verhaltens. Zunächst beschränken wir uns dabei auf Vorgänge, die den
Gültigkeitsbereich der thermodynamischen Gleichungen nicht überschreiten. Wir haben schon festgestellt, daß alle Einwirkungen auf den Verlauf der Kettenreaktion über die Reaktivität gehen. Die Beziehung
zwischen Reaktivitätsänderung und zeitlichem Verlauf der Reaktorlei-

stung wird durch die bekannten reaktorkinetischen Gleichungen beschrieben, die in Band 1, Abschnitt 14.1 für thermische Reaktoren für den
Fall, daß die Faktoren k_∞, p und Σ_a nach einer Störung konstant bleiben, hergeleitet werden.

Die Konstanten A_k der Lösung in Band 1, Gl. (14.22) sowie die Expo-
nentialkoeffizienten ω_k der Lösungsfunktionen hängen jedoch nur von
der Reaktivität ρ bei vorgegebenen Daten der verzögerten Neutronen-
gruppen ab.

Bei dynamischen Problemen kann man im allgemeinen nicht davon ausge-
hen, daß k_∞, p, Σ_a und ρ zeitlich konstant sind. Die analytische Lösung ist daher kaum verwendbar. Vielmehr muß man die Zeitabhängigkeit
der genannten Größen ebenfalls berücksichtigen und erhält dann die
kinetischen Gleichungen für die Konzentration $C_i(\vec{r},t)$ der Mutterker-
ne.

$$\frac{\partial C_i(\vec{r},t)}{\partial t} = -\lambda_i\, C_i(\vec{r},t) + \frac{k_\infty(t)}{p(t)}\, \beta_i\, \Sigma_a(t)\, \Phi(\vec{r},t) ; \quad i = 1,\ldots,6;$$

$$(30.1)$$

λ_i ist die Zerfallskonstante und β_i die Spaltausbeute der i-ten Gruppe.

Führt man die Entstehungsrate der verzögerten Neutronen $\lambda_i\, C_i$ in den
Quellterm der Diffusionsgleichung ein, so erhält diese die Form

$$D\Delta\Phi(\vec{r},t) - \Sigma_a(t)\, \Phi(\vec{r},t) + k_\infty(t)\, \Sigma_a(t)\, (1-\beta)\, \Phi(\vec{r},t)\, \exp(-B^2\, \tau_{th}) +$$

$$+ p(t)\, \exp\left(-B^2\, \tau_{th}\right)\, \sum_{i=1}^{m}\, \lambda_i\, C_i(\vec{r},t) = \frac{1}{v}\, \frac{\partial\Phi(\vec{r},t)}{t} . \quad (30.2)$$

Dieses Gleichungssystem wird mit Hilfe von Rechenprogrammen zugleich
mit den übrigen dynamischen Gleichungen in kleinen Zeitschritten gelöst.

Die zeitlichen Veränderungen durch den Abbrand vollziehen sich so
langsam, nämlich im Zeitraum von einigen Tagen bis Monaten, daß sie
während der verhältnismäßig kurzen Zeitspannen von Sekunden bis Minuten, in denen die dynamischen Vorgänge ablaufen, völlig bedeutungslos
sind.

Selbstverständlich muß jedoch die für den jeweiligen Zeitpunkt gültige Materialzusammensetzung in die Gleichungen eingesetzt werden. Das
gilt insbesondere für die von der Spaltstoffzusammensetzung abhän-
gigen β_i-Werte für die Ausbeutung an verzögerten Neutronen, die in
die kinetischen Gleichungen eingehen.

Auch die Spaltprodukte Xenon und Samarium haben für die schnell ablaufenden dynamischen Vorgänge keine Bedeutung. Dagegen sind nicht
nur die kurzzeitigen Änderungen der Reaktivität, sondern eigentlich
auch die der Werte k_∞, p und Σ_a zur Lösung der kinetischen Gleichungen erforderlich. Da diese aber nur über den Wert von $\rho(t)$ die Koeffizienten A_k und ω_k der einzelnen Lösungsfunktionen bestimmen, benötigt man nur die zeitabhängige Reaktivität $\rho(t)$.

Die Gleichung für die Reaktivität ist sehr einfach, denn sie setzt
sich additiv aus den Reaktivitätsbeiträgen durch die Temperatur $\Delta\rho_T$,
die Dichte $\Delta\rho_\gamma$, den Druck $\Delta\rho_p$ und die Steuerstabbewegung $\Delta\rho_{St}$ bzw.
die Vergiftungskonzentration $\Delta\rho_G$, etwa von Borlösung bzw. Spaltpro-
dukten zusammen.

$$\rho = \Delta\rho_T + \Delta\rho_\gamma + \Delta\rho_p + \Delta\rho_{St} + \Delta\rho_G. \tag{30.3}$$

Dabei ist die Differenz immer gegen einen Ausgangszustand mit $\rho = 0$
zu verstehen.

30.5 Reaktivitätskoeffizienten

Der Temperatureffekt $\Delta\rho_T$ addiert sich aus mehreren Anteilen für den
Brennstoff $\Delta\rho_{TB}$, das Hüllmaterial $\Delta\rho_{TH}$, den Moderator $\Delta\rho_{TM}$, das Kühlmittel $\Delta\rho_{TK}$ und das Strukturmaterial $\Delta\rho_{TS}$.

Die Temperatureffekte auf die Reaktivität werden verursacht durch
Veränderung der makroskopischen Wirkungsquerschnitte. Die Temperatur
verändert sowohl die Atomdichte N_i über die Wärmedehnung als auch die
mikroskopischen Wirkungsquerschnitte σ_i durch Verschiebung der Neutronentemperatur bzw. der Relativgeschwindigkeiten zwischen Atomker-
nen und Neutronen.

Die Reaktivität ist keineswegs eine lineare Funktion der Temperaturänderungen. Für relativ kleine Temperaturdifferenzen ΔT kann man jedoch mit genügender Genauigkeit die resultierende Reaktivitätsänderung $\Delta\rho$ durch einen linearen Ansatz berechnen, indem man einen Temperaturkoeffizienten für das Material m

$$\alpha_m = \frac{\partial\rho}{\partial T_m}\bigg|_{\rho\,=\,0} \qquad\qquad\qquad (30.4)$$

für den Ausgangspunkt $\rho = 0$ definiert und damit schreibt

$$\Delta\rho_m = \alpha_m\,\Delta T_m. \qquad\qquad\qquad (30.5)$$

Das gleiche gilt für die übrigen Reaktivitätskoeffizienten. Der Dich-
tekoeffizient α_γ enthält natürlich nicht die durch Temperaturvaria-
tion bedingte Dichteänderung, die ja schon in dem Temperaturkoeffizienten berücksichtigt wird. Er ist definiert für die relative Dichteänderung $\partial\gamma/\gamma$.

$$\alpha_\gamma = \frac{\partial\rho}{\partial\gamma/\gamma}\bigg|_{T\,=\,const}. \qquad\qquad\qquad (30.6)$$

Der wichtigste Dichteeffekt wird durch den Void-Koeffizienten beschrieben. Der Druckkoeffizient berücksichtigt nur die durch den
Druck verursachte Dichteänderung.

Hätten alle Wirkungsquerschnitte einen 1/v-Verlauf, so würde das Verhältnis der Reaktionsraten sich bei höherer Neutronentemperatur nicht
ändern. Da aber gerade im epithermischen Bereich starke Resonanzen
liegen, wird der effektive Wirkungsquerschnitt in einigen Fällen deutlich verändert, wobei das Phänomen der Selbstabschirmung beachtet werden muß. Die Veränderung der Relativgeschwindigkeit bewirkt bei starken Resonanzlinien den sogenannten "Doppler-Effekt", der den überwiegenden Anteil des Brennstofftemperatureffekts darstellt. Bei hoher
Temperatur kann die Eigenbewegung der Atomkerne nicht mehr vernachlässigt werden. Setzt man für eine Resonanzlinie bei E_1 eine Verteilung nach der Breit-Wigner-Formel mit der Halbwertsbreite Γ und dem
Maximalwert σ_1 an, so gilt diese für $T = 0$, also für Atome ohne Eigenbewegung. Unterstellt man für die Eigenbewegung der Atomkerne eine

Maxwellverteilung, so erhält man für den effektiven Wirkungsquerschnitt
den Ausdruck [100]

$$\sigma_{eff}(E,T) = \frac{\sigma_1 \; \Gamma \; \sqrt{\pi}}{2\Gamma_D} \; \exp\left[-\frac{(E-E_1)^2}{\Gamma_D^2} \right]. \tag{30.7}$$

Die Temperaturabhängigkeit steckt in der sogenannten Doppler-Breite

$$\Gamma_D = \sqrt{\frac{4E_1 \; kT}{A}} \; . \tag{30.8}$$

Die Exponentialfunktion beschreibt eine Gauß-Verteilung mit der Li-
nienbreite Γ_D. Der Maximalwert von σ_{eff} ist proportional zu $1/\sqrt{T}$. Das
Energieintegral über σ_{eff} ist für alle Verteilungen gleich und von der
Temperatur unabhängig. Trotzdem wird die Absorptionsrate bei höherer
Temperatur größer, weil der Energiebereich, in dem die vom Moderator
eingestreuten Neutronen praktisch vollständig absorbiert werden, größer ist. Dabei ist zu bedenken, daß die Brennstäbe "schwarze" Absorber darstellen für Neutronen, deren freie Weglänge $\lambda = 1/\Sigma_a$ klein ist
gegen den Brennstabdurchmesser d, also im ganzen Bereich wo $\Sigma_a > \frac{1}{d}$
gilt. Der Doppler-Koeffizient α_D ist deshalb stets negativ. Er nimmt
mit zunehmender Absoluttemperatur des Brennstoffs ab und kann dargestellt werden in der Form

$$\alpha_D = \frac{A}{T} \; \text{in K}^{-1}. \tag{30.9}$$

A nennt man die Doppler-Konstante. Trotz der großen Temperaturänderungen im Brennstoff kann man den linearen Ansatz verwenden, wenn man
die Temperaturabhängigkeit des Doppler-Koeffizienten berücksichtigt.

Unterstellt man, daß alle Temperatur-, Druck- und Dichteänderungen
von einer Leistungsänderung herrühren, d.h. daß sonst im System nichts
geändert wird, so kann man alle Effekte summieren und einen Leistungskoeffizienten definieren. Da die Temperaturen aber der Leistung nur
verzögert folgen, läßt sich bei schnellen Änderungen keine eindeutige
Beziehung zwischen beiden herstellen, sondern nur im stationären Fall.
Der Begriff des Leistungskoeffizienten hat deshalb nur für den quasi-
stationären Betrieb einen Sinn.

Zur Berechnung der Temperaturkoeffizienten muß man die temperaturab-
hängigen Wirkungsquerschnitte in die reaktortheoretischen Gleichungen
einsetzen und die resultierende Temperaturabhängigkeit der Reaktivi-

tät berechnen. Für die Temperaturabhängigkeit der Wirkungsquerschnitte macht man einen linearen Ansatz und bedient sich der Störungstheorie. Dadurch wird der Fehler vermieden, den man erhält, wenn man eine
kleine Größe als Differenz von zwei großen Zahlenwerten berechnet,
denn in die Störungstheorie gehen nur die relativen Änderungen ein.

Mit modernen Rechenanlagen kann man aber auch einen zweiten Weg gehen, indem man die reaktortheoretische Berechnung für zwei benachbar-
te Temperaturzustände durchführt und die Reaktivitätsänderung als Differenz der errechneten Reaktivitätswerte ermittelt. Die berechneten
Absolutwerte müssen dabei allerdings auf mindestens sechs bis acht
Stellen genau sein, was nur mit großem Aufwand erreichbar ist.

Ein dritter und für die Praxis bedeutsamer Weg ist die Ermittlung
der Temperaturkoeffizienten aus direkten Messungen an der Anlage bzw.
an ähnlichen Anlagen. Die Messungen sind allerdings schwierig, da es
nicht einfach ist, die verschiedenen Effekte voneinander zu trennen.

30.6 Reaktordynamische Gleichungen

Schon begrifflich stößt man bei der Definition des Temperaturkoeffizienten auf das Problem, daß im Reaktorkern keine einheitliche Temperatur vorherrscht, die Reaktivität aber nur für den ganzen Reaktor
definierbar ist. Die bei der Definition des Temperaturkoeffizienten
eingeführte Temperatur muß deshalb als ein in geeigneter Weise gebil-
deter Mittelwert verstanden werden. Aus der Störungstheorie geht her-
vor, daß nicht der lineare Mittelwert, sondern der mit $\phi^2(\vec{r})$ gewichtete Mittelwert zu bilden ist.

Das Temperaturfeld im Reaktor ergibt sich als Lösung der zeitabhän-
gigen Differentialgleichungen für Wärmeleitung, Wärmeübergang und kon-
vektiven Wärmetransport. Dies sind im einzelnen in Zylindergeometrie
folgende Gleichungen:

Wärmeleitung im Brennstoff:
(bei Vernachlässigung der Wärmeleitung in axialer Richtung)

$$\frac{\partial}{\partial r}\left[\lambda_B(r,z,T_B)\,\frac{\partial}{\partial r}\,T_B(r,z,t)\right] + L_B(r,z,t) = c_{pB}\,\gamma_B\,\frac{\partial T_B(r,z,t)}{\partial t}\,.$$

$$(30.10)$$

Der Term auf der rechten Seite, der die spezifische Wärme c_{pB} und die
Dichte γ_B enthält, ist in der stationären Gleichung Null. $L_B(r,z,t)$
ist bekanntlich der Flußdichte $\Phi(r,z,t)$ proportional und darüber mit
den reaktorkinetischen Gleichungen verbunden. Die Wärmeleitfähigkeit
λ_B ist von der Brennstofftemperatur abhängig.

Wärmeübergang vom Brennstoff zum Kühlmittel:

$$q(z,t) = \alpha(z,t) \; [T_B(R,z,t) - T_K(z,t)] \tag{30.11}$$

R = äußerer Brennstabradius,

q = Wärmestromdichte an der Brennstaboberfläche.

Unter Vernachlässigung der Wärmekapazität des Brennstabhüllrohrs kann
der Wärmeübergang vom Brennstoff zum Kühlmittel durch eine einzige
Wärmeübergangszahl α ausgedrückt werden. Bei Reaktorsicherheitsproble-
men mit Kühlungsausfall, wobei die Brennstofftemperatur sehr rasch
ansteigt, muß man jedoch auch die Hülle durch entsprechende Gleichungen darstellen.

Wärmetransport im Kühlmittel:

$$c_{pK} \; \gamma_K \; \frac{\partial T_K(z,t)}{\partial t} = \frac{2\pi R}{F_K} \; q(z,t) - \bar{v}(z,t) \; c_{pK} \; \gamma_K \; \frac{\partial T_K(z,t)}{\partial z} + L_K(z,t)$$

Temperatur-   übertragene   Aufheizung   Leistungsänderung   Wärme   dichte

$$\tag{30.12}$$

F_K = Kühlmittelquerschnitt pro Kühlkanal (Stab),

L_K = Unmittelbar im Kühlmittel vorliegende Leistungsdichte durch
     Strahlungsabsorption,

$\bar{v}$ = Kühlmittelgeschwindigkeit.

Gleichung (30.12) gilt für den einzelnen Kühlkanal. Wie bei stationären Rechnungen wird eine radiale Temperaturverteilung im einzelnen
Kanal nicht berücksichtigt. Die radiale Temperaturverteilung über den
Reaktorquerschnitt ergibt sich daraus, daß die einzelnen Kühlkanäle
verschiedene q- und $\bar{v}$-Werte haben. Man kann sie dadurch berücksichtigen, daß man den Reaktor in mehrere Zonen aufteilt, in denen man die

obigen Gleichungen anwendet. Der Reaktivitätsbeitrag muß dann aus den
Temperaturmittelwerten errechnet und mit ϕ^2 gewichtet aufaddiert werden.

Ein einfacheres Modell erhält man, wenn man die Verteilungsfunktionen
(Neutronenflußdichte, Leistungsdichte und Temperaturfeld) nach Raum-
und Zeitanteil separieren kann. In diesem Fall kann man die räumliche
Verteilung über den ganzen Reaktor integrieren und gewichtete Mittelwerte für den ganzen Reaktor bilden. Die resultierenden Gleichungen
enthalten dann nur noch die Zeit als Variable. Wird die räumliche Verteilung auf diese Weise unterdrückt, so spricht man vom punktkinetischen Reaktormodell.

30.7 Dynamik des Hauptkühlkreislaufs

Bei der Integration der Gl. (30.12) muß die Eintrittstemperatur des
Kühlmittels als Randbedingung eingeführt werden. Dadurch und über den
Kühlmitteldurchsatz ist das System mit dem äußeren Teil des Primärkreislaufs verkoppelt. Für eine dynamische Betrachtung des Reaktors
allein kann man diese Randbedingungen als Zeitfunktionen vorgeben und
den Reaktor unabhängig vom Kreislauf behandeln.

Will man jedoch zur Dynamik des gesamten Systems vordringen, so muß
man als nächstes die Gleichungen für den Primärkreislauf mit Rohrleitungen, Pumpen und Dampferzeugern aufstellen. Dazu bedient man sich
der üblichen Wärmebilanz- und Strömungsgleichungen, deren eingehende
Erläuterung hier zu weit führen würde. Den Dampferzeuger kann man im
einfachsten Falle durch ein Punktmodell nachbilden. Bei genauer Rechnung muß man ihn aber, ebenso wie den Reaktor, in mehrere Zonen unterteilen.

Für die Darstellung des Pumpenverhaltens benötigt man das Kennlinien-
feld der Pumpe und die Strömungswiderstände der Rohrleitungen und
Komponenten. Die Durchflußzeit für Rohrleitungen und Sammelkammern
muß bei schnell ablaufenden Vorgängen als Verzögerung berücksichtigt
werden.

Auch die Funktion des Druckhalters muß als wesentlicher Bestandteil
des Primärkreislaufs durch Gleichungen beschrieben werden. Sie stellen eine Beziehung her zwischen Druck- und Volumenänderungen des Kühlmittels, Sprühwassermenge und Heizleistung der Druckhalterheizstäbe.
Zur Aufstellung der Volumenbilanz ist unter Umständen auch noch die
Einbeziehung der wichtigsten Hilfskreisläufe, z.B. des Volumenregel-
systems, erforderlich. Die Druckhalterabblaseventile sollten nur in
Extremfällen ansprechen und die abströmende Dampfmenge ist dann ebenfalls zu berücksichtigen.

Das nukleare System kann man unabhängig von der Dampfkraftanlage un-
tersuchen, indem man das System auf der Sekundärseite des Dampferzeugers abschließt. In diesem Falle muß man die Menge und Qualität des
abgegebenen Dampfes und des zurückgeführten Speisewassers als Funktion der Zeit vorgeben. Durch diese Größen ist das nukleare System
mit der Dampfkraftanlage verkoppelt.

30.8 Dynamik der Gesamtanlage

Die Dynamik des gesamten Kernkraftwerks wird erst vollständig, wenn
man auch die Dampfkraftanlage in die dynamische Darstellung einbe-
zieht. Die Zahl der erforderlichen Gleichungen ist erheblich und
liegt meistens über einigen Hundert. Obwohl die Dampfkraftanlage
recht kompliziert ist, stellt sie für die dynamische Behandlung des
Reaktors keine großen Probleme. Es gibt dafür drei Gründe:

- Die Dampfabgabe ist vom Dampfdurchsatz durch die Turbine teilweise
  entkoppelt durch Umleitstation, Abblase-, Sicherheits- und Schnell-
  schlußventile.

- Die Turbine ist verhältnismäßig träge. Sie verändert ihre Betriebs-
  parameter - von einem Schnellschluß abgesehen - nur langsam.

- Die Speisewassertemperatur ist nur langsam veränderlich durch
  das große Volumen des Speisewasserbehälters.

Für die Dynamik eines Siedewasserreaktors mit direktem Kreislauf gelten sinngemäß die gleichen Überlegungen wie beim Druckwasserreaktor.
Hier ist die Dampfkraftanlage noch enger mit dem nuklearen System ver-

knüpft. Im unteren Teil des Reaktorkerns bis zu dem Punkt, wo das
Sieden einsetzt, gelten dieselben Gleichungen wie im Druckwasserreaktor. Im darüberliegenden Teil des Kühlkanals ändert sich die Temperatur nicht mehr und bleibt auf Siedetemperatur. In den Gleichungen wird
die Enthalpie und der Dampfanteil der Zweiphasenströmung eingeführt.
Für die Reaktivitätsrückwirkung ist der Blasenkoeffizient von überra-
gender Bedeutung. Der Dampferzeuger entfällt, dafür ist der Primärkreislauf komplizierter, da er sich in einen Dampf- und einen Wasserkreislauf aufteilt. Am Reaktoreintritt wird das kältere Speisewasser
dem auf Siedetemperatur umgewälzten Kühlmittel wieder zugemischt.
Daraus ist die Mischtemperatur für den Reaktoreintritt zu errechnen.
Auch beim Siedewassersystem ist die Druckregelung, die hier über die
Regelung der Dampfentnahme bewerkstelligt wird, mitzuberücksichtigen.
Indem man die Regelcharakteristik der Pumpen durch Gleichungen darstellt und den Dampfgehalt im Kern errechnet, erhält man die Reakti-
vitätsrückwirkung der Umwälzpumpen-Drehzahlregelung über den Void-
Koeffizienten.

Bei vollständiger Simulation des Kernkraftwerks werden selbstverständlich auch das Regel-, Schutz- und Sicherheitssystem in die dynamische Betrachtung miteinbezogen. Das gleiche gilt besonders für eingebaute Verriegelungen und interne Automatiken.

Bei der Darstellung der Regelsysteme kann man sich auf die beschränken, die am Verhalten des Hauptsystems irgendwie beteiligt sind. Bei
Verwendung eines Analogrechners für die dynamische Analyse kann man
sogar die original Regelgeräte anschließen und diese gleichzeitig te-
sten, was einen besonderen Vorteil darstellt, den man bei Digital-
rechnern nicht ohne weiteres hat.

Unter dem Schutzsystem sind alle Einrichtungen zu verstehen, die bei
Abweichungen vom Normalbetrieb die Überschreitung der Auslegungsgren-
zen möglichst verhindern sollen, also zum Schutz der Anlage dienen.
Dazu zählen optische und akustische Warnsignale, automatische Rück-
stellungen, Verriegelungen, Abschaltungen, Druckentlastungsvorrich-
tungen und Zuschaltungen von Reservesystemen. Im Gegensatz zu den
Schutzsystemen haben die Sicherheitssysteme die Aufgabe, bei Versagen
der Schutzfunktion Schäden der Umgebung zu verhindern. Da beim Eingriff der Sicherheitssysteme im allgemeinen davon auszugehen ist.
daß die Anlage beschädigt ist, sind die Systemparameter meist so

stark verändert, daß der Geltungsbereich der für den Normalzustand
gültigen dynamischen Gleichungen überschritten wird. Man muß dann zu
anderen Modellen übergehen, die nicht mehr der Dynamik, sondern der
Sicherheitsanalyse zugerechnet werden.

30.9 Reaktorsimulatoren

Der Aufwand für die dynamische Untersuchung der Gesamtanlage ist sehr
erheblich und nur mit großen Rechnern zu bewältigen. Analog- oder Hy-
bridrechner haben den Vorteil, daß die Differentialgleichungen unmittelbar integriert werden können. Die Echtzeitdarstellung macht keine
Schwierigkeiten. Einzelne Parameter können leicht geändert und der
Einfluß kann direkt auf dem Oszilloskop beobachtet werden. Eine Spei-
cherung oder Registrierung der einzelnen Funktionen erfordert allerdings zusätzlichen Aufwand. Außerdem werden die Fehler um so größer,
je mehr Funktionen miteinander verkoppelt sind. Für die Simulation
großer Systeme haben sich offensichtlich Digitalrechner als überlegen
herausgestellt. Sie sind heute ausreichend schnell, um eine Echtzeit-
simulation durchführen zu können. Selbst mit großem Speicher sind sie
noch billig genug, um mit Hybridsystemen zu konkurrieren. Die Spei-
cherung und Registrierung ist kein Problem, die Programmierung ist
wesentlich einfacher, wenn auch sehr umfangreich. Da es viel zu mühsam, zeitraubend und unübersichtlich wäre, die errechneten Funktionen
aus ausgeworfenen Zahlentabellen zu rekonstruieren, baut man lieber
eigene Reaktorsimulatoren, bei denen alle wesentlichen Funktionen
gleichzeitig auf anzeigende und registrierende Geräte ausgegeben werden können. Auch die Störfunktionen können dabei vorprogrammiert werden. Für die Ausbildung von Operateuren baut man komplette Warten,
die mit Hilfe von Reaktorsimulatoren betriebsecht gefahren werden
können.

Das Simulatortraining ist für die Ausbildung des Betriebspersonals
und für die Aufrechterhaltung eines guten Ausbildungsstands außerordentlich wichtig. An den großen Kernkraftwerksanlagen können bei normalem Betriebsablauf nur die wenigen Betriebsvorgänge erlernt werden,
die zum bestimmungsgemäßen Betrieb gehören. Es wäre viel zu kostspie-
lig und zu riskant, mit einem Kernkraftwerk Transienten zu Ausbil-

dungszwecken zu fahren. Störfälle, bei denen ein Versagen bestimmter
Anlagenteile zu unterstellen ist, könnten ohnehin nicht demonstriert
werden. Deshalb geben die Betreiber große Summen aus, um Simulatoren
bereitzustellen. Manche halten sogar einen speziellen Simulator für
jede einzelne Anlage für sinnvoll.

Der Simulator soll in der Lage sein, alle wesentlichen Betriebsab-
läufe, vor allem aber auch die Störfälle, zu simulieren. Die heute
verfügbaren Rechner machen es möglich, den Normalbetrieb vollständig
in Echtzeit zu simulieren durch simultane Lösung des sehr umfangrei-
chen Gleichungssystems. Für Störfälle stößt man da allerdings an
Grenzen, die es zum Teil nötig machen, vorgerechnete Störfallabläufe
zu programmieren und sozusagen abzuspielen. Ein weiteres Problem ist
die Frage der vollständigen Wartendarstellung. Im allgemeinen beschränkt man diese auf die Wiedergabe aller wichtigen Funktionen.
Das Original-Wartenbild wird allerdings auch dann möglichst beibehalten, wenn nicht alle Funktionen belegt sind. Für die Eingabe der
verschiedenen Transienten und Störfallabläufe gibt es ein eigenes
Wartenpult für den Ausbilder.

30.10   Instationäres Betriebsverhalten und Störfälle

Als Aufgabe für dynamische Untersuchungen gibt es eine Vielzahl von
transienten Abläufen, die entweder im Zusammenhang mit dem Betriebsverhalten oder der Sicherheit der Anlage interessieren. Es ist
zweckmäßig, vier Kategorien zu unterscheiden:

1. Betriebsvorgänge   normales Betriebsverhalten (bestimmungsgemäßer
                         Betrieb);

2. Störungen   anomales Betriebsverhalten (Betriebstransiente),
                         äußere Störung, Versagen des Regelsystems, An-
                         sprechen des Schutzsystems, Fehlbedienung;

3. Störfälle   Ansprechen des Sicherheitssystems, Versagen des
                         Schutzsystems, Zerstörung von Anlagenteilen;

4. Unfälle   vom Sicherheitssystem nicht beherrschte Stör-
                         fälle, die zu Folgeschäden in der Anlage oder
                         der Umgebung führen.

30.10.1 Betriebsvorgänge

Als Betriebsvorgänge sind alle Veränderungen des Betriebszustands klassifiziert, die für den Betriebsablauf notwendig sind.

Dazu zählen

- Anfahren   (aus dem kalten oder warmen Zustand),

- Laständerungen   (besonders Lastsprünge),

- Abfahren   (u.U. auch Schnellabschaltung),

- Brennelementwechsel im Betrieb   (nur bei Natururanreaktoren).

30.10.2 Störungen

Als Störungen werden nicht vorgesehene Betriebsfälle verstanden, bei denen aber keine wesentliche Zerstörung der Anlage eingetreten ist, die Anlage also noch normal funktioniert, jedoch außerhalb der vorgesehenen Betriebsbedingungen. Zu diesen sogenannten Transienten zählen u.a.:

- Reaktorschnellabschaltung,

- Lastabwurf der Turbine,

- Pumpenausfall,

- Ausfall der Eigenversorgung (Notstromfall),

- Störungen an einzelnen Komponenten,

- Ausfall oder Fehlfunktion einer Regelung,

- Fehlbedienung durch das Personal,

- Versagen eines Schutzsystems,

- Verlust der Wärmesenke.

Als Sonderfall werden diese Transienten auch untersucht mit der zusätzlichen Annahme, daß die Schnellabschaltung versagt, bekannt als ATWS-Störfälle (Anticipated Transient without Scram).

30.10.3 Störfälle

Von den vielen denkbaren Störfällen, die durch die Zerstörung irgendeines Teils der Anlage ausgelöst werden können, sind natürlich nur die für eine Sicherheitsanalyse relevant, die schwerwiegende Folgen, sei es für die Anlage, oder sei es für die Umgebung haben können.

Die Beurteilung ist bei verschiedenen Reaktortypen unterschiedlich.
Die wichtigsten Störfälle sind folgende:

- Rohrbruch im Primärsystem, verbunden mit schnellem Kühlmittelverlust;

- Verstopfung einzelner Kühlkanäle im Reaktorkern;

- Überschreiten des prompt-kritischen Zustands;

- Auswurf eines Kontrollstabs;

- Versagen einzelner oder aller Abschaltstäbe.

Bei der dynamischen Untersuchung werden entsprechende Störfunktionen
eingegeben und die resultierenden Funktionsabläufe beobachtet. Entscheidend für die Bewertung sind vor allem die sich einstellenden Verhältnisse am Reaktor, der ja sowohl als Quelle eventuell zerstörender
Energie als auch gefährdender Strahlung anzusehen ist. Es gibt insgesamt vier Wege, über die eine Störung den Reaktorzustand verändern
kann.

1. Änderung der Reaktivität durch stoffliche Veränderung des Kerns,

2. Änderung der Temperatur des eintretenden Kühlmittels,

3. Änderung des Kühlmitteldurchsatzes,

4. Änderung des Kühlmitteldrucks (vor allem beim SWR).

Im folgenden werden einige repräsentative Beispiele für das Verhalten
des Reaktors bei solchen Störungen diskutiert. Tabelle 30.1 zeigt zunächst die Größenordnung der Reaktivitätskoeffizienten bei verschiedenen Reaktortypen:

Tabelle 30.1. Reaktivitätskoeffizienten der verschiedenen Reaktorty-
            pen

	α_B, K^{-1}	α_K, K^{-1}	α_γ (Void)
Druckwasserreaktor	$-1{,}6\cdot10^{-5}$	$0\ldots -30\cdot10^{-5}$ [a]	$-1{,}0\ldots -0{,}2\cdot10^{-3}$
Siedewasserreaktor	$-1{,}6\cdot10^{-5}$	$0\ldots -35\cdot10^{-5}$	$-0{,}8\ldots -0{,}2\cdot10^{-3}$
Schneller Brüter	$-0{,}8\cdot10^{-5}$	$-0{,}3\ldots +3\cdot10^{-5}$	$-1{,}3\ldots +3{,}5\cdot10^{-3}$
Hochtemperaturreaktor	$-1{,}8\cdot10^{-5}$		

[a] Der Temperaturkoeffizient des Kühlmittels ist bei maximaler Borkonzentration gerade Null und ändert sich mit abnehmender Konzentration
   bis zu dem angegebenen Wert.

30.11 Typische Diagramme des dynamischen Verhaltens von Kernkraftwerken

Um dynamische Abläufe, wie sie in den folgenden Diagrammen [101] als Beispiel vorgestellt werden, zu verstehen und zu deuten, ist die Kenntnis der Anlage und der Systemparameter erforderlich. Auch die modellmäßige Nachbildung, die selbstverständlich nie der Wirklichkeit ganz gerecht werden kann, muß mitberücksichtigt werden, sofern es sich nicht um an der Anlage selbst gemessene Werte handelt. Im allgemeinen sind aber die Kurven bei genereller Kenntnis des Anlagenaufbaus unmittelbar verständlich. Nur auf einige markante Zusammenhänge soll im folgenden ausdrücklich hingewiesen werden.

30.11.1 Lastsprung ± 10% bei einem Druckwasserreaktor

In dem Diagramm Bild 30.1 ist die auslösende Funktion der Frischdampfdurchsatz G_{FD}, der zum Zeitpunkt $t = 0$ von 100 auf 90% absinkt und nach 400 s wieder auf 100% angehoben wird. Der Frischdampfdruck p_{FD} wird davon sofort betroffen. Er steigt in wenigen Sekunden um etwa 5 bar an. Der Anstieg der Kühlmitteltemperatur T_K folgt mit geringer Verzögerung, beträgt aber nur maximal 2 K. Der durch die Wärmedehnung des Kühlmittels bewirkte kurzzeitige Druckanstieg um etwa 4 bar löst für etwa 50 s die Druckhaltersprühung aus, die den Druck wieder zurückführt und sogar etwas unter das normale Niveau absenkt. Für den Fall mit Regelung sieht man an der Kurve für $\Delta\rho_{St}$ die Regelbewegung des Stabs, der innerhalb von etwa 50 s die Reaktivität um 1%. reduziert. Das genügt gerade, um die Kühlmitteltemperatur T_K etwa wieder auf das normale Niveau zurückzubringen. Bei der Leistungserhöhung laufen die entsprechenden Vorgänge mit umgekehrtem Vorzeichen ab.

Beim Reaktor ohne Regelung wird die Temperatur nicht durch den Regelstab zurückgenommen, sondern stabilisiert sich auf einem etwa 9 K höher liegenden Temperaturniveau. Das Entsprechende gilt für den Frischdampfdruck, obwohl die Sprühung fast 300 s in Aktion tritt. Die Druckregelung scheint in diesem Beispiel nicht ganz befriedigend. Wie an der ersten Kurve zu erkennen ist, stellt sich die Leistung im ungeregelten wie im geregelten Fall auf die Dampfentnahme ein, im ungeregelten Fall allerdings etwas langsamer.

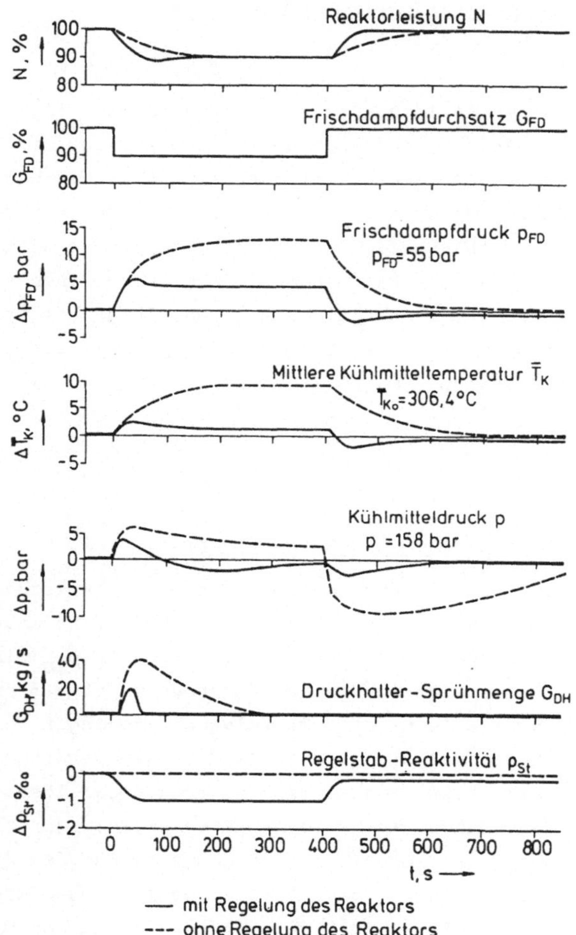

Bild 30.1. Lastsprung ± 10%

30.11.2 Reaktorschnellabschaltung bei einem Druckwasserreaktor

Das nächste Diagramm, Bild 30.2, zeigt das Verhalten bei einer Reaktorschnellabschaltung. Die Reaktorleistung N fällt mit der Schnellabschaltung zum Zeitpunkt t = 0 sofort auf 15% und sinkt innerhalb einer Minute unter 10%. Die Heizflächenbelastung q fällt wegen der in den Brennelementen gespeicherten Wärme langsamer ab. Sofort mit der Reaktorschnellabschaltung wird auch der Turbinenschnellschluß ausgelöst. Sobald der Frischdampfdruck p_{FD}, der nun rasch anzusteigen beginnt,

einen Überdruck von 25 bar erreicht hat, öffnet die Frischdampfumleit-
station und führt die Nachwärme zum Kondensator ab. Obwohl der Frischdampfdruck und damit die Temperatur am Dampferzeugeraustritt T_{DEa} ansteigt, fällt die mittlere Kühlmitteltemperatur um etwa 6 K, da der
Temperatursprung zwischen Primär- und Sekundärseite zusammenbricht.
Entsprechend vermindert sich das Wasservolumen V_W im Druckhalter und
der Primärdruck p fällt zunächst, um allmählich wieder anzusteigen.

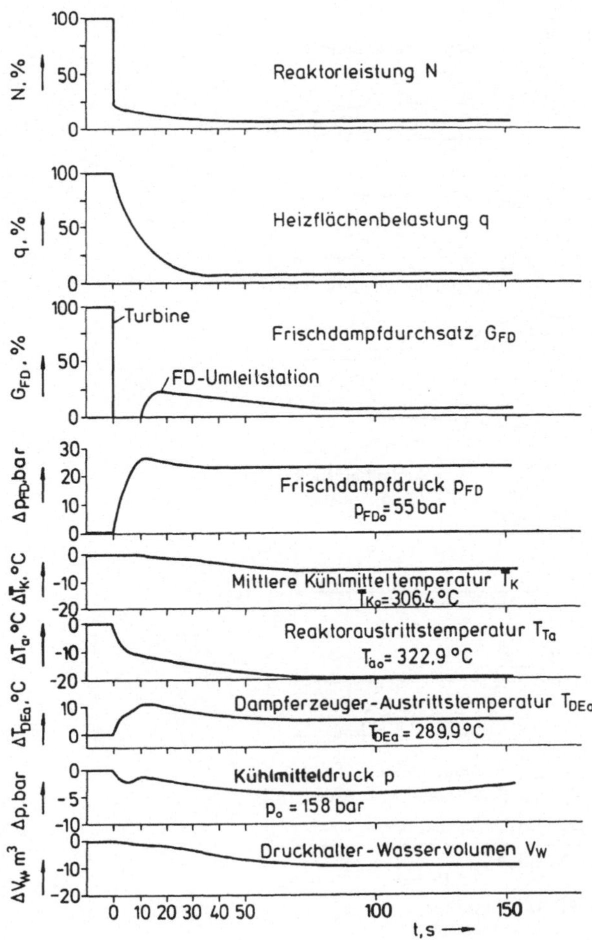

Bild 30.2. Reaktorschnellabschaltung

30.11.3 Turbinenschnellschluß mit Stabeinwurf beim Druckwasserreaktor

Im Diagramm Bild 30.3 ist der Turbinenschnellschluß die auslösende
Funktion. Der Reaktor wird nicht sofort abgeschaltet, sondern nur
durch Einwurf einiger ausgewählter Regelstäbe auf etwa 50% Teillast
abgefahren, damit man eventuell wieder kurzfristig mit der Turbine in

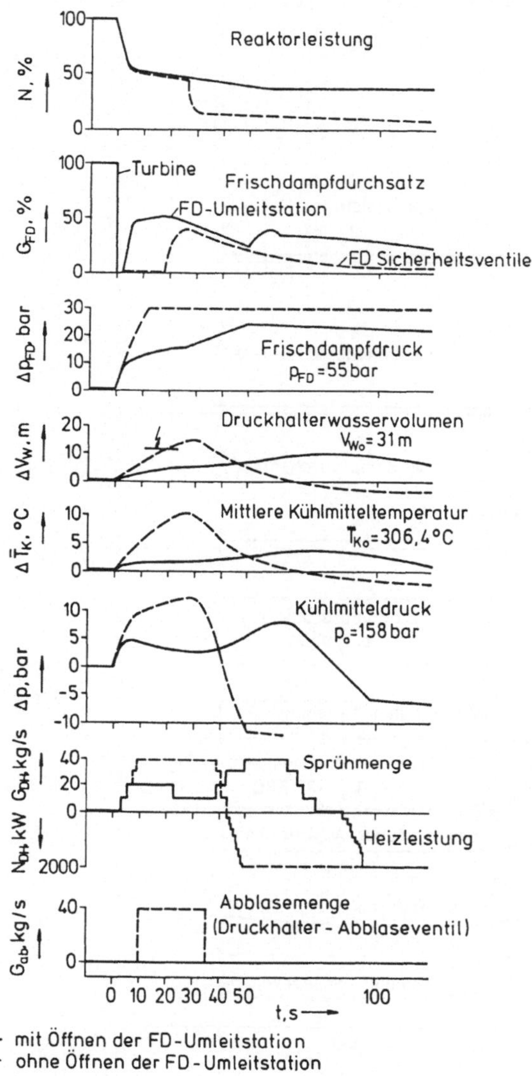

Bild 30.3. Turbinenschnellschluß mit Stabeinwurf

Betrieb gehen kann. Die Frischdampfableitung wird sofort von der sich schnell öffnenden Umleitstation übernommen. Das Verhalten von Frischdampfdruck, Druckhalterwasservolumen und Kühlmitteltemperatur ist unmittelbar verständlich. Die Druckhaltersprühung G_{DH} und Heizung N_{DH} werden stufenweise zugeschaltet. Falls die Umleitstation sofort öffnet, gelingt es, den Kühlmitteltemperaturanstieg $\bar{T}_K$ unter 5 K zu halten, nachdem der Generator vom Netz getrennt ist; dann kann die Turbine wieder Dampf aufnehmen und abgefangen werden, bevor die Frequenz wesentlich abgefallen ist. Die Leistung kann auf die Versorgung des Eigenbedarfs im Inselbetrieb abgefahren werden, und die Anlage bleibt für ein schnelles Wiederanfahren betriebsbereit.

Ohne Öffnen der Umleitstation steigt $\bar{T}_K$ jedoch in 10 s um 10 K. Der Primärdruck p erreicht schon nach 10 s den Grenzwert, bei dem das Druckhalterabblaseventil anspricht und für 35 s Dauer einen Dampfstrom G_{ab} von 40 kg/s abführt. Trotzdem überschreitet der Wasserspiegel im Druckhalter den Grenzwert $V_W = 12,5\ m^3$ (durch einen Pfeil markiert) und führt zur Abschaltung der Reaktorleistung. Auch die Öffnung des Sicherheitsventils auf der Sekundärseite kann nicht vermieden werden.

30.11.4 Unkontrolliertes Ausfahren der Steuerelemente bei Vollast

Das Diagramm Bild 30.4 gibt ein Beispiel für die dynamische Behandlung eines Störfalls bei einem Druckwasserreaktor. Die durchgezogene Kurve für den Kühlmittelkoeffizienten $\alpha_K = 0$ entspricht dem Zustand mit frischem Kern, die gestrichelte Kurve für $\alpha_K = -30 \cdot 10^{-5}/K$ dem Zustand am Abbrandende. $\Delta\rho_{St}$ gibt den Zuwachs der Steuerstabreaktivität bei einer Anfangseintauchtiefe von 40%, die etwa mit einer Geschwindigkeit von $10^{-4}/s$ ansteigt. Dementsprechend beginnt auch die Leistung sofort zu steigen. Der Frischdampfdurchsatz G_{FD} bleibt zunächst unbeeinflußt, bis der Leistungsgrenzwert bei 112% erreicht wird und zur Abschaltung des Reaktors und der Turbine führt. Damit fällt er schlagartig auf Null. Nach weiteren 10 s wird dann die Umleitstation geöffnet. Die Frischdampftemperatur T_{FD} steigt nach dem Schließen der Turbineneinlaßventile rasch auf das Temperaturniveau der Primärseite an. Das Druckhalterwasservolumen V_W verläuft verständlicherweise ähnlich wie die mittlere Kühlmitteltemperatur. Der Primärdruck p steigt bis zur Abschaltung des Reaktors.

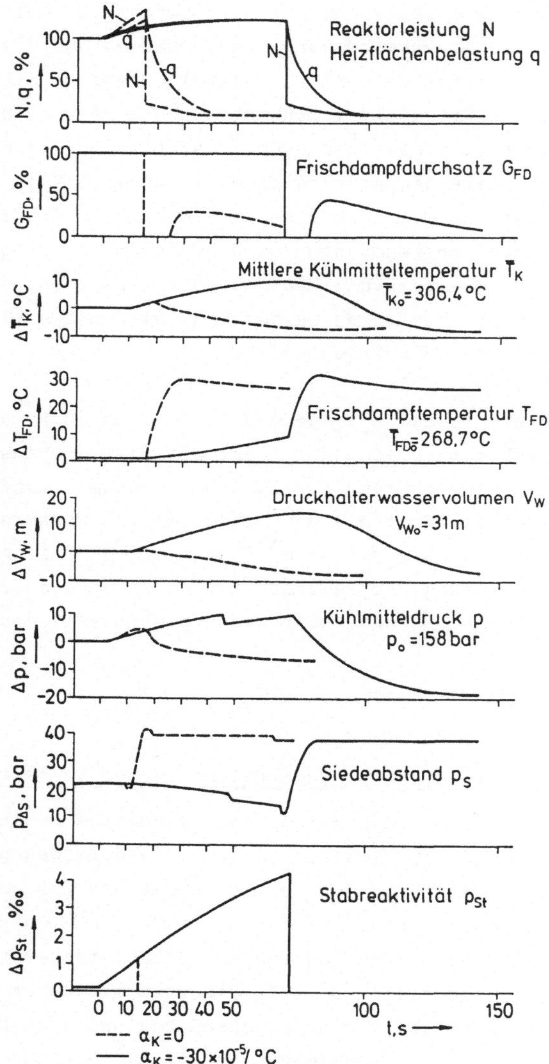

Bild 30.4. Unkontrolliertes Ausfahren der Steuerelemente bei Vollast

Bei der gestrichelten Kurve für einen Temperaturkoeffizienten von $-30\cdot10^{-5}/K$ macht sich nach etwa 50 s eine kurzzeitige Druckabsenkung vermutlich durch Abblasen der Druckhaltersicherheitsventile bemerkbar. Die Abschaltung wird in diesem Falle nicht durch den Leistungsgrenzwert ausgelöst, denn dieser wird nicht erreicht, sondern durch Überschreiten des maximal zulässigen Wasserstands im Druckhalter bei $V_W = 12$ m^3 oder durch Unterschreiten des Siedeabstands $p_{\Delta s} = 12$ bar.

30.11.5 Auswurf eines Steuerelements

Bild 30.5 gibt ein Beispiel für einen sehr heftig und schnell ablaufenden Störfall, bei dem plötzlich 3‰ Reaktivität freigesetzt wird.

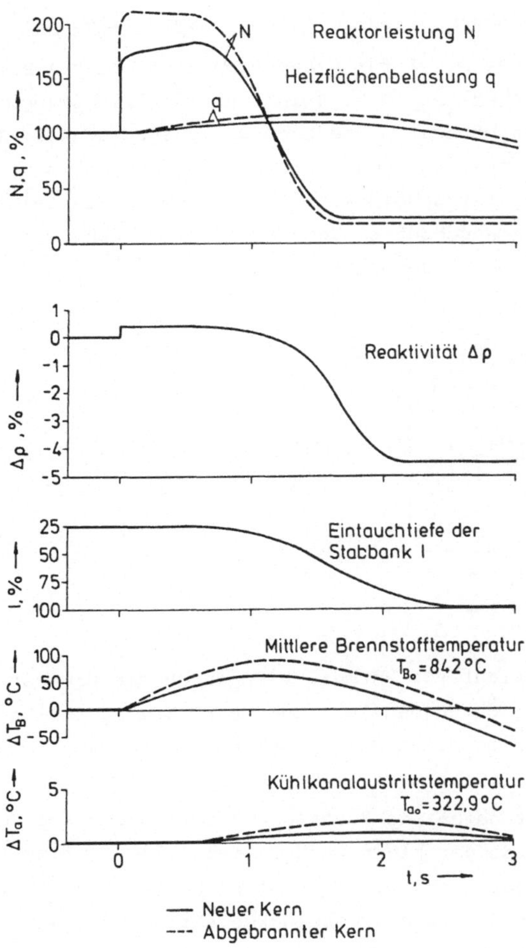

Bild 30.5. Auswurf eines Steuerstabs

Die Leistung N macht schlagartig den bekannten prompten Sprung auf
175 bzw. 210% und beginnt dann exponentiell weiter zu steigen, bis
sie vom Temperaturkoeffizienten des Brennstoffs zurückgeholt wird.
Die mittlere Brennstofftemperatur steigt innerhalb der ersten Sekunde
um 75 bzw. 100 K an, während die Kühlmitteltemperatur verzögert und
nur sehr schwach reagiert. Die Reaktivität fällt in der zweiten Sekunde durch die vom Leistungsgrenzwert ausgelöste Schnellabschaltung
und führt den Reaktor schon nach 2 s wieder in den sicheren Zustand
zurück.

30.11.6 Ausfall einer Zwangsumlaufpumpe beim Siedewasserreaktor

Bild 30.6 [82] zeigt ein Beispiel für einen Pumpenausfall bei einem
Siedewasserreaktor in den ersten 15 s. Beim Ausfall aller Zwangsumlaufpumpen sinkt der Kerndurchsatz innerhalb von 7 s unter 40%. Als
Folge davon steigt der Dampfblasengehalt im Kern schon in 2 s von 38
auf 45% an. Durch den negativen Void-Koeffizienten wird die Leistung
ebenso schnell auf 33% herabgedrückt. Der Wärmefluß ins Kühlmittel
sinkt von Anfang an ab, ebenso der Reaktordruck.

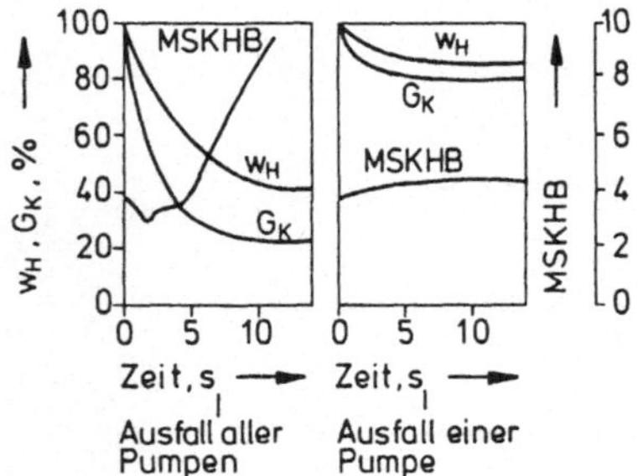

Bild 30.6. Zeitlicher Verlauf von Wärmefluß w_H durch die Brennstab-
           oberfläche, G_K durch den Kern und MSKHB bei Ausfall aller
           oder nur einer internen Axialpumpe beim Siedewasserreaktor

Für den Sicherheitsfaktor gegen die kritische Heizflächenbelastung
wird nach gut einer Sekunde der kleinste Wert mit 1,73 erreicht, was
aber noch keineswegs gefährlich ist. Der Dampfstrom wird bei abfallendem Reaktordruck durch die Regelung zurückgefahren und stabilisiert
sich ungefähr bei 50%. Das System pendelt sich etwa bei halber Leistung auf einen neuen stabilen Betriebszustand ein.

30.12 Schwere Störfälle

Schwere Stöfälle, die mit einer Zerstörung von wichtigen Anlagentei-
len verbunden sind, wie z.B. der Bruch einer Primärrohrleitung, der
im Rahmen der Sicherheitsanalyse zu beschreiben ist, lassen sich nicht
mehr mit den dynamischen Gleichungssystemen, die für den normalen Betrieb gelten, behandeln. Die funktionalen Beziehungen zwischen den
einzelnen Zustandsgrößen verändern sich grundlegend und werden von neu
auftretenden Parametern abhängig; z.B. tritt im Druckwasserreaktor
beim Rohrbruch Sieden auf. In der Regel läßt sich auch nicht der ganze Vorgang mit einem Modell beschreiben, sondern man unterteilt den
zeitlichen Ablauf in einzelne Phasen, die mit verschiedenen Modellen
behandelt werden müssen und fügt diese sinngemäß zusammen. So unterscheidet man bei Rohrbruch z.B. die Blow-down-Phase, die Notkühlphase,
die Wiederauffüllphase und die Nachkühlphase. Die Behandlung dieser
Störfälle gehört deshalb weniger in das Kapitel Reaktordynamik, als
in das über Reaktorsicherheit im Band 3.

Literaturverzeichnis

1. Wenzel, P.: Graphitmoderierte wassergekühlte Druckröhrenreakto-
    ren. Kernenergie 8 (1965) 449-465

2. Klimov, A.: Nuclear physics and nuclear reactors. (Engl. Über-
    setzung d. russ. Originals). Moscow: MIR 1975

3. Habush, A.L.; Walker, R.F.: Fort St. Vrain nuclear generating
    station. Construction and testing experience. Nucl. Eng. Des.
    26 (1974) 16-26

4. Harder, H.; Oehme, H.: Das 300-MW-Thorium-Hochtemperatur-Kern-
    kraftwerk (THTR). Atomwirtschaft 16 (1971) 238-245

5. Müller, E.-M.: Untersuchung der Unsicherheit der Wärmeleitfähig-
    keit von UO_2 in Abhängigkeit von der Temperatur. Atomwirtschaft
    17 (1972) 37

6. Brzoska, B.; Wunderlich, F.: Wärmedurchgang durch den Spalt
    Brennstoff/Hüllrohr bei Leichtwasserreaktoren. Reaktortagung
    DAtF (1975) 330-333

7. McAdams: Heat transmission, 3rd ed. New York: McGraw-Hill, 1954

8. Bishop, A.A.; Sandberg, R.O.; Tong, L.S.: Forced convection heat
    transfer to water at near-critical temperatures and supercritical
    pressures. WCAP-5449 (1964)

9. Kraussold, H.: Technik 3 (1948) 205

10. Hausen, H.: Wärmeübertragung im Gegenstrom, Gleichstrom und Kreuz-
    strom. Berlin, Göttingen, Heidelberg: Springer 1950 (2. Auflage
    1976)

11. Durham, F.P.; Neal, R.C.; Newman, H.J.: High-temperature heat
    transfert to a gas flowing in heat-generating tubes with high
    heat flux. Reactor Heat Transfert Conf. TID-7529, Part 1, Book 2
    (1957) 502-514

12. Achenbach, E.: Experimente zum Wärmeübergang eines HTR-Kugelhau-
    fens bei Normalbetrieb und unter Störfallbedingungen. Jahresta-
    gung Kerntechnik DAtF (1981) 117-121

13. Sutherland, W.A.: Heat transfer to superheated steam. GEAP-4258
    (1963)

14. Trippe, G.: Experimentelle Untersuchungen turbulenter Strömungen
    in axial durchströmten Stabbündeln ohne und mit gitterförmigen
    Abstandshaltern. KfK-Bericht 2834 (1979)

15. Weisman, J.: Heat transfer to water flowing parallel to tube
    bundles. Nucl. Sci. Eng. 6 (1959) 78-79

16. Heil, J.: Zur Definition von hydraulischem Durchmesser, Rey-
     nolds-Zahl und Gasgeschwindigkeit in der Kugelschüttung. KFA
     Jülich IRE/I-20 Zusatz

17. Yih-Yun Hsu; Graham, R.W.: Transport processes in boiling and
     two-phase systems. New York: McGraw-Hill 1976

18. El-Wakil: Nuclear power engineering. New York: McGraw-Hill 1962

19. Gröber, Erk, Grigull: Die Grundgesetze der Wärmeübertragung,
     3. Aufl. Berlin, Göttingen, Heidelberg: Springer, 3. verb. u.
     erw. Neudruck 1963

20. Jens, W.H.; Lottes, P.A.: Analysis of heat transfer, burnut,
     pressure drop and density data for high pressure water. USAEC-
     ANL-4627 (1951)

21. VDI-Wärmeatlas. Düsseldorf: VDI-Verlag 1963

22. Hicken, E.: Thermohydraulische Auslegung von Kernreaktoren. Vor-
     lesung an der Ruhr-Universität Bochum.

23. Bennet, J.A.R.; Collier, J.G.; Pratt, H.R.C.; Thornton, J.D.:
     Heat transfer to two-phase gas-liquid systems. Part I: Steam-
     water mixtures in the liquid-dispersed region in an annulus.
     Trans. Inst. Chem. Eng. 39 (1961) 113-126

24. Tong, L.S.: Boiling heat transfer and two-phase flow, 3rd ed.
     New York, London, Sydney: Wiley & Sons 1967

25. Tong, L.S.; Currin, H.B.; Thorp, A.G.: An evalutation of the
     departure from nucleate boiling in bundles of reactor fuel rods.
     Nucl. Sci. Eng. 33 (1) (1968) 7-15

26. Blasius, H.: Das Ähnlichkeitsgesetz bei Reibungsvorgängen in
     Flüssigkeiten. Forsch. Arb. Ingenieurwes. Heft 131 (1913)

27. Nikuradse, J.: Gesetzmäßigkeit der turbulenten Strömung in glat-
     ten Rohren. Forsch. Arb. Ingenieurwes. Heft 356 (1932)

28. Rehme, K.: Widerstandsbeiwerte von Gitterabstandshaltern für
     Reaktorbrennelemente. Atomkernenergie 15 (1970) 127-130

29. Oldekop, W.: Einführung in die Kernreaktor- und Kernkraftwerks-
     technik I, II. München: Thiemig 1975

30. Kays, W.M.; London, A.L.: Compact heat exchangers. Palo Alto,
     Calif.: National Press 1958

31. Heil, J.; Schneider, K.U.; Singh, J.: Zusammenstellung von Glei-
     chungen für den Druckverlust und den Wärmeübergang für Strömun-
     gen in Kugelschüttungen und prismatischen Kanälen. KFA Jülich,
     Interner Bericht IRE II-20

32. Sicherheitstechnische Regeln des KTA

33. Lockhart, R.W.; Martinelli, R.C.: Proposed correlation of data
     for isothermal two-phase two-component flow in pipes. Chem. Eng.
     Progr. 45 (1949) 39-48

34. Martinelli, R.C.; Nelson, D.B.: Prediction of pressure drops
     during forced circulation boiling of water. Trans. ASME 70
     (1948) 695-702

35. Stehle, H.: LWR-Brennelemente: Erfahrungsstand und aktuelle Auf-
     gaben. Reaktortagung DAtF 1977, 465-468

36. Keller, C.; Möllinger, H.: Kernbrennstoffkreislauf, Band I.
     Heidelberg: Hüthig 1978

37. Hering, W.: Ein neues Spaltgas-Freisetzungsmodell auf physikali-
     scher Basis. Reaktortagung DAtF 1977, 473-476

38. Wunderlich, F.; Distler, I.; Fuchs, H.-P.; Hering, W.: Ein In-
     terference-Modell zur Beurteilung des Rampenverhaltens von LWR-
     Brennstäben. Reaktortagung DAtF 1977, 469-472

39. Klusmann, A.; Völcker, H.: Brennelemente von Kernreaktoren.
     München: Thiemig 1969

40. Simnad, M.T.: Fuel element experience in nuclear power reactors.
     New York, London, Paris: Gordon and Breach 1971

41. Krautwasser, P.; Schulze, H.A.; Pollmann, E.: Beitrag zum Bestrah-
     lungsverhalten von Pyrokohlenstoff-Hüllschichten. Reaktortagung
     DAtF 1977, 598-601

42. Sicherheitsbericht: 3765-MW_{th}-Kernkraftwerk mit Druckwasserreak-
     tor am Standort Grafenrheinfeld. Kraftwerk Union Erlangen

43. Lintner, K.; Schmid, E.: Werkstoffe des Reaktorbaues mit beson-
     derer Berücksichtigung der Metalle. Berlin, Göttingen, Heidelberg:
     Springer 1962

44. Douglass, D.L.: The metallurgy of zirkonium. International Atomic
     Energy Agency (IAEA), Wien 1971

45. Schneider, W.: Neutronenmeßtechnik. Berlin, New York: de Gruyter,
     1973

46. Leitlinien für Druckwasserreaktoren der Reaktorsicherheitskommis-
     sion

47. Sicherheitstechnische Regel des KTA: Komponenten des Primärkrei-
     ses von Leichtwasserreaktoren. KTA 3201

48. ASME-Boiler and Pressure Vessel Code Section III-Div. 1: Rules
     for construction of nuclear power plant components. New York 1974

49. 1200-MW_e-Kernkraftwerk mit Durckwasserreaktor: Sicherheitsbericht
     für einen Konzeptvorbescheid nach § 7a des Atomgesetzes. Westing-
     house Electric Nuclear Energy Systems Europe, Brüssel

50. Sicherheitsbericht für ein Kernkraftwerk mit Druckwasserreaktor
     1200 MW_e des Konsortiums Brown, Boveri & Cie AG Mannheim und
     Babcock-Brown Boveri Reaktor GmbH

51. Densinov, V.P.; Markov, Ju. V.; Sidorenko, V.A.; Skvorcov, S.A.;
     Stekolnikov, V.V.; Voronin, L.M.: Die Entwicklung von Kernkraft-
     werken mit Wasser-Wasser-Reaktoren in der UdSSR (Übersetzung ins
     Deutsche) Kernenergie 15 (1972) 361-369

52. Sicherheitsbericht: Kernkraftwerk Krümmel (KKK) mit Siedewasser-
     reaktor, elektrische Leistung 1260 MW. Kraftwerk Union Erlangen

53. Holzer, R.; Stehle, H.: LWR-Brennelemente für erhöhten Abbrand.
     Atomwirtschaft 28 (1983) 126-130

54. Ianni, P.W.: Compliance of the BWR ECCS to the AEC Interim
     Acceptance Criteria. General Electric, Las Vegas 1972

55. Wenzel, P.; Zabka, G.: Graphitmoderierte wassergekühlte Druckröh-
     renreaktoren in der UdSSR (Fortschrittsbericht) Kernenergie 17
     (1974) 361-367

56. Lavrencic, D.: Kernenergie in der Energieversorgung der UdSSR.
     Teil I: Atomwirtschaft 24 (1979) 360-369; Teil II: ebda. 417-424

57. Margulowa, T.Ch.: Kernkraftwerke, 2. Aufl. Leipzig: VEB Deutscher Verlag für Grundstoffindustrie 1976

58. Sicherheitsbericht: Mehrzweck-Forschungsreaktor. Siemens-Schuckertwerke AG

59. Commissioning of Bruce: A nuclear power station under way. Nucl. Eng. Int. 21 (1976) 58-63

60. Sizewell nuclear power station. Nucl. Power 6 (1961) 61-81

61. Smidt, D.: Reaktortechnik, Band 1 u. 2, 2. Aufl. Karlsruhe: Braun 1976

62. Kempken, H.: Verzeichnis der Kernkraftwerke der Welt. Atomwirtschaft 26 (1981) 603-609

63. Doble, B.G.: A review of the UK Magnox program. Nucl. Europe II (1982) 18-21

64. Schatz, A.: Wärme- und strömungstechnische Auslegung von Kern und Kühlkreis. Fortgeschrittener, gasgekühlter Reaktor. VGB-Kernkraftwerksseminar 1970

65. Kley, H.: Konstruktion des Reaktorkerns, der Brennelemente und der Hauptkomponenten der Reaktoranlage. Fortgeschrittener, gasgekühlter Reaktor. VGB-Kernkraftwerksseminar 1970

66. Dahlberg, R.C.; Asmussen, K.; Lee, D.; Brooks, L.; Lane, R.K.: HTGR fuel and fuel cycle. Nucl. Eng. Des. 26 (1974) 58-79

67. Cherokee/Perkins nuclear stations. Nucl. Eng. Int. (Dec. 1977) 37-54

68. Hennings, U.: Hochtemperatur-Kugelhaufenreaktor. Konstruktion des Reaktorkerns der Brennelemente und der Hauptkomponenten der Reaktoranlage. VGB-Kernkraftwerksseminar 1970

69. Weicht, U.: Hochtemperatur-Kugelhaufenreaktor. Wärme- und strömungstechnische Auslegung von Kern und Kühlkreis. VGB-Kernkraftwerksseminar 1970

70. Bedenig, D.: Gasgekühlte Hochtemperaturreaktoren. München: Thiemig 1972

71. Sidorenko, V.A.: Water-cooled-water-moderated reactors in nuclear power generation of the Soviet Union. Societ Atomic Energie, New York 1978 (engl. Übersetzung aus: At. Energ. 43 (1977) 325-336)

72. Denisov, V.P.: Erfahrungen bei der Errichtung von WWER-Reaktoranlagen in der UdSSR. Kernenergie 20 (1977) 197-206

73. Vosnesenskij, V.A.: Introduction of atomic power stations with the VVER-440-reactor. Societ Atomic Energy, New York 1978 (engl. Übersetzung aus: At. Energ. 44 (1978) 299-305)

74. Dorner, H.: Auslegung und Fertigung großer Reaktor-Druckgefäße. At. Strom 17 (1971) 56-68

75. OECD/NEA 1982

76. Morozov, I.G.: Fortgeschrittene Brütersysteme - aktueller Stand und Entwicklungsaussichten. Atomwirtschaft 28 (1983) 400-407

77. Ferrari, A.; Sugier, N.; Vantrey, L.: Le développement des réacteurs à neutrons rapides les programmes francais et étrangers. Rev. Gen. Nucl. (1979) No. 6, 582-598

78. Sicherheitsbericht: 300-MW-Kernkraftwerk Kalkar mit Schnellem natriumgekühlten Reaktor SNR-300. Kraftwerk Union Erlangen

79. Creys-Malville nuclear power station. Nucl. Eng. Int. 23 (June 1978)

80. Böhm, W.: Druckwasserreaktoren. Physikalische Auslegung. VGB-Kernkraftwersseminar 1970

81. Ulrych, G.: Druckwasserreaktoren. Wärme- und strömungstechnische Auslegung von Kern und Kühlkreis. VGB-Kernkraftwerksseminar 1970

82. Voigt, D.: Siedewasserreaktoren. Wärme- und strömungstechnische Auslegung von Kern und Kühlkreis. VGB-Kernkraftwerksseminar 1970

83. Langenbuch, S.; Schmidt, K.D.: Bewertung der neuen thermohydraulischen Analysemethode THAM für Siedewasserreaktoren. Ges. f. Reaktorsicherheit (GRS), Jahresbericht 1982

84. Kraemer, W.; Uebelhack, W.; Preusche, G.; Schrader, M.: Anwendung der thermohydraulischen Analysemethode auf Siedewasserreaktor-Kerne mit 9 × 9-Brennelementen. Jahrestagung Kerntechnik 1982, 85-88

85. Wolff, U.: Siedewasserreaktoren. Physikalische Auslegung. VGB-Kernkraftwerksseminar 1970

86. Born, D.: Circulating pumps for primare circuits. Nucl. Eng. 12 (1967) 910

87. Schäfer, H.; Herm, H.: Die weiterentwickelte interne SWR-Kühlmittelumwälzpumpe. Betriebsverhalten und Prüfstandsergebnisse. Reaktortagung DAtF 1975, 543-546

88. Mayer, E.: Axiale Gleitringdichtungen. Düsseldorf: VDI-Verlag 1974

89. Voigt, D.: Das hydraulische Betriebsverhalten der internen Axialpumpe, Transienten und Störfälle. Kerntechnik 11 (1969) 547-555

90. Florjancic, D.; Schöllkopf, A.: Stand der Entwicklung für Pumpen in den Speisewasserkreisläufen für Druck- und Siedewasserreaktoren. Reaktortagung DAtF 1975, 539-542

91. Smidt, D.: Reaktor-Sicherheitstechnik. Berlin, Heidelberg, New York: Springer 1979

92. Guthmann, E.; Ernst, R.: Auslegung, Aufbau und Funktion des natriumgekühlten Schnellen Brüters. VGB-Kernkraftwerksseminar 1970

93. Sicherheitsbericht: 300-MW$_e$-THTR-Prototyp Kernkraftwerk. Hochtemperatur Kernkraftwerk GmbH, Konsortium THTR, BBC, Brown Boveri, Krupp Reaktorbau GmbH

94. Bachmann, U.: Dampferzeuger für Hochtemperaturreaktoren. Technische Rundschau Sulzer. Sonderheft Nuclex 75, 61-70

95. Riezler; Walcher: Kerntechnik. Stuttgart: Teubner 1958

96. Schrüfer, E.: Strahlung und Strahlungsmeßtechnik in Kernkraftwerken. Berlin: Elitera 1974

97. Neuert, H.: Kernphysikalische Meßverfahren. Karlsruhe: Braun 1966

98. Campbell, N.R.; Francis, V.J.: A theory of valve and circuit noise. J. Inst. Electr. Eng., Part 3. 93 (1946) 45

99. Lichtenstein, R.M.: Radiation measuring instrument. US Patent 2 903 591 (1959)

100. Lamarsh, J.R.: Introduction to nuclear reactor theory. Don Mills, Ontario: Addison-Wesley 1966

101. Frei, G.: Druckwasserreaktoren. Betriebs- und Störfallverhalten des Reaktors. VGB-Kernkraftwerksseminar 1970

Sachverzeichnis

A. Ziegler

Lehrbuch der Reaktortechnik

Band 1

Reaktortheorie

Unter Mitarbeit von J. Heithoff
1983. 63 Abbildungen. XI, 242 Seiten
DM 48,–
ISBN 3-540-12198-6

Inhaltsübersicht: Einleitung. – Struktur der Materie. – Kernreaktionen. – Kernspaltung. – Neutronenreaktionen. – Kritische Anordnung. – Neutronenbremsung. – Resonanzabsorption. – Neutronenspektrum des thermischen Reaktors. – Transporttheorie. – Die monoenergetische Diffusionsgleichung. – Lösung der Diffusionsgleichung. – Multigruppendiffussionstheorie. – Störungsrechnungen. – Das Zeitverhalten des nahezu kritischen thermischen Reaktors. – Literaturverzeichnis. – Sachverzeichnis.

In diesem Buch werden die theoretischen Grundlagen und die technischen Ausführungen von Kernkraftwerksreaktoren und der zugehörigen kerntechnischen Anlagen behandelt. Die wissenschaftliche Darstellung wird verbunden mit einer allgemein verständlichen Beschreibung der technischen Einrichtungen, die zudem beispielhaft durch Abbildungen veranschaulicht werden.
Die Randbedingungen und Forderungen für die Auslegung der verschiedenen Systeme werden aus der Funktion im Gesamtzusammenhang heraus verständlich gemacht; neue Kenntnisse zur Auslegung von Sicherheitssystemen werden berücksichtigt.
Das Buch vermittelt die für den in der Kerntechnik tätigen Ingenieur wichtigen Kenntnisse, bietet aber auch dem allgemein interessierten Leser die Möglichkeit, sich selbst ein tiefergehendes Verständnis der Reaktortechnik zu erschließen und ein eigenes Urteil über Kerntechnik zu bilden.
Band 1 **Reaktortheorie** befaßt sich vor allem mit den Problemen des Kernaufbaus, der die Voraussetzung für die kontrollierte Kernreaktion bildet.

Springer-Verlag
Berlin
Heidelberg
New York
Tokyo

D. Smidt

Reaktor-Sicherheitstechnik

Sicherheitssysteme und Störfallanalyse für Leichtwasserreaktoren und schnelle Brüter

1979. 148 Abbildungen, 30 Tabellen. VIII, 291 Seiten
Gebunden DM 148,–
ISBN 3-540-09286-2

Inhaltsübersicht: Einleitung. – Das Kernkaftwerk als System. – Wichtige Untersysteme des Druckwasserreaktors. – Besondere Systemeigenschaften des Siedewasserreaktors. – Sicherheitstechnische Besonderheiten des natriumgekühlten schnellen Reaktors. – Transienten bei funktionierenden Sicherheitssystemen. – Transienten ohne Schnellabschaltung (Reaktoren mit einfachen Schnellabschaltsystemen). – Verlust des Reaktorkühlmittels. – Einwirkungen von außen. – Zerstörung des Reaktorkerns. – Sicherheitstechnisch bedeutsame Vorkommnisse an Kernkraftwerken. – Sachverzeichnis.

Die große Bedeutung, die alle Industriestaaten der Reaktorsicherheit beimessen, drückt sich in hochentwickelten Sicherheitssystemen, immer aufwendigeren Sicherheitsanalysen und nach wie vor großen Forschungsprogrammen aus. Dennoch gibt es neben den zahlreichen Einzeldarstellungen kein zusammenfassendes Buch, das dem Anfänger ebenso wie dem auf einem Teilgebiet arbeitenden Spezialisten einen Gesamtüberblick ermöglicht und so die notwendige Kenntnis der Zusammenhänge und die Bewertung der Einzelaktivitäten erlaubt. Das vorliegende Werk will diese Lücke füllen und damit einen Beitrag zur Versachlichung der Diskussion leisten.
Der erste Teil behandelt die Sicherheitssysteme. Obwohl die Grundsätze überall in der Welt die gleichen sind, ergeben sich im Detail für die verschiedenen Reaktortypen, aber auch für die Lösungswege in verschiedenen Ländern interessante Unterschiede. Der zweite Teil behandelt die Sicherheitsanalysen und vergleicht sie mit der Genehmigungspraxis und den Ergebnissen der Forschung.

Springer-Verlag
Berlin
Heidelberg
New York
Tokyo